셀프트래블

후쿠오카

기타큐슈·벳푸·유후인

KB025445

상상출판

셀프트래블

후쿠오카

개정 2판 1쇄 | 2024년 9월 5일

글과 사진 | 김수정

발행인 | 유철상
편집 | 김정민, 김수현
디자인 | 주인지, 노세희
마케팅 | 조종삼, 김소희
콘텐츠 | 강한나

펴낸 곳 | 상상출판
주소 | 서울특별시 성동구 뚝섬로17가길 48, 성수에이원센터 1205호(성수동 2가)
구입 · 내용 문의 | **전화** 02-963-9891(편집), 070-7727-6853(마케팅)
팩스 02-963-9892 **이메일** sangsang9892@gmail.com
등록 | 2009년 9월 22일(제305-2010-02호)
찍은 곳 | 다라니
종이 | ㈜월드페이퍼

※ 가격은 뒤표지에 있습니다.

ISBN 979-11-6782-206-2 (14980)
ISBN 979-11-86517-10-9 (SET)

www.esangsang.co.kr

셀프트래블

후쿠오카

기타큐슈·벳푸·유후인

김수정 지음

상상출판

Prologue

일본어는 못하지만 괜찮아-

1년에 두어 번 아니 어쩔 땐 예닐곱 번씩 일본을 여행했습니다. 누가 보면 일본어 엄청 잘하는 줄 알 거예요. 부끄럽지만 용기 내어 고백합니다. 제가 아는 일본어라고는 '곤니치와(점심 인사)' '아리가토- 고자이마스(감사합니다)' '오이시-데스(맛있습니다)' 정도가 전부입니다. 짧은 변명을 하자면 저는 '일본어'를 좋아하는 것이 아니라 '일본 여행'을 좋아하니까요. 『후쿠오카 셀프트래블』을 써 나가면서 자연스럽게 일본어 공부가 되어 예전보다는 조금 나아졌지만 여전히 대부분의 일본어를 읽을 수도, 쓸 수도 없습니다.

이 책은 저처럼 일본어를 모르는 사람도 아무런 불편함 없이 후쿠오카를 여행할 수 있도록 만들었습니다. 후쿠오카는 물론 우미노나카미치, 다자이후, 고쿠라, 모지코, 벳푸, 유후인, 하우스텐보스까지 구석구석을 직접 돌아보며 위치를 체크하고 찾아가는 길도 꼼꼼하게 기록했습니다. 익숙한 초록색 창에 후쿠오카 맛집이라고 검색하면 나오는, 한국인들에게만 유명한 식당과 카페 말고 후쿠오카 현지인들에게 알려진 숨은 맛집과 카페를 찾으려고 노력했습니다. 요즘 같은 스마트한 세상과는 조금 안 어울리지만 일일이 발품을 팔아 가며 열심히 취재하고 직접 맛보았습니다. 삼시 여섯 끼는 기본에 어떤 날은 라멘으로만 여섯 끼를 채우기도 했지요.

후쿠오카는 인천공항에서 비행기로 한 시간 남짓, 공항에서 시내까지의 거리도 정말 가깝습니다. 하늘 위에서, 길바닥에서 많은 시간을 보내는 대신 더 많은 곳들을 돌아보고 맛있는 음식을 먹으며 만족할 만한 쇼핑을 즐길 수 있습니다. 주말을 이용해 짧은 여행을 즐길 수도, 시간을 조

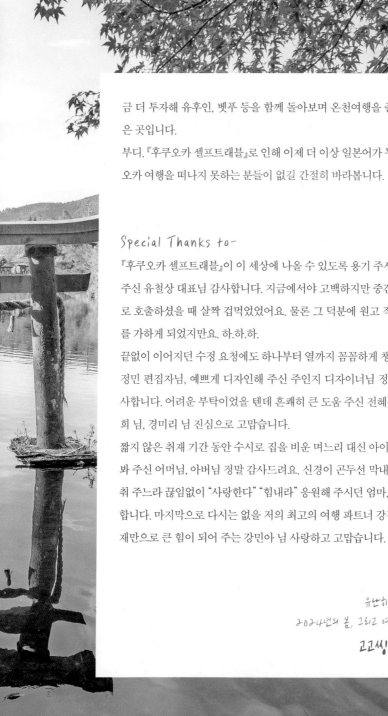

금 더 투자해 유후인, 벳푸 등을 함께 돌아보며 온천여행을 즐기기도 좋은 곳입니다.

부디, 『후쿠오카 셀프트래블』로 인해 이제 더 이상 일본어가 두려워 후쿠오카 여행을 떠나지 못하는 분들이 없길 간절히 바라봅니다.

Special Thanks to-

『후쿠오카 셀프트래블』이 이 세상에 나올 수 있도록 용기 주시며 이끌어 주신 유철상 대표님 감사합니다. 지금에서야 고백하지만 중간에 사무실로 호출하셨을 때 살짝 겁먹었었어요. 물론 그 덕분에 원고 작업에 박차를 가하게 되었지만요. 하.하.하.

끝없이 이어지던 수정 요청에도 하나부터 열까지 꼼꼼하게 챙겨 주신 김정민 편집자님, 예쁘게 디자인해 주신 주인지 디자이너님 정말 너무 감사합니다. 어려운 부탁이었을 텐데 흔쾌히 큰 도움 주신 전혜선 님, 김장희 님, 경미리 님 진심으로 고맙습니다.

짧지 않은 취재 기간 동안 수시로 집을 비운 며느리 대신 아이를 맡아 돌봐 주신 어머님, 아버님 정말 감사드려요. 신경이 곤두선 막내딸 기분 맞춰 주느라 끊임없이 "사랑한다" "힘내라" 응원해 주시던 엄마, 저도 사랑합니다. 마지막으로 다시는 없을 저의 최고의 여행 파트너 강정훈 님, 존재만으로 큰 힘이 되어 주는 강민아 님 사랑하고 고맙습니다.

유난히도 치열했던
2024년의 봄, 그리고 여름을 보내며

고고씽, 김수정

Contents
목차

Enjoy Fukuoka

후쿠오카를 즐기는 가장 완벽한 방법

Around
Fukuoka

후쿠오카 근교를 즐기는 가장 완벽한 방법

쉽고 빠르게 끝내는 여행 준비

Self Travel Fukuoka
일러두기

❶ 주요 지역 소개

『후쿠오카 셀프트래블』은 크게 후쿠오카와 후쿠오카 근교로 나뉩니다. **후쿠오카**에서는 하카타역 주변, 텐진, 야쿠인, 시사이드 모모치 일대, 우미노나카미치, 다자이후를, **후쿠오카 근교**에서는 고쿠라, 모지코, 벳푸, 유후인을 다루고 있습니다. 일본의 3대 테마파크 하우스텐보스는 미션 페이지에서 확인할 수 있습니다.

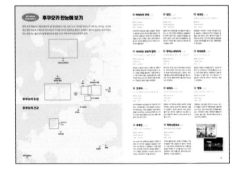

❷ 철저한 여행 준비

책의 앞부분에서는 가장 먼저 후쿠오카의 일반 정보와 알아 두면 유용한 여행 정보를 안내합니다.
Mission in Fukuoka 후쿠오카에서 꼭 가 봐야 할 곳들, 맛보고 사야 할 것들, 추천 숙소를 소개합니다. 이후 대중교통 · 렌터카 · 패스 등의 교통 정보를 안내하고 여행 기간과 동행인에 따른 추천 일정을 제시하고 있습니다.
Step to Fukuoka 후쿠오카 여행을 준비하는 데 필요한 정보만 모았습니다. 항공권 구입, 면세점 쇼핑, 짐 꾸리는 법, 일본어 회화 등을 실어 초보 여행자도 어렵지 않게 여행할 수 있도록 했습니다.

❸ 알차디알찬 여행 핵심 정보

Enjoy Fukuoka 본격적인 스폿 소개에 앞서 각 지역별로 특징, 이동 방법, 여행 방법을 안내한 후 관광명소, 식당, 쇼핑, 숙소 등을 차례차례 소개하고 있습니다. 관광명소의 경우 중요도에 따라 별점(1~3개)을 표기했으며 알아 두면 유용한 추가 정보는 More&More 혹은 Tip으로 정리했습니다.

❹ 원어 표기

최대한 외래어 표기법을 기준으로 표기했으나, 몇몇 지역명과 관광명소, 업소의 경우 현지에서 사용 중인 한국어 안내와 여행자들에게 익숙한 이름을 택했습니다.

❺ 정보 업데이트

이 책에 실린 모든 정보는 2024년 9월까지 취재한 내용을 기준으로 하고 있습니다. 현지 사정에 따라 요금과 운영시간 등이 변동될 수 있으며 버스 시간 표 역시 시기에 따라 달라질 수 있으니 여행 전 한 번 더 확인하시길 바랍니다.

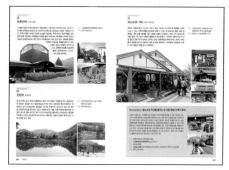

❻ 지도 활용법

이 책의 지도에는 아래와 같은 부호를 사용하고 있습니다.

주요 아이콘
- ● 관광지, 스폿
- ⓡ 레스토랑, 카페 등 식사할 수 있는 곳
- ⓢ 백화점, 쇼핑몰, 슈퍼마켓 등 쇼핑 장소
- ⓗ 호텔, 료칸 등 숙소
- ⓝ 야타이, 이자카야 등 술집

기타 아이콘
- 🛈 관광안내소
- 🚌 버스정류장, 버스터미널
- Ⓡ 지하철역, 기차역

후쿠오카 한눈에 보기

전체 면적 343㎢로 서울특별시의 반 정도밖에 안 되는 작은 도시. 하지만 작다고 무시하지는 마시길. 곳곳에 개성 강한 숍들과 다채로운 먹거리들이 가득해 어디로 발걸음을 옮겨도 즐거움이 끊이지 않는다. 후쿠오카의 주요 관광지는 물론이고 함께 둘러보면 좋은 근교 여행지까지 한눈에 담아 보자.

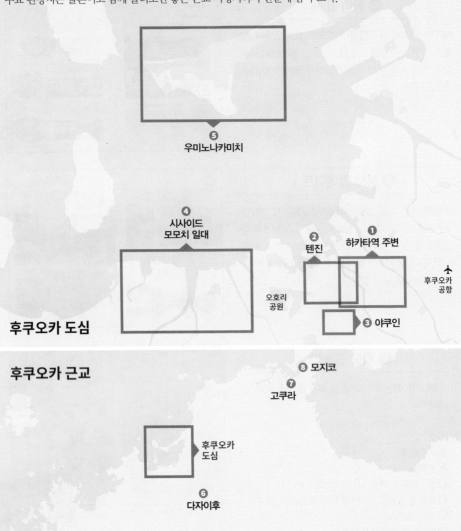

⑤ 우미노나카미치

④ 시사이드 모모치 일대

② 텐진

① 하카타역 주변

✈ 후쿠오카 공항

오호리 공원

후쿠오카 도심

③ 야쿠인

후쿠오카 근교

⑧ 모지코

⑦ 고쿠라

후쿠오카 도심

⑥ 다자이후

⑩ 유후인

⑨ 벳푸

하우스텐보스 ⑪

❶ 하카타역 주변 p.78
늦은 밤까지 반짝반짝 빛나는 곳!

볼거리 ★★★★
식도락 ★★★★★
쇼핑 ★★★★

하카타역 주변으로 대형 쇼핑몰과 백화점이 밀집돼 있으며 후쿠오카를 대표하는 랜드마크인 커널시티 하카타까지 한 번에 둘러볼 수 있다. 유후인, 벳푸, 하우스텐보스 등 규슈 각지로 향하는 버스와 기차는 다 이곳에서 출발한다.

❷ 텐진 p.118
쇼핑과 식도락 여행을 한 번에!

볼거리 ★★★
식도락 ★★★★★
쇼핑 ★★★★★

일본의 최신 트렌드를 가장 빠르게 엿볼 수 있는 곳. 텐진 주변의 백화점과 쇼핑몰에서는 하루가 멀다 하고 수많은 아이템들이 쏟아져 나온다. 어디 패션 아이템뿐이랴. 골목마다 기다란 줄이 늘어선 트렌디한 레스토랑도 가득!

❸ 야쿠인 p.160
SNS를 뜨겁게 달구고 있는 핫 플레이스!

볼거리 ★
식도락 ★★★★
쇼핑 ★★★

평범함은 거부한다. 색다른 비주얼과 맛으로 승부하는 카페와 감각적인 편집숍이 골목을 가득 채우고 있다. 볼거리가 많은 지역은 아니지만 고즈넉한 일본의 골목길을 거닐며 여유로움을 찾고 싶은 여행자들에게 추천한다.

❹ 시사이드 모모치 일대 p.174
한적한 여유로움 속 다채로운 즐거움!

볼거리 ★★★★★
식도락 ★★
쇼핑 ★★★★

복잡한 도심에서 벗어나 아름다운 해변가를 산책하며 환상적인 전망을 감상할 수 있다. 다양한 체험을 좋아하는 여행자라면 보스 이조 후쿠오카를, 쇼핑을 좋아하는 여행자라면 마크이즈 후쿠오카 모모치를 추천한다. 주말보다 평일이 훨씬 여유롭다.

❺ 우미노나카미치 p.186
사시사철 아름다운 꽃과 나무가 가득한 곳!

볼거리 ★★★★
식도락 ★
쇼핑 ★

후쿠오카 최대 규모의 장미정원과 워터파크, 아쿠아리움이 자리 잡고 있다. 섬 전체가 거대한 테마파크와 같은 느낌이다. 자전거를 빌려 공원과 해변도로를 달려 볼 수도 있다. 아이와 함께 후쿠오카를 찾는다면 필수로 추천한다.

❻ 다자이후 p.194
학문의 신이 기다리는 곳!

볼거리 ★★★★
식도락 ★★★
쇼핑 ★

중요한 시험이나 취업을 앞두고 있다면 학문의 신 스가와라노 미치자네를 모시고 있는 다자이후로 향하자. 여행자보다 일본 현지인들이 더 많이 찾는 인기 명소로 2~3월이면 다자이후 텐만구 주변으로 매화가 만발한다.

❼ 고쿠라 p.210
소도시의 매력과 도시의 편의성을 동시에!

볼거리 ★★★
식도락 ★★★
쇼핑 ★★

하카타역에서 신칸센을 타고 17분이면 도착하는 기타큐슈에서 가장 번화한 도시이다. 역 주변으로는 대형 쇼핑몰과 유명 레스토랑들이 모여 있다. 고쿠라성 주변엔 크고 작은 신사와 좁은 골목길 사이사이 예쁜 카페들이 자리 잡고 있다.

❽ 모지코 p.228
낭만적인 분위기의 레트로 항구!

볼거리 ★★★★
식도락 ★★
쇼핑 ★

일본의 주요 항구도시였던 화려한 과거를 뒤로하고 레트로 분위기의 관광지로 새롭게 단장했다. 본섬인 혼슈와 가장 가깝게 붙어 있는 항구로, 배편으로 5분 혹은 도보로 15분이면 혼슈의 시모노세키에 도착할 수 있다.

❾ 벳푸 p.248
365일 온천 증기로 가득한 도시!

볼거리 ★★★★★
식도락 ★★
쇼핑 ★★

일본에서 가장 많은 온천수가 나오는 곳으로 저렴한 가격으로 천연온천을 마음껏 즐길 수 있다. 7곳의 개성 강한 온천들을 둘러보는 지옥온천 순례는 벳푸에서 빼놓으면 안 되는 필수 코스. 후쿠오카에서 버스로 2시간이면 도착한다.

❿ 유후인 p.274
아날로그 감성 가득 동화마을!

볼거리 ★★★★
식도락 ★★★★
쇼핑 ★★★★

유노쓰보 거리 양쪽으로 달콤한 디저트 카페와 아기자기한 소품숍이 끊임없이 이어진다. 반나절이면 다 둘러볼 수 있을 만큼 작은 곳이지만 유후인의 매력을 제대로 느끼기 위해선 온천욕과 가이세키 요리가 제공되는 료칸에서의 1박을 추천한다.

⓫ 하우스텐보스 p.54
중세 네덜란드로의 타임슬립!

볼거리 ★★★★
식도락 ★
쇼핑 ★★

색색의 튤립과 풍차, 유럽식 건축물이 가득해 동양의 작은 네덜란드라 불리는 테마파크. 스릴 넘치는 어트랙션보다는 아름다운 풍경과 축제로 더 인기를 끌고 있다. 특히 일본에서 가장 아름다운 일루미네이션이 펼쳐지는 것으로 유명하다.

후쿠오카 일반 정보

후쿠오카福岡는 일본의 4대 섬 중 가장 남쪽에 위치한 규슈, 그중에서 가장 북쪽에 자리 잡은 후쿠오카현을 구성하고 있는 도시 중 한 곳이다. 도시의 면적은 그리 크지 않지만 규슈의 정치, 문화 및 패션의 중심지라는 타이틀에 걸맞게 일본 전체에서는 여덟 번째, 규슈에서는 첫 번째로 인구가 많은 도시로 알려져 있다.

2006년 미국의 시사 주간지《뉴스위크》가 선정한 '세계에서 가장 다이내믹한 10대 도시'로 뽑히기도 했으며 일본 주요 도시의 1인당 총생산액을 살펴보면 도쿄, 오사카, 나고야에 이어 후쿠오카가 4위를 차지하고 있을 정도로 일본에서도 손꼽히는 경제 도시다.

지리적으로는 한국, 중국과 가까워 예부터 일본과 아시아를 연결해 주는 관문 역할을 톡톡히 해 왔으며 지금까지도 하카타항은 일본의 여러 항 중에서 외국인 이용객 수가 가장 많은 곳이기도 하다.

＋ 면적
약 343.39㎢로 서울특별시(605.21㎢)의 반 정도 크기다.

＋ 인구
약 1,603,543명으로 인구밀도는 4,670명/㎢. 참고로 서울특별시의 인구밀도는 15,650명/㎢이다.

＋ 언어
일본어를 사용한다. 백화점이나 호텔에서도 영어가 통하지 않는 경우가 많다. 하지만 일본어를 하지 못한다고 해서 겁먹을 필요는 없다. 대부분의 교통수단, 관광지, 식당에는 한국어 또는 영어 안내판이 마련돼 있다.

＋ 시차
한국과 같은 시간을 사용한다. 시간 차이는 없다.

＋ 비자
대한민국 여권을 소지한 경우 최대 90일까지 무비자 입국이 가능하다.

＋ 전압
110v가 기본이다. 대부분의 스마트폰 혹은 디지털 카메라 충전기의 경우 110~220v의 전압에서 모두 사용 가능한 프리볼트 제품으로 별도의 변압기 없이 사용할 수 있다. 하지만 콘센트 모양이 한국과 달라 별도의 플러그가 필요하다.

히가시구 東区
주오구 中央区
하카타구 博多区
니시구 西区
조난구 城南区
미나미구 南区
사와라구 早良区

후쿠오카
福岡

✚ 기후

연평균 17도 정도로 서울보다 높은 기온을 유지하고 있다. 연평균 강수량은 1,612mm로 1,300mm인 대한민국보다 많은 편이긴 하지만 장마철과 태풍이 오는 시기인 6~7월에 집중적으로 내린다.

✚ 화폐

100￥=약 920원(2024년 9월 기준)
일본 화폐인 엔(￥)을 사용한다. 동전과 지폐가 함께 통용되는데 한국 내 대부분의 은행에서 어렵지 않게 환전이 가능하다. 일본 내에서 급하게 엔화가 필요한 경우에도 공항이나 호텔, 은행에서 환전할 수 있다.

✚ 신용카드

대규모 쇼핑몰이나 백화점 등에서는 대부분 사용 가능하다. 하지만 작은 규모의 레스토랑이나 카페, 포장마차 등에서는 현금만 받는 경우가 많다. 한국보다 현금 사용의 비율이 월등하게 높으니 환전은 넉넉하게 하는 것을 추천한다.

✚ 세금

음식점은 물론이고 편의점이나 상점에서 물건을 구입할 때에도 적혀 있는 금액의 10%가 세금으로 추가된다. 외국인의 경우 한 상점에서 세금을 제외하고 5,000엔 이상 구입하면 지불한 세금을 다시 돌려받을 수 있다.

✚ 대중교통

지하철은 물론 버스까지 수시로 주요 관광지 구석구석을 운행하고 있다. 정류장 사이의 거리가 그리 멀지 않기 때문에 실수로 잘못 하차해도 한두 정거장 정도는 도보로 충분히 이동 가능하다. 스이카, 스고카와 같은 IC 교통카드를 사용하면 매번 티켓을 구입하거나 잔돈을 준비하지 않아도 되어 편리하다. 대중교통 요금은 한국에 비해 비싼 편.

✚ 와이파이

후쿠오카 내 모든 지하철역과 주요 관광지, 상업시설에서는 후쿠오카시에서 제공하는 무료 와이파이를 이용할 수 있다. 처음 등록 시에 이름과 이메일 주소를 입력해야 한다. 다만 간혹 접속이 원활하게 이루어지지 않는 경우도 있다. 한국에서 미리 유심칩이나 포켓 와이파이를 준비해 오는 것을 추천한다.

✚ 축제

1년 내내 여러 가지 축제와 이벤트가 개최되고 있는데 그중에서도 가장 큰 규모의 축제는 매년 7월 1일부터 15일까지 열리는 '하카타기온야마카사'와 5월 초 일본의 황금연휴 기간에 열리는 '하카타 돈타쿠'. 이 기간에 후쿠오카를 방문한다면 잊지 못할 특별한 추억을 남길 수 있다. 벚꽃이 피는 시즌에는 후쿠오카 성터 주변에서 화려한 벚꽃축제가 진행된다.

후쿠오카, 그곳이 알고 싶다!

일본의 많은 도시 중에서 후쿠오카로 여행지를 정한 당신에게 꼭 필요한 알짜 정보만을 모았다. 초록색 인터넷 창에 일일이 검색할 필요 없이 친절하게 당신의 궁금증을 해결해 줄 후쿠오카의 모든 것. 지금부터 시작!

Q1. 일본 입국할 때 필요한 서류가 있나요?

2024년 9월 기준 대한민국 국민이 일본 입국 시 필요한 서류는 만료일이 6개월 이상 남은 여권뿐입니다. 일본 입국 시 수기로 작성해야 했던 입국신고서와 세관 신고서 대신 Visit Japan Web 사이트에서 입국 정보를 입력해 두면 발급된 QR 코드로 간편하게 입국이 가능해졌어요. Visit Japan Web 홈페이지는 한국어로 안내되어 있어 작성하는 것도 어렵지 않아요.
홈피 vjw-lp.digital.go.jp/ko

Q2. 후쿠오카 여행 시 마스크 착용이 필수인가요?

아닙니다. 마스크 착용은 자유롭게 선택할 수 있습니다. 일본인들도 요즘엔 거의 마스크를 착용하지 않는 경우가 많아요. 코로나 확진자 집계도 하지 않고 있고요. 대중교통은 물론이고 식당, 관광지에서도 본인의 선택에 따라 착용해도, 하지 않아도 상관없어요.

Q3. 일본어를 하나도 못해요. 여행할 수 있을까요?

네, 당연히 가능합니다. 후쿠오카의 관광지 안내문은 한국어로 표기되어 있는 곳들이 대부분입니다. 기차역이나 공항에도 한국어가 가능한 직원들이 근무하고 있어요. 식당이나 카페, 호텔에서는 번역기 앱 사용을 추천합니다. 메뉴판 사진을 찍으면 바로 한국어 번역이 가능하며 음성을 인식해 번역하는 기능도 유용해요.

Q4. 호텔 체크인 시 숙박세는 꼭 내야 하나요?

2020년 4월 1일부터 후쿠오카시에 숙박세가 도입되었어요. 시내의 호텔이나 료칸, 에어비앤비 등 모든 숙박 시설에 머무는 여행자들에게 부과된답니다. 숙박 요금에 따라 세금이 조금씩 달라요. 1박에 20,000엔 이하의 경우 1인당 200엔, 20,000엔 이상의 경우 1인당 500엔으로 체크인 시 추가로 지불해야 해요. 호텔에 따라 사전 요금 결제 시 추가되어 결제되는 경우도 있으니 호텔에 확인해 보는 것을 추천합니다.

Q5. 후쿠오카는 아무 곳에서나 신용카드 사용이 가능한가요?

코로나 상황을 지나면서 일본의 많은 상점들이 QR코드와 터치 방식의 카드 결제 시스템을 도입해서 사용하고 있어요. 하지만 아직도 작은 식당이나 카페에서는 현금만 사용이 가능한 곳들도 많답니다. 유후인과 벳푸 등에서는 현금이 필수이기도 하고요. 부족하지 않게 환전해 가는 것을 추천해요.

Q6. 일본에서 네이버페이, 카카오페이 어떻게 사용해요?

일부 대형 쇼핑몰이나 백화점, 관광지에서는 네이버페이와 카카오페이를 사용할 수 있어요. 계산대 앞에 라인페이 로고가 있다면 네이버 앱을 켜 네이버페이 → 결제 → 현장결제 → 왼쪽 상단의 N페이를 터치해 라인페이(해외)로 선택한 뒤 QR코드를 제시하면 돼요. 사전에 네이버페이를 충전해 놓는 건 기본이고요.
카카오페이의 경우 알리페이 로고가 있는 곳에서 사용 가능합니다. 결제 → 왼쪽 상단의 국가를 일본으로 바꾸면 사용할 수 있어요.

Q7. 면세 혜택은 어떻게 받을 수 있어요?

면세란 일본에서 구입한 물건을 일본에서 소비하지 않고 한국으로 가지고 출국하는 경우 구입한 물건에 붙여진 세금을 돌려받을 수 있는 제도입니다. 면세 혜택은 한 점포에서 세금을 제외하고 5,000엔 이상 구입 시 돌려받을 수 있어요. 상점에 따라 별도의 수수료가 부과되는 경우도 있으니 꼼꼼하게 확인하세요. 신용카드로 결제한 경우 여권의 이름과 동일해야 해요. 구입한 물건은 포장된 상태로 출국해야 하는 것도 잊지 마세요.

Q8. 후쿠오카의 치안은 어떤가요?

관광객들이 주로 다니는 하카타, 텐진은 늦은 밤에도 비교적 안전한 편입니다. 24시간 운영하는 상점이나 음식점들도 많아요. 하지만 어느 나라, 어느 도시와 마찬가지로 너무 늦은 밤, 조명이 없는 으슥한 골목은 혼자 돌아다니지 않는 것을 추천합니다. 특히 나카스 유흥가 주변은 피하세요.

후쿠오카의 365일

우리나라보다 남쪽에 위치하고 있어 여름에는 조금 더 덥고 겨울에는 조금 덜 춥다는 것만 다를 뿐 한국의 사계절과 크게 다르지 않은 날씨를 가지고 있다. 한여름과 장마철을 제외하면 언제든 여행하기 좋은 편이다. 겨울에도 영하로 내려가거나 눈이 내리는 경우는 거의 없다. 장마 기간은 한국보다 조금 빠르며 바다를 끼고 있어 습도가 높은 편이다. 봄·가을에는 일교차가 큰 편이라 가볍게 걸칠 수 있는 바람막이나 카디건을 가지고 다니는 것을 추천한다.

✚ 월별 평균 기온 및 옷차림 추천

12~3월

한겨울에도 기온이 영하로 떨어지지 않아 너무 두꺼운 패딩보다는 도톰한 코트나 여러 겹의 옷을 겹쳐 입는 것을 추천한다. 목도리나 스카프, 모자 등을 활용하는 것도 좋다. 호텔을 포함한 실내는 많이 건조한 편이다. 수시로 수분 보충은 필수.

4~5월·9~11월

후쿠오카를 여행하기 딱 좋은 시즌이다. 한낮에는 태양을 가릴 수 있는 양산을, 해가 지면 다소 쌀쌀할 수 있으니 얇은 바람막이와 카디건 등을 준비하는 것이 좋다. 얇은 옷을 여러 겹 겹쳐 입는 것도 좋은 방법이다.

6~8월

기온도 높고 장마 기간이라 비도 자주 온다. 높은 기온에 습도까지 높아서 야외 활동보다는 실내 관광지 위주로 돌아다니는 것이 좋다. 최대한 가벼운 옷차림에 여벌 옷도 넉넉하게 준비하자. 이 기간에 후쿠오카에 온다면 우산은 필수.

✚ 연평균 기온과 강수량

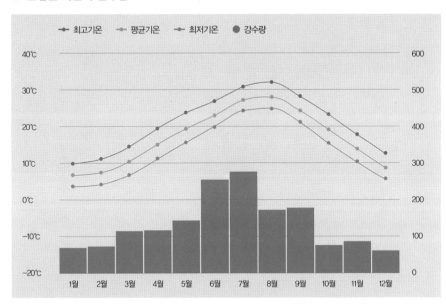

월	1월	2월	3월	4월	5월	6월	7월	8월	9월	10월	11월	12월
평균기온(℃)	6.6	7.4	10.4	15.1	19.4	23.0	27.2	28.1	24.4	19.2	13.8	8.9
강수량(mm)	68.0	71.5	112.5	116.6	142.5	254.8	277.9	172.0	178.4	73.7	84.8	59.8

*연평균 기온 17℃, 연 강수량 1612.3mm(통계기간 1981~2010)

Mission in Fukuoka

후쿠오카에서 꼭 해봐야 할 모든 것

어머, 여긴 꼭 가야 해!
후쿠오카 대표 명소 베스트 8

하카타역 博多駅 (p.84)

유후인, 벳푸, 나가사키 등 규슈 곳곳으로 향하는 다양한 열차가 오가는 역. 하지만 단순한 기차역이라기보단 대형 쇼핑몰과 백화점이 결합된 복합쇼핑센터로 큰 사랑을 받고 있다. 옥상엔 후쿠오카 시내 일대를 한눈에 조망할 수 있는 전망대가 마련돼 있다.

커낼시티 하카타 キャナルシティ博多 (p.87)

1996년 오픈 이후 지금까지도 관광객들이 끊이지 않는 후쿠오카를 대표하는 관광명소다. 후쿠오카 여행의 목적이 쇼핑인 관광객이라면 반드시 방문해 봐야 할 필수 코스. 건물 중앙엔 180m의 인공 운하가 만들어져 있으며 중앙 무대에선 다양한 문화 이벤트가 열리기도 한다.

텐진 天神 (p.118)

아침부터 저녁까지 현지인들과 관광객들로 가득한 후쿠오카에서 가장 번화한 지역이다. 후쿠오카의 최신 트렌드가 궁금하다면 텐진역 주변의 상점을 둘러보자. 19세기 남부 유럽의 거리를 재현해 놓은 텐진 지하상점가도 빼놓으면 안 되는 필수 명소.

나카스 中洲 (p.111)

환한 낮보다는 밤에 방문해야 그 진가를 느낄 수 있다. 해가 지기 시작하면 나카스강을 따라 알록달록한 포장마차 '야타이'가 하나둘 생겨나기 시작하는데 현지인들과 어울려 간단한 술과 다양한 안주를 맛보고 싶다면 반드시 방문해야 하는 필수 코스.

오호리 공원 大濠公園 (p.126)

후쿠오카의 오아시스라 불리는 곳으로 둘레가 2km에 이르는 거대한 호수를 중심으로 잘 가꿔진 일본정원과 후쿠오카 성터 등을 산책할 수 있다. 특히 오호리 공원만의 이색적인 스타벅스에 들러 호수를 바라보며 커피 한잔의 여유를 즐겨 보자.

후쿠오카 타워 福岡タワー (p.180)

해변가에 자리 잡은 일본의 타워 중 최고 높이를 자랑한다. 8천 장의 반투명 거울로 제작된 외벽 덕분에 파란 하늘과 구름이 그대로 반영되어 시시각각 다른 모습을 보여 준다. 해 질 무렵 타워에 올라 낮 풍경과 함께 일몰, 야경까지 모두 감상해 보자.

우미노나카미치 해변공원
海の中道海浜公園 (p.190)

계절마다 다양한 꽃이 피는 자연친화적 공원이다. 자전거를 대여해 공원을 한 바퀴 돌아보며 꽃과 동물들을 둘러보는 코스가 베스트. 아이들을 위한 놀이터와 체험 시설도 다양하다. 반나절 정도 충분히 시간 여유를 두고 방문하는 것을 추천한다.

다자이후 太宰府 (p.194)

1,300년 전부터 규슈를 관할하던 관청이 있던 곳으로 학문의 신을 모시는 신사인 '다자이후 텐만구', 일본 4대 박물관으로 알려진 '규슈 국립박물관', 아름다운 정원으로 유명한 '고묘젠지' 등 다양한 볼거리가 있다. 하카타역에서 버스로 40분 정도 소요되며 반나절 정도면 충분히 다녀올 수 있다.

일본 소도시로의 여행

후쿠오카 근교 명소 베스트 5

벳푸 지옥온천 別府地獄 (p.258)

뜨거운 증기가 끊임없이 흘러나오는 모습이 무시무시한 지옥을 닮았다고 해서 지옥온천이라 불린다. 에메랄드빛 바다 같기도 하고 새빨간 핏물 같기도 한 일곱 가지 각기 다른 개성을 자랑하는 온천을 한 번에 둘러볼 수 있다. 온천의 증기를 이용해 만드는 특별한 지옥 찜 요리를 맛보는 것도 잊지 말자.

모지코 레트로 門司港レトロ (p.236)

일본의 중요 문화재로 지정된 JR 모지코역, 아인슈타인 박사가 일본에 방문했을 때 숙박했다는 모지 미츠이 클럽, 오렌지색 팔각탑이 아름다운 오사카 상선 건물 등 메이지시대부터 쇼와시대까지 번성했던 모지코의 과거 건물들을 두루 만나 볼 수 있다. 이국적인 분위기의 건축물들을 배경으로 멋진 인증사진을 찍어 보자.

고쿠라성 小倉城 (p.216)

에도시대 초기 건축물로 1608년에 완공되었다. 성 내부에는 고쿠라성과 기타큐슈의 역사를 소개하는 자료들이 전시되어 있으며 최상층인 5층 전망대에 오르면 아름다운 고쿠라의 풍경을 한눈에 담을 수 있다. 성 주변에 벚나무가 가득해 봄이면 관광객들로 북적인다.

하우스텐보스
ハウステンボス (p.54)

커다란 풍차와 색색의 튤립이 가득한 정원까지. 중세 네덜란드의 모습을 재현해 놓은 일본의 3대 테마파크 중 한 곳이다. 스릴 넘치는 놀이기구나 귀여운 캐릭터는 찾아보기 힘들지만 일본에서 가장 아름다운 일루미네이션을 감상할 수 있는 곳으로 인기 만점.

긴린코 金鱗湖 (p.282)

후쿠오카에서 버스로 2시간 정도 이동하면 만나게 되는 작은 온천마을 '유후인'을 대표하는 명소다. 호수 바닥에서는 지금까지도 끊임없이 온천수가 솟아나고 있다. 덕분에 이른 새벽이면 호수의 따뜻한 물과 차가운 공기가 만나 환상적인 물안개를 피워 내는 장관이 펼쳐진다.

맛있는 후쿠오카!
후쿠오카에서 꼭 먹어야 하는 음식

돈코쓰 라멘

일본 음식을 대표하는 라멘, 그중에서도 한국인들의 입맛에 가장 잘 맞는 돈코쓰 라멘의 시작이 바로 이곳 후쿠오카라는 사실! 돼지 뼈를 진하게 우려낸 육수에 잘 삶아 낸 생면이 더해지는데 그 위에 차슈와 반숙 달걀, 파를 듬뿍 넣어 주면 금상첨화! 한번 먹어 보면 그 진한 국물 맛에 반하게 될 것이다.

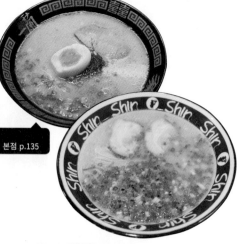

> **작가 추천 돈코쓰 라멘 맛집!**
> 이치란 본점 p.134, 하카타라멘 신신 텐진 본점 p.135

모츠나베

일본어로 소의 다양한 내장을 뜻하는 '모츠'와 냄비를 뜻하는 '나베'가 합쳐진 이름의 모츠나베는 우리나라의 곱창전골과 비슷하면서도 다른 맛을 내는데 이 역시 후쿠오카가 원조라고 전해진다. 모츠나베의 하얗고 뽀얀 국물은 얼핏 보면 느끼할 것 같지만 느끼하기는커녕 오히려 담백한 감칠맛을 느낄 수 있다. 곱창과 부추를 다 먹고 난 국물에 면을 넣어 즐겨 보자.

> **작가 추천 모츠나베 맛집!**
> 하카타 모츠나베 오오야마 p.86,
> 모츠나베 오오이시 스미요시점 p.95

우동

라멘과 함께 일본의 대표적인 서민음식인 우동은 일본 각 지역별로 다양한 특징을 가지고 있다. 후쿠오카의 우동은 우리가 흔히 알고 있는 쫄깃하고 탱탱한 사누키우동 면보다 조금 얇은 칼국수 느낌의 면으로 입안으로 부드럽게 넘어가는 것이 특징이다. 후쿠오카에서 가장 유명한 우동은 우엉튀김을 올린 고보텐우동.

> **작가 추천 우동 맛집!**
> 우동 타이라 p.100, 다이치노 우동 p.100

야키토리

다양한 부위의 닭고기를 꼬치에 끼워 숯불로 구운 야키토리는 후쿠오카를 대표하는 음식답게 어느 가게에 들어가도 실패 확률이 적다. 후쿠오카 명물 중 하나인 포장마차 야타이에서도 쉽게 맛볼 수 있는데 닭 날개를 줄줄이 끼워 구운 데바사키^{てばさき}, 닭다리 살과 파를 함께 끼워 구운 네기마^{ねぎま}를 추천한다.

작가 추천 야키토리 맛집!
하카타 토리카와 다이진 p.108, 네지케몬 p.149

스시

요즘엔 한국에서도 신선하고 맛있는 초밥을 다양하게 맛볼 수 있지만 가격이 다소 부담스러운 것이 사실이다. 하지만 후쿠오카에서는 합리적인 가격으로 다양한 초밥을 맛볼 수 있다. 새콤달콤 감칠맛 나게 양념된 샤리(초밥용 밥) 위에 싱싱한 생선을 큼직하게 올려 만들어 내니 맛이 없을 수가 없다는 것!

작가 추천 스시 맛집!
효탄스시 p.142, 스시잔마이 텐진점 p.142

소고기

갓 지은 흰 쌀밥 위에 두툼하게 잘라 구워 낸 스테이크를 올려 먹는 스테이크동. 질 좋은 소고기를 다져 동그랗게 뭉친 다음 뜨겁게 달궈진 돌판에 구워 먹는 햄버그스테이크. 다양한 부위를 숯불로 구워 먹는 야키니쿠까지. 여러 가지 방법으로 즐기는 질 좋은 후쿠오카의 소고기 요리는 지친 여행자의 몸을 제대로 리프레시 시켜 줄 음식.

작가 추천 소고기 맛집!
키와미야 하카타점 p.96,
규카츠 모토무라 후쿠오카 텐진 니시도리점 p.136

1일 1카페는 기본!
나만 알고 싶은 후쿠오카 카페투어

아베키 Abeki (p.169)

예쁜 카페가 많기로 유명한 야쿠인에서 가장 유명한 카페이다. 관광객들보다 현지인들에게 더 인기가 많아 가게 앞에는 늘 기다란 줄이 늘어서 있다. 조금이라도 목소리가 커지면 사장님이 바로 제지할 정도로 고요한 분위기이다. 마주 보고 있는 사람과 카톡으로 대화해야 하는 카페라는 우스갯소리도 있다. 그럼에도 불구하고 맛있는 드립 커피와 부드러운 인생 치즈케이크를 맛보고 싶다면 아베키가 무조건 1등이다.

훅 커피 FUK COFFEE (p.107, 129)

후쿠오카공항의 IATA코드를 사용한 로고로 SNS 인증 명소가 되면서 인기 카페로 급부상했다. 커피 맛만 보면 특별하다고 할 수 없지만 이곳에서 꼭 먹어야 하는 메뉴는 따로 있다. 달콤한 푸딩 위에 바닐라 아이스크림을 얹은 FUK 푸딩. 달콤하면서 쫀쫀한 식감으로 비주얼도 맛도 최고. 커널시티 하카타 건너편에 있는 지점은 30분에서 1시간 대기는 기본이다. 비교적 한가한 오호리 공원 지점을 추천한다.

이건 꼭!
입에서 살살 녹는 치즈케이크

이건 꼭!
동글동글 귀여운 비주얼의 카페 모카

이건 꼭!
바닐라 아이스크림을 추가한 푸딩

이건 꼭!
숯가루가 들어간 블랙 라테

소후커피 そふ珈琲 (p.145)

텐진과 야쿠인에 이어 후쿠오카의 핫플레이스로 떠오른 롯폰마쓰에 위치하고 있다. 카페 모카 위에 빙그르르 돌아가는 롤리팝 모양 초콜릿 시럽을 뿌린 사진으로 단번에 SNS 인기 카페가 되었다. 시즌마다 새로운 디저트 메뉴를 출시하고 있는 것도 인기를 유지하는 비결 중 하나이다. 사과를 통으로 구워 바닐라 아이스크림과 곁들여 먹는 구운 사과, 곱게 갈아 낸 얼음에 여러 가지 시럽을 첨가한 1인용 빙수와 커피 젤리도 추천한다.

노 커피 No Coffee (p.169)

한적한 주택가 골목에 자리 잡은 작은 카페이다. 테이크아웃을 기본으로 하는 곳으로 카페 내부에 편안한 의자나 테이블은 거의 없다. 한때 한국에서 유행했던 녹차 라테에 에스프레소 샷을 넣은 커피가 바로 이곳 노 커피에서 영감을 얻었다는 이야기가 있을 정도로 트렌디하며 최근에는 숯을 넣은 블랙 라테가 인기 메뉴로 떠오르고 있다. 심플하면서 감성적인 노 커피 로고를 활용한 굿즈를 구경하는 재미도 잊지 말자.

무츠카도 카페 むつか堂カフェ (p.80 지도)

매일 아침 구워 내는 달콤하고 부드러운 식빵으로 유명한 빵집에서 오픈한 카페이다. 무츠카도 식빵을 활용한 다양한 샌드위치와 토스트가 준비되어 있다. 가장 유명한 메뉴는 시즌마다 다양한 과일을 넣어 만드는 과일샌드위치로 달콤하고 부드러운 맛이 일품이다. 후쿠오카 명란을 곁들인 멘타이코 토스트, 달걀샐러드를 가득 넣은 에그샌드위치도 추천한다. 식빵 자체가 맛있어서 어떤 재료와도 최상의 궁합을 자랑한다. JR 하카타 시티와 연결된 아무 플라자 5층에 위치.

푸글렌 후쿠오카
FUGLEN FUKUOKA (p.107)

북유럽 바이브를 일본에서 즐길 수 있는 카페이다. 커피 원두 고유의 풍미를 해치지 않도록 가볍게 로스팅한 북유럽 스타일의 커피를 맛볼 수 있다. 일반적으로 흔하게 맛보는 다크 로스팅 커피보다 산미가 강한 편으로 커피의 산미를 선호하지 않는다면 부드러운 우유가 들어간 라테 메뉴를 선택하는 것이 좋다. 커피와 잘 어울리는 토스트와 디저트 메뉴도 있으며 저녁 시간에는 크래프트 맥주, 칵테일 등을 판매한다.

이건 꼭!
시즌마다 재료가 달라지는 과일샌드위치

이건 꼭!
다양한 종류의 원두를 선택할 수 있는 드립 커피

이건 꼭!
화려한 라테 아트의 따뜻한 카페 라테

이건 꼭!
부드러운 맛과 향의 카페 라테

커넥트 커피 コネクトコーヒー (p.146)

각종 라테 아트 대회에 여러 번 출전해 좋은 성적을 거둔 바리스타의 카페이다. 화려하고 독창적인 라테 아트로 유명해졌지만 직접 원두를 로스팅할 정도로 커피 맛에도 정성을 담고 있다. 카운터 좌석에 앉으면 커피를 만들고 라테 아트를 하는 모습을 직관할 수 있다. 봄에는 벚꽃을 표현한 달콤한 라테를 맛볼 수 있으며 디저트 메뉴도 다양하게 준비되어 있다. 신용카드 결제는 불가하다.

렉 커피 REC COFFEE(p.106, 170)

일본의 블루 보틀이라고 불리는 카페로 텐진, 하카타, 야쿠인 등 곳곳에 지점이 있다. 일본 바리스타 챔피언십에서 우승한 바리스타의 블렌딩 커피를 판매한다. 핸드 드립 커피는 물론이고 에스프레소 메뉴 역시 원두의 종류를 선택할 수 있다. 렉 커피만의 노하우로 만든 드립 백을 판매하고 있어 집에서도 편하게 렉 커피를 즐길 수 있다는 것도 장점. 커피와 궁합이 좋은 다양한 디저트도 있다.

편의점 음식이라고 우습게 보지 말자!
24시간 열려 있는 후쿠오카 편의점

삼각김밥

삼각김밥의 원조 나라인 만큼 편의점마다 다양한 맛의 삼각김밥이 배고픈 여행자들을 유혹하고 있다. 포장지에 일본어가 빼곡하게 쓰여 있긴 하지만 친절하게 사진이 붙어 있어 내용물을 쉽게 파악할 수 있다. 가장 인기 있는 맛은 한국인들에게 익숙한 참치 마요네즈 맛, 그리고 후쿠오카의 명물인 짜지 않은 명란젓이 듬뿍 들어간 명란 맛.

삼각김밥 120엔~

푸딩

유제품이 맛있는 일본은 다양한 맛의 푸딩이 유명하다. 특히 일본에서도 흔하지 않은 저지 소ジャージー牛의 우유로 만든 저지 우유 푸딩이 인기 있다. 진하고 부드러운 우유의 맛을 그대로 느낄 수 있다. 일반적인 푸딩보다 더 묽어서 입안에 넣자마자 녹아 없어지는 맛이 특징이다. 다소 느끼하다는 평도 있다.

저지 우유 푸딩 155엔~

이로하스

'한 번도 안 마셔 본 사람은 있어도 한 번만 먹어 본 사람은 없다'고 할 정도로 한번 마시면 두 눈이 휘둥그레질 정도의 특별한 맛을 선사한다. 보기에는 그냥 생수로 보이지만 마셔 보면 상큼한 과즙이 그대로 느껴지는 음료수. 복숭아, 귤, 사과, 배 등의 다양한 맛이 출시돼 있으며 복숭아 맛이 가장 인기 있다. 같은 이로하스라도 라벨에 과일이 그려져 있지 않으면 아무 맛도 없는 그냥 생수다.

이로하스 119엔~

모찌롤 305엔

달걀샌드위치

모 유명 연예인이 일본에 가면 편의점에서 꼭 사 먹는 음식이라고 언급한 뒤 한국인 관광객들에게 큰 인기를 끌고 있다. 보이는 부분만 내용물이 가득한 한국 편의점 샌드위치들과 다르게 보이지 않는 식빵 끝부분까지 재료가 가득 차 있어 마지막 한입까지 맛있게 즐길 수 있다. 여러 편의점에서 쉽게 구입 가능하지만 세븐일레븐 제품이 가장 맛있다는 평가를 받고 있다.

달걀샌드위치 260엔~

야키소바 236엔~

어묵꼬치 120엔~

자가리코 160엔~

옥수수빵 160엔

야키소바

야키소바 전문점에서 즐기면 더없이 좋겠지만 그러기엔 시간도, 가격도 부담되는 여행자에게 추천하는 최고의 야식 메뉴다. 국물 맛에 따라 호불호가 갈릴 수 있는 일본의 컵라면보다 단짠단짠의 매력을 가진 야키소바는 훨씬 더 좋은 선택이 되어 줄 것이다. 다양한 브랜드 중에 어떤 걸 골라야 할지 고민된다면 U.F.O를 선택해 보자.

어묵꼬치

계산대 바로 옆, 따끈한 국물에 담긴 어묵꼬치는 추운 겨울 후쿠오카의 편의점을 찾는다면 절대 그냥 지나치면 안 되는 필수 먹거리. 일본어를 하지 못해도 걱정 없다. 그릇에 원하는 어묵을 골라 넣으면 끝! 한국에서도 흔히 먹을 수 있는 기본 어묵을 골라 담는 것도 좋지만 달큰한 맛의 무, 탱글탱글한 식감이 일품인 곤약은 절대 놓치지 말도록.

자가리코

모양은 컵라면 같지만 사실은 바삭한 감자 과자. 기본 야채 맛부터 치즈, 버터, 명란, 고구마 맛까지 다양하게 준비돼 있다. 여행 중간중간 입이 심심할 때마다 하나씩 꺼내 먹어도 좋고 맥주 안주로도 최고! 가끔 매실, 도미 등 상상하기 힘든 맛의 한정 제품이 출시되기도 하는데 굳이 도전해 보진 말자. 무난한 맛의 야채, 치즈, 명란 맛을 추천한다.

Tip 일본 편의점계의 양대산맥! 세븐일레븐 & 로손

1 세븐일레븐 7-Eleven
일본에서 가장 많은 점포를 가진 편의점으로 굳이 찾으려 하지 않아도 어딜 가나 어렵지 않게 발견할 수 있다. 세븐일레븐에서만 맛볼 수 있는 고품질의 자체브랜드PB(Private Brand) 상품이 가득하다.

세븐일레븐에선 꼭! 옥수수빵
세븐일레븐의 베이커리 섹션은 웬만한 빵집보다 훨씬 낫다는 평가를 받고 있다. 그중에서도 옥수수빵은 '마약 옥수수빵'이라는 애칭이 붙을 정도로 큰 인기.

2 로손 Lawson
세븐일레븐 다음으로 많은 점포를 가진 편의점. 로손에서 직접 만든 디저트 브랜드인 우치 카페 스위츠Uchi Cafe Sweets 덕분에 마니아들이 특히 많은 편이다.

로손에선 꼭! 모찌롤
우치 카페 스위츠의 수많은 디저트 중에서 가장 인기 있는 디저트. 일반 롤케이크보다 쫄깃한 식감을 가지고 있어 모찌롤이라 불리는데 초콜릿, 녹차 등 여러 가지 맛으로 출시되어 있다.

어머, 이건 사야 해!
후쿠오카 드러그스토어 쇼핑 리스트

시루콧토 화장솜

일반 화장솜과 다르게
화장수를 흡수하지 않는
스펀지 원단으로 만들어졌다.
적은 양의 화장수로도 피부가
촉촉해지며 사이즈도 넉넉해
팩 대용으로 사용할 수 있다.
가격 198엔~

휴족시간

종아리와 발바닥에 붙이면
즉각적으로 시원한 느낌을
받을 수 있다.
한국으로 사 가지고 오는 것도
좋지만 여행 중간 구입해
저녁마다 붙이면 하루의 피로를
말끔하게 씻어 낼 수 있다.
가격 598엔~

파우더 시트

단순하게 땀을 닦아 내는
물티슈가 아니다!
땀과 끈적임을 제거해 주는
동시에 보송보송한 피부로
만들어 주는 기특한 제품.
특히 더운 여름에 빛을 발한다.
가격 198엔~

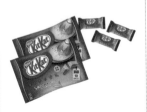

이브

일본에서 국민진통제로 유명한
제품. 두통, 치통에도 좋지만
생리통에 가장 효과가 좋다고
알려져 있다. 1회 복용 시
두 알까지, 하루 최대 세 번을
넘지 않도록 주의하자.
가격 1,180엔~

킷캣

진한 녹차 맛이 가장
인기 있지만 딸기, 멜론, 사케
등의 색다른 맛을 좋아하는
마니아들도 많다.
기간 한정으로 출시되는
자색고구마, 치즈케이크 등의
맛도 추천한다.
가격 900엔~

코로로 젤리

곤약 젤리의 아성에 도전하며
인기를 끌고 있다.
특히 청포도 맛은 모양도 맛도
실제 청포도를 먹는 듯한
느낌을 줄 정도. 가격에 비해
턱없이 적은 양이 아쉽다.
가격 99엔~

퍼펙트 더블 워시

이미 한국에도 정식으로
출시됐을 정도로 인정받은
폼 클렌징 제품.
하지만 한국보다 훨씬 저렴한
가격에 구입할 수 있다.
그냥 퍼펙트 휩은 세안제일 뿐
화장을 지울 목적이라면
퍼펙트 더블 워시로 구입하자.
가격 598엔~

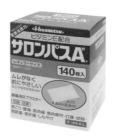

샤론파스

예전엔 동전파스가 대세였다면
요즘은 샤론파스가 대세.
동전파스보다 자극이 없어
예민한 피부에도 무리 없이
사용 가능하다.
다양한 사이즈가 있는데
활용도가 높은 미니 사이즈를
추천한다.
가격 999엔~

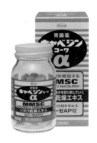

카베진 알파

일본의 국민위장약.
양배추 추출물로 만들어져
부작용이 없다고 알려져 있다.
한국에 출시된 카베진 에스의
업그레이드 버전이지만
가격은 1/3.
구입하지 않을 이유가 없다.
가격 1,580엔~

아이봉

눈을 비비지 않고 눈에 들어간
이물질이나 메이크업
잔여물 등을 깨끗하게
씻어 낼 수 있는
눈 전용 세정액이다.
한국에도 정식 출시돼 있지만
일본이 훨씬 더 저렴하다.
가격 568엔~

메구리즘 온열안대

약 10분 동안 40도의
열이 발생되는 온열안대로
눈의 피로를 덜어 숙면을
도와주는 제품이다.
꼭 수면시간이 아니더라도
쉬는 시간 틈틈이
사용하는 것도 좋다.
가격 475엔~

로이히츠보코

부모님 선물로 최고.
작은 동전 모양이라 동전파스라
불린다. 통증 부위에 붙이면
열이 후끈 달아오른다.
자극이 심한 편이라 피부가
예민하다면 추천하지 않는다.
가격 498엔~

아사히 생맥주 캔

일반적인 캔 맥주와 다르게
뚜껑 전체가 열리는
풀 오픈 방식의 캔 맥주로
뚜껑을 따자마자 풍성하고
부드러운 거품이 올라와
생맥주를 먹는 듯한 느낌이다.
가격 269엔~

오타이산

일본의 국민소화제로 불리는
위장약이다. 7종류의
생약 성분으로 빠른 효과를
보여 주는 것으로 유명하다.
속 쓰림이나 복통은 물론이고
숙취에도 도움을 준다.
가격 578엔~

곤약젤리 튜브형

일반적인 젤리보다 훨씬
탱글탱글한 식감을 지녔다.
원래는 컵으로 된 제품이
인기를 끌었으나
질식 위험이 있어
국내 반입이 금지되었다.
튜브형을 추천한다.
가격 129엔~

수이사이 파우더 워시

각질 제거와 세안을 한 번에
할 수 있는 제품이다.
피부 결을 정돈시켜
메이크업 전에 사용하기도 좋다.
1회분씩 포장되어 있어
여행용으로도 편리하다.
가격 900엔~

자석파스 피프 에레키반

자력으로 근육 통증을
완화해 주는 제품이다.
한번 붙이면 3~5일 정도
사용 가능하다. 80~200까지
자력의 세기에 따라
가격이 달라진다.
가격 798엔~

무히 패치

한국에는 모기 패치로
알려져 있으며 벌레나 모기에
물렸을 때 붙이면
가려움을 완화해 주는 기능을
가지고 있다. 아이와 함께
사용하는 것도 가능하다.
가격 598엔~

산토리 위스키

한국에서 하이볼이 큰 인기를
끌면서 집에서 간편하게
하이볼을 만들어 먹을 수 있는
산토리 위스키의 인기가
높아졌다. 한국보다 훨씬 저렴한
가격에 득템이 가능하다.
가격 1,980엔~

테라오카 계란 간장

달걀과 잘 어울리는 간장으로
별다른 양념 없이 흰쌀밥에
달걀프라이, 그리고 테라오카
계란 간장만 있으면
밥도둑이 따로 없을 정도.
가격 298엔~

호로요이

알코올이 거의 느껴지지 않는
달콤한 칵테일로 술을
좋아하지 않는 사람도
부담 없이 즐길 수 있다.
포도, 사과, 오렌지, 매실 등
다양한 맛 중에서
골라 즐길 수 있는 것도 장점.
가격 118엔~

교세라 세라믹 칼

세라믹으로 만든 칼로
손목에 무리 없이 가볍게
잘리는 것이 특징이다.
표백과 살균은 물론 열에도
강하며 칼날이 부식되지 않는다.
이유식용으로도 많이 사용한다.
가격 4,980엔~

사란랩

주방용 랩으로 타사의 제품과
비교해 산소 보존력과 수분
보존력이 월등히 높은 것으로
알려져 있다. 탄탄한 두께로
사용하기도 편하며
사이즈도 다양하다.
가격 178엔~

3단 우산

작고 가벼워 부담 없이
들고 다니기 좋다.
다만 강한 바람에는
힘없이 휘어지니 비바람이
몰아칠 때는 사용할 수 없다.
UV 차단 기능이 있는
제품도 있다.
가격 998엔~

드러그스토어 1등은 바로 나야 나!
후쿠오카 드러그스토어 베스트 4

다이코쿠드러그 ダイコクドラッグ

지점마다 조금 차이는 있겠지만 다른 드러그스토어들보다 저렴한 가격으로 관광객들을 유혹
한다. 특히 파격적인 할인을 자랑하는 미끼용 상품들을 자주 내놓는 편이니 일단 다이코쿠 간
판이 보이면 가볍게 가격을 스캔해 보는 것을 추천한다.

돈키호테 ドン・キホーテ

24시간 오픈하는 드러그스토어로 관광객들이 주로 찾는 아이템들을 모두 갖추고 있다. 저녁
엔 쇼핑을 즐기기 위한 관광객들로 늘 북적거려 쇼핑은 물론이고 계산, 택스 리펀 받는 시간
까지 엄청난 기다림을 감수해야 한다. 북적거리는 것이 싫다면 새벽이나 이른 오전 시간을 공
략하자. 후쿠오카에서 딱 한 곳의 드러그스토어만 가야 한다면 돈키호테가 답이다!

마쓰모토 기요시 マツモトキヨシ

일본 최대의 드러그스토어 체인으로 후쿠
오카에도 가장 많은 지점을 보유하고 있다.
다른 드러그스토어들에 비해 가격이 저렴
한 편은 아니지만 보유하고 있는 아이템들
이 다양해 일부러 마쓰모토 기요시만 찾는
여행자들도 많다. 다량의 물건을 구입하지
않는 경우라면 가까운 곳의 마쓰모토 기요
시 매장을 찾는 것도 좋은 선택.

드러그일레븐 ドラッグイレブン

규모는 그리 크지 않지만 인기 있는 아이템
들은 대부분 갖추고 있어 가벼운 마음으로
쇼핑하기 좋다. 다양한 할인 프로모션을 많
이 하는 편이니 꼼꼼하게 가격을 체크해 구
입하는 것이 좋다. 하카타역 안에도 지점이
있지만 가격은 다른 지점에 비해 조금 비싼
편. 주머니의 엔화를 조금이라도 더 아끼고
싶다면 다른 지점을 공략하자.

Tip 쇼핑을 더욱 알차게!

1 가격 비교는 필수
같은 제품이라도 어디서 사느냐에 따라 가격은 천차
만별. 굳이 한곳에서 무조건 많이 구입하는 것보다 여
행하는 틈틈이 가격 비교를 하며 조금씩 구입하는 것
을 추천한다. 편의점만큼이나 많은 곳이 바로 드러그
스토어니 말이다.

2 세금 환급받기
한 점포에서 세금을 제외하고 5,000엔 이상 구입하
면 10%의 소비세를 환급받을 수 있다. 여권만 제출하
면 바로 현금으로 돌려받을 수 있으니 잊지 말고 요
청하도록 하자. 신용카드로 구매 시 본인 명의의 신용
카드만 가능하다.

선물용은 물론 소장용으로도 굿!

캐릭터 천국 후쿠오카

도토리 공화국 どんぐり共和国

〈이웃집 토토로〉는 물론이고 〈마녀 배달부 키키〉, 〈벼랑 위의 포뇨〉 등 스튜디오 지브리의 애니메이션에 등장했던 주인공들이 모두 모여 있다. 장난감, 주방용품, 인테리어용품까지 마음만 먹으면 집을 지브리 스튜디오로 꾸밀 수 있을 정도로 제품군이 다양하다. 매 시즌 새로운 제품들이 출시되는 덕분에 방문할 때마다 눈이 즐겁다. 입구에는 토토로와 사진을 찍을 수 있는 포토존도 마련되어 있다.
위치 커낼시티 하카타 B1층, 유후인 유노쓰보 거리(동구리노모리).

포켓몬 센터 후쿠오카
ポケモンセンターフクオカ

포켓몬 빵의 띠부띠부 씰을 시작으로 어린아이부터 추억이 그리운 어른까지 모두의 마음을 사로잡은 포켓몬들을 한곳에서 만날 수 있다. 피카츄, 파이리, 꼬부기는 기본이고 세대별로 구하기 힘든 전설의 포켓몬들까지 모두 모여 있다. 입장은 물론 계산하는 줄이 어마어마하니 시간 여유를 가지고 방문하는 것은 필수. 포켓몬 가오레 게임도 있지만 한국에서 사용하는 디스크가 아닌 다른 종류의 칩을 사용해야 한다.
위치 하카타
아뮤 플라자 8층.

산리오 갤러리 サンリオギャラリー

헬로키티로 선풍적인 인기를 끌었지만 최근엔 쿠로미, 포차코
등 새로운 캐릭터들을 전면에 내세워 다양한 세대들에게 두루
인기를 끌고 있다. 산리오 캐릭터의 특성상 주로 여성스러운 제
품들이 많고 잠옷이나 화장품 등 패션, 뷰티
용품을 여럿 갖추었다. 한국에서는 구하기
힘든 디자인이나 제품들이 많아 구경하
는 재미가 있다. 일부 상품의 경우 1인 구
매 제한이 있는 경우도 있다.
위치 텐진 지하상점가, 커널시티 하카타 B1층.

디즈니 스토어 ディズニーストア

도쿄 디즈니랜드나 디즈니 시에 훨씬 많은 제품이 있긴 하지만
후쿠오카 디즈니 스토어에도 디즈니를 대표하는 여러 캐릭터
들을 모두 만날 수 있다. 〈인어공주〉, 〈토이 스토리〉, 〈릴로와 스
티치〉 속 캐릭터 상품이 가득 진열되어 있다. 시즌이 지난 제품
들은 최대 50%까지 할인하는 경우도 있다. 디즈니 애니메이션
을 좋아하는 팬이라면 꼭 방문해 보는 것을
추천한다. 세금을 포함해 5,500엔 이상 구
입 시 면세 혜택도 받을 수 있다.
위치 하카타 아뮤 플라자 5층,
커널시티 하카타 2층.

키디 랜드 キデイランド

스누피, 리락쿠마, 미피 등 유명 캐릭터들을 한곳에 모아 놓은
숍이다. 특정 캐릭터만 있는 다른 숍들과 다르게 인기 있는 캐
릭터들이 등장하면 전용 코너가 생길 정도로 트렌드에 빠르
게 반응하는 곳으로 알려져 있다. 최근 일본 캐
릭터들의 트렌드를 알고 싶다면 이곳이 답이
다. 닌텐도의 게임 캐릭터인 커비, 뭔가 작
고 귀여운 녀석으로 알려진 캐릭터 치이카
와 코너도 있다. 아쉽게도 면세 혜택은 적용
되지 않는다.
위치 텐진 후쿠오카 파르코 8층.

마지막 남은 엔화를 털어 보자!
후쿠오카공항 면세점 추천 아이템 12

명과 히요코

명과 히요코 名菓ひよ子

일본어로 병아리라는 이름의 만주로 이름처럼 귀여운 병아리 모양이다. 반으로 가르면 백앙금이 가득해 부드러운 맛이 특징. 무려 110년이 넘는 역사를 지녔다. 가격 1,125엔~

야마야 카라시 명란 からしめんたい

야마야 카라시 명란

껍질을 손질하고 양념을 해야 하는 번거로움 없이 바로 짜서 먹을 수 있는 명란이다. 살짝 매콤한 양념이 되어 있어 흰쌀밥과 비벼 먹어도 좋고 달걀말이, 파스타 등 다양하게 활용할 수 있다. 가격 700엔

후쿠사야 카스텔라 福砂屋カステラ

400년의 역사를 가진 나가사키 3대 카스텔라 중 하나로 나가사키 본점까지 가지 않아도 후쿠오카공항에서 구입할 수 있다. 바닥에 굵은 설탕 알갱이가 있는 것이 가장 큰 특징이다.
가격 1,225엔~

후쿠사야 카스텔라

명란 센베이 멘베이 めんべい

명란 센베이 멘베이

후쿠오카의 명물인 명란젓과 감자로 만든 과자로 짭조름한 명란의 맛과 향을 진하게 느낄 수 있다. 술안주로도 좋고 아이들 간식으로도 인기 만점. 매운맛, 가쓰오부시, 양파 맛 등 종류가 다양하다. 가격 1,000엔

도쿄 바나나 東京ばな奈

도쿄 바나나

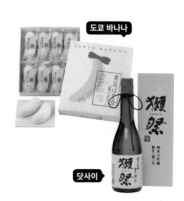

후쿠오카뿐 아니라 일본 전역에서 선물용으로 가장 인기 있는 빵이다. 바나나 모양을 하고 있으며 안에는 바나나 향 커스터드 크림이 가득 들어 있다. 포켓몬, 도라에몽 등과 콜라보한 제품도 있다. 가격 1,080엔~

닷사이 獺祭

일본의 유명 사케다. 뒤에 있는 숫자는 쌀의 정미율로 23의 경우 23%만 남겨 두고 깎았다는 뜻이다. 숫자가 낮아질수록 깔끔한 맛을 내며 향도 진하다. 정성이 많이 들어가는 만큼 가격도 비싸진다. 가격 2,700엔~

닷사이

시로이 코이비토

시로이 코이비토 白い恋人

하얀 연인이라는 뜻의 과자로 홋카이도 특산품이다. 블랙 초콜릿과 화이트 초콜릿 중 화이트 초콜릿이 더 인기 있다. 모양과 맛이 쿠크다스와 비슷해 고급스러운 쿠크다스로 불리기도 한다. 가격 1,320엔~

로이스 생초콜릿

로이스 생초콜릿 ロイズ生チョコレート

홋카이도의 생크림을 사용한 초콜릿으로 부드럽고 진한 맛이 특징이다. 다양한 맛이 있지만 우유가 들어간 오레 オーレ가 가장 인기 있다. 가나 버터를 제외하고는 모두 알코올이 조금씩 들어가 있다. 가격 800엔

로이스 감자칩 초콜릿
ロイズポテトチップチョコレート

감자를 얇게 잘라 튀긴 감자칩에 로이스 초콜릿을 입힌 과자로 단짠의 정석을 맛볼 수 있다. '세상에서 가장 맛있는 감자칩'이라는 별명이 있을 정도. 가격에 비해 양이 너무 적은 것이 가장 큰 단점이다. 가격 800엔

로이스 감자칩 초콜릿

도쿄 밀크 치즈 팩토리 東京ミルクチーズ工場

'한번 맛보면 멈출 수 없는 과자'로 알려진 치즈 쿠키로 홋카이도산 우유와 프랑스산 소금이 들어간 솔트 & 카망베르 맛이 가장 인기 있다. 한국에서도 구입할 수 있지만 공항 면세점에서 구입하는 것이 훨씬 더 저렴하다. 가격 1,000엔

도쿄 밀크 치즈 팩토리

르타오 더블 프로마쥬
ルタオドゥーブルフロマージュ

홋카이도를 대표하는 디저트로 홋카이도산 생크림과 이탈리아 마스카포네 치즈 위로 홋카이도의 눈을 상징하는 가루가 듬뿍 올라가 있다. 스푼으로 떠먹을 정도로 부드러운 것이 특징. 보냉팩 포장은 필수이다.
가격 2,100엔

르타오 더블 프로마쥬

자석 マグネット

여행을 추억할 수 있는 기념품이기도 하면서 주변에 부담 없이 선물할 수 있는 품목이기도 하다. 다양한 디자인의 자석이 있어 고르는 재미도 있다.
가격 500엔~

자석

Mission
Stay 1

위치는 물론 시설도 굿!
모두가 만족하는 후쿠오카 호텔

하카타 도큐 레이 호텔 博多東急REIホテル

하카타 버스터미널에서 도보로 2분 거리에 자리 잡고 있으며 가격도 합리적이라 혼자 혹은 친구와 함께 후쿠오카를 찾은 여행자들이 많이 찾는 호텔 중 한 곳이다. 1인이 숙박 가능한 싱글룸, 최대 3인까지 숙박할 수 있는 트리플룸도 있다. 하카타의 유명 축제인 하카타기온야마카사를 테마로 한 콘셉트 플로어도 갖추고 있어 이색적인 분위기를 느낄 수 있다. 오후 2시 30분부터 6시까지 이용 가능한 게스트라운지에서는 커피 혹은 음료를 무료로 즐길 수 있다.

위치	JR 하카타역 하카타 출구로 나와 오른쪽으로 도보 5분.
주소	福岡市博多区博多駅前 1-2-23
요금	2인 1박 12,500엔~
전화	092-451-0109
홈피	www.tokyuhotels.co.jp/ hakata-r

미츠이 가든 호텔 후쿠오카 나카스
三井ガーデンホテル福岡中洲

커낼시티 하카타와 텐진역 사이에 자리 잡고 있으며 두 곳 모두 걸어서 10분 정도면 이동 가능하다. 나카스카와바타역 2번 출구에서 도보 1분 거리로 후쿠오카공항을 오가는 것도 어렵지 않다. 24시간 운영하는 이치란 라멘 본점은 물론이고 후쿠오카 여행 필수 코스인 돈키호테 나카스까지의 거리도 도보 1분 이내이다. 객실도 비교적 넓은 편이다. 13층에는 투숙객들을 위한 대욕장이 준비되어 있다. 조식 뷔페에 초밥이 제공되는 것이 특징.

위치	지하철 나카스카와바타역 2번 출구에서 1분 거리.
주소	福岡市博多区中洲 5-5-1
요금	2인 1박 14,000엔~
전화	092-263-5531
홈피	www.gardenhotels.co.jp/ fukuoka-nakasu

오리엔탈 호텔 후쿠오카 하카타 스테이션

オリエンタルホテル福岡博多ステーション

후쿠오카 여행의 중심이라고 할 수 있는 하카타역과 인접한 호텔로 후쿠오카 시내 관광은 물론이고 유후인이나 벳푸 등의 근교 여행을 다녀오는 것도 편리한 위치이다. 총 221개의 객실이 있으며 총 다섯 개의 타입으로 구분되어 있다. 가장 기본 타입은 스탠더드 더블로 시몬스침대가 비치되어 있다. 5층에 투숙객들을 위한 이그제큐티브 가든이 있으며 코인세탁실, 피트니스 등의 부대시설도 있다. 1층에는 스타벅스가 있어 모닝커피를 즐기기도 좋다.

위치   JR 하카타역 치쿠시 출구에서
      1분 거리.
주소   福岡市博多区博多駅中央街
      4-23
요금   2인 1박 23,000엔~
전화   092-461-0170
홈피   fukuoka-orientalhotel.com

도미 인 프리미엄 하카타 커낼시티 마에

ドーミーインPREMIUM博多・キャナルシティ前

후쿠오카 도심에서 천연온천을 즐길 수 있는 몇 안 되는 호텔 중 한 곳이다. 투숙객은 누구나 온천 시설 및 사우나를 무료로 이용할 수 있다. 매일 밤 9시 30분부터 11시까지 야식으로 무료 소바가 제공되는 것도 큰 장점. 별도의 세탁실이 마련돼 있으며 세탁 요금은 무료, 건조기 사용은 100엔의 요금을 지불하면 이용할 수 있다. 커낼시티 하카타와 가까운 거리에 있어 쇼핑을 즐기기도 수월하다.

위치   **지하철** 구시다신사마에역에서
      하차 후 도보 1분.
      도보 JR 하카타역
      하카타 출구로 나와
      하카타역앞거리를 따라
      도보 9분.
주소   福岡市博多区祇園町9-1
요금   2인 1박 18,000엔~
전화   092-272-5489
홈피   www.hotespa.net/hotels
      /hakatacanal

합리적인 가격으로 가성비 최고!
배낭여행자를 위한 호텔

퍼스트 캐빈 하카타 ファーストキャビン博多

비행기 콘셉트로 만들어진 캡슐호텔로 크기에 따라 퍼스트 클래스, 비즈니스 클래스로 나눠져 있다. 남성용. 여성용 공간이 따로 분리돼 있으며 캐빈이라 불리는 각 객실은 별도의 잠금 장치 없이 커튼으로 여닫는 구조다. 귀중품은 캐빈 내 귀중품 박스에 보관하거나 프런트에 맡기는 것을 추천. 공간이 좁은 캡슐호텔의 특성상 여행용 가방도 프런트에 보관 가능하다. 개인 욕실 없이 남녀 각각 공용으로 사용 가능한 대욕장이 마련돼 있으며 세안용품과 화장품이 구비돼 있다. 일회용 슬리퍼와 타월, 잠옷 등이 무료로 제공된다.

위치 지하철 나카스카와바타역 4번 출구 게이츠 건물 8층.
주소 福岡市博多区中洲3-7-24 gate's 8F
요금 1인 1박 4,000엔~
전화 092-260-1852
홈피 first-cabin.jp/hotels/hakata

서튼 호텔 하카타 시티 サットンホテル博多シティ

싱글룸, 더블룸, 최대 6인이 투숙 가능한 패밀리 스위트룸까지 다양한 타입의 룸으로 구성돼 있다. 여러 명이 함께 숙박할 경우 패밀리 스위트룸을 이용하면 게스트하우스를 이용하는 것과 비슷한 금액으로 호텔 숙박이 가능하다. 객실이 그리 큰 편은 아니지만 다른 비즈니스호텔과 다르게 모든 객실에 욕조가 설치돼 있다. 버스정류장이 바로 앞에 있어 하카타역과 텐진, 커널시티 하카타까지의 이동도 편리하다.

위치 JR 하카타역 하카타 출구로 나와 왼쪽의 스미요시거리를 따라 도보 8분.
주소 福岡市博多区博多駅前 3-4-8
요금 1인 1박 8,000엔~
전화 092-433-2305
홈피 www.suttonhotel.co.jp

커낼시티 후쿠오카 워싱턴 호텔
キャナルシティ·福岡ワシントンホテル

커낼시티 하카타 건물에 자리 잡고 있는 호텔로 위치나 시설에 비해 가격이 저렴한 편이라 배낭여행자들도 부담 없이 숙박 가능한 호텔이다. 커낼시티 하카타에서 다양한 할인 혜택이 있는 카드를 무료로 제공하고 있으며 한국어가 가능한 직원도 상주하고 있다. 싱글룸, 프리미엄 싱글룸, 더블룸, 트리플룸 등 다양한 사이즈의 룸을 갖추고 있으며 얼리버드 Early-Bird 프로모션을 수시로 진행해 서둘러 예약하면 조금 더 할인된 가격으로 숙박 가능하다.

위치	**지하철** 구시다신사마에역에서 하차 후 도보 3분.
	도보 JR 하카타역 하카타 출구로 나와 왼쪽의 하카타역앞거리를 따라 도보 10분.
주소	福岡市博多区住吉1-2-20
요금	1인 1박 7,900엔~
전화	092-282-8800
홈피	washington-hotels.jp/fukuoka

프린스 스마트 인 하카타
プリンススマートイン博多

비교적 최근에 오픈한 호텔로 키오스크를 이용해 직접 체크인/아웃을 할 수 있는 이름처럼 스마트한 호텔이다. 전용 앱을 설치하면 스마트폰을 객실 키로 사용할 수 있다. 실내복, 칫솔, 빗 등은 자율적으로 가지고 갈 수 있도록 비치되어 있으며 짐을 보관하는 것 역시 셀프 시스템이다. 바닥에 커다란 캐리어를 펼쳐 놓을 수 없을 만큼 작은 크기의 객실이지만 합리적인 가격으로 신상 호텔에 숙박하고 싶은 여행자라면 만족할 만한 호텔이다.

위치	JR 하카타역 하카타 출구로 나와 도보 6분.
주소	福岡市博多区博多駅前3-21-4
요금	1인 1박 8,600엔~
전화	050-3117-8027
홈피	www.princehotels.co.jp/psi/hakata

다양한 부대시설과 넓은 객실!
가족 여행객을 위한 호텔

그랜드 하얏트 후쿠오카 グランドハイアット福岡

커낼시티 하카타와 연결돼 있는 세계적인 체인의 5성급 호텔이지만 타 지역의 그랜드 하얏트 호텔 가격에 비해 합리적인 요금을 자랑한다. 하지만 시설은 그랜드 하얏트 명성 그대로 실내 수영장과 월풀, 사우나까지 갖추고 있어 가족과 함께 후쿠오카를 찾는 여행객들에게 큰 사랑을 받고 있다. 침대가 놓인 서양식 객실 외에도 일본 전통의 다다미 스타일 객실도 갖추고 있다. 클럽룸을 예약하면 아침 식사는 물론이고 애프터눈 티와 칵테일 아워가 포함된 그랜드 클럽 라운지를 무료로 이용할 수 있다.

위치 **지하철** 구시다신마에역에서
　　하차 후 도보 3분.
　　도보 JR 하카타역
　　하카타 출구로 나와 왼쪽의
　　하카타역앞거리를 따라
　　도보 10분.
주소 福岡市博多区住吉1-2-82
요금 2인 1박 25,000엔~
전화 092-282-1234
홈피 fukuoka.grand.hyatt.com
　　/en/hotel/home.html

© Grand Hyatt Fukuoka

© Grand Hyatt Fukuoka

힐튼 후쿠오카 시 호크 ヒルトン福岡シーホーク

미즈호 페이페이 돔 후쿠오카 바로 옆, 시사이드 모모치 지역에 위치하고 있으며 1,052개의 전 객실이 하카타만을 바라보는 오션뷰를 자랑한다. 24시간 운영하는 피트니스 센터는 투숙객이라면 누구나 무료로 이용 가능하며 자쿠지 풀을 갖춘 대규모 수영장은 입장료를 추가로 지불해야 한다. 이그제큐티브룸을 예약할 경우 전용 라운지를 이용할 수 있다. 최근 보스 이조 후쿠오카가 오픈하면서 호텔 주변에서 즐길 수 있는 것들이 훨씬 더 많아졌다.

위치 하카타 버스터미널 6번
　　승강장에서 306번 버스
　　승차 후 힐튼후쿠오카시호크
　　정류장 하차.
주소 福岡市中央区地行浜2-2-3
요금 2인 1박 26,000엔~
전화 092-844-8111
홈피 www.hiltonfukuoka
　　seahawk.jp

1. 에어비앤비 예약 Tip

호텔이나 게스트하우스가 아닌 현지인의 집에 직접 살아 볼 수 있는 에어비앤비는 여행지에서 현지인을 친구로 사귈 수도 있고 현지인들에게 유명한 맛집이나 관광지 등의 정보를 제공받을 수도 있어 큰 인기를 끌고 있는 숙박 시스템이다. 하지만 최근엔 실제 본인이 살고 있는 집이 아닌 에어비앤비 사업을 목적으로 몇 개의 주택을 임대해 운영하는 사람들이 많아 본래의 취지와는 많이 달라진 것이 사실. 그렇다 하더라도 호텔에 비해 합리적인 가격, 넓은 실내, 잘 갖춰진 주방시설 등은 에어비앤비의 큰 장점이다. 특히 후쿠오카의 경우 일본 전통 가옥이나 다다미 방을 경험할 수 있는 에어비앤비도 있으니 꼼꼼하게 잘 따져 보고 도전해 보자. 나 홀로 여행자보다는 친구 혹은 가족 단위의 여행자들이 이용하는 것을 추천한다.

홈피 www.airbnb.co.kr

2. 에어비앤비 이용 시 주의해야 할 점

1 사진과 설명 체크는 필수!
상세페이지에 소개된 숙박시설의 사진은 물론이고 특징과 주의사항을 꼼꼼하게 체크하자. 일본어 혹은 영어로 소개돼 있다면 네이버 번역기 혹은 구글 번역기 사용을 추천한다.

2 후기를 꼼꼼하게 살펴보자!
에어비앤비는 실제로 숙박한 사람들만 후기를 작성할 수 있는 시스템이다. 호스트의 설명만 100% 믿지 말고 실제 숙박한 사람들의 솔직한 후기를 꼼꼼하게 체크해 보는 것도 중요하다.

3 숙소 유형을 체크하자!
에어비앤비는 집 전체 혹은 개인실, 다인실 단위로 예약이 가능하다. 본인의 여행 스타일이나 예산에 따라 적절한 숙소 유형을 선택해 예약하는 것을 추천한다. 다인실의 경우 남녀의 숙박이 따로 구분돼 있지 않은 경우도 있으니 주의하도록 하자.

4 호스트와의 연락은 필수!
에어비앤비는 예약이 확정돼야 정확한 숙소의 위치를 알 수 있다. 호스트와 에어비앤비 메신저를 통해 정확한 위치를 파악하고 출발 전 미리 만날 장소와 시간을 다시 한번 체크하는 것이 좋다.

동양의 작은 네덜란드
테마파크 하우스텐보스

중세시대 네덜란드의 모습을 그대로 재현해 놓은 대형 테마파크로 규모
나 시설, 만족도 등 여러 가지 면에서 일본의 3대 테마파크로 불리는 곳
이다. 파크 사이사이로 로맨틱한 운하가 흐르며 운하를 따라 멋스러운 유
럽식 건축물들이 줄을 잇는다. 봄이면 플라워 로드에 튤립으로 가득한 아
름다운 화원이 펼쳐지며 여름엔 파크 곳곳에서 시원한 물 폭탄이 터진다.
가을에는 핼러윈 축제, 겨울엔 크리스마스 축제까지. 매일매일이 새로운,
특별한 즐거움을 만끽하고 싶은 여행자들에게 추천한다.

주소 長崎県佐世保市
　　　ハウステンボス
운영 10:00~21:00(날짜별 상이)
요금 **1DAY 패스포트**
　　　(하우스텐보스 입장 1일
　　　+자유이용권) 성인 7,400엔,
　　　중·고등학생 6,400엔,
　　　초등학생 4,800엔,
　　　미취학 아동 3,700엔
전화 0570-064-110
홈피 korean.huistenbosch.co.jp

Tip 1
어트랙션
하우스텐보스는 다른 테마파크
들과 다르게 가볍게 산책하며
체험하는 어트랙션이 대부분이
다. 스릴 넘치는 어트랙션을 기
대했다면 다소 실망할 수도 있다.

드나들기

❶ 후쿠오카공항에서 하우스텐보스로 이동

후쿠오카공항 국제선 터미널 1층 3번 정류장에서 하우스텐보스행 버스
탑승. 요금 2,310엔, 소요시간 1시간 30분(북큐슈 산큐패스 이용 가능).
2장(니마이킷푸二枚切符**)** 4,400엔(1인 기준 2,200엔)
4장(욘마이킷푸四枚切符**)** 8,320엔(1인 기준 2,080엔)
버스 출발 시간 09:27, 11:27

❷ 하카타역에서 하우스텐보스로 이동

버스
하카타 버스터미널 3층 31번 승강장에서 하우스텐보스행 버스 탑승.
요금 2,310엔, 소요시간 1시간 50분(북큐슈 산큐패스 이용 가능).
2장(니마이킷푸二枚切符**)** 4,400엔(1인 기준 2,200엔)
4장(욘마이킷푸四枚切符**)** 8,320엔(1인 기준 2,080엔)
버스 출발 시간 09:10, 11:10

JR

JR 하카타역에서 하우스텐보스행 특급열차 탑승. 요금 3,970엔, 소요시간 1시간 50분(JR 북큐슈 레일패스 이용 가능).
특급열차 시간 08:38, 09:32, 10:31, 12:33, 13:33
※탑승일 기준 한 달 전부터 3일 전까지 JR 홈페이지(train.yoyaku.jrkyushu.co.jp)를 통해 인터넷 한정 티켓을 구입할 수 있다. 인터넷 전용 요금 2,570엔~.

여행방법

1DAY 패스포트가 없어도 입장 가능한 하버존과 일곱 개의 구역으로 나눠진 테마파크존이 있다. 구역마다 다양한 볼거리와 어트랙션이 있어 꼼꼼하게 둘러보려면 하루가 모자랄 정도. 아침 일찍 하카타역에서 출발해 일정을 시작하자. 대부분의 여행자들은 오후 5~6시쯤이면 하카타역으로 다시 돌아가지만 하우스텐보스의 진짜 매력은 일몰 이후부터 시작된다. 해가 지고 나면 일본에서 가장 아름다운 야경을 만날 수 있는 빛의 도시로 탈바꿈하며 시즌에 따라 다양한 테마에 맞춘 일루미네이션을 선보인다. 하우스텐보스 내에 자리 잡은 호텔에 하루 정도 머물며 아름다운 야경을 여유롭게 만끽하는 것을 추천한다.

Tip 2
좀 더
특별하게 즐기고 싶다면
다른 테마파크와 다르게 퍼레이드나 특별 공연이 많은 편은 아니지만 시즌별로 다양한 전시와 체험 공간이 수시로 오픈한다. 방문 전 홈페이지를 꼼꼼하게 살펴보자.

추천코스

웰컴 게이트부터 시작해 플라워 로드, 어트랙션 타운, 빛의 판타지아 시티, 암스테르담 시티, 하버 타운, 타워 시티, 어드벤처 파크순으로 둘러보는 것이 가장 이상적이다. 워낙 규모가 큰 곳이니 무작정 걷는 것보다 코스 중간 파크 버스 혹은 커낼 크루즈를 적절히 이용하자.

웰컴 게이트 ⋯ 도보 2분 ⋯ **테디베어 킹덤** ⋯ 도보 3분 ⋯ **VR월드, VR킹** 도보 1분 ⋯ **호라이즌 어드벤처** ⋯ 도보 1분 ⋯ **스카이 회전목마** ⋯ 도보 1분 ⋯ **판타지 숲** ⋯ 도보 1분 ⋯ **페퍼런치 다이너** ⋯ 도보 2분 ⋯ **꽃 판타지아, 바다 판타지아** ⋯ 도보 5분 ⋯ **관람차** ⋯ 도보 6분 ⋯ **돔 토른 전망대** ⋯ 도보 5분 ⋯ **쥬라식 아일랜드** ⋯ 도보 5분 ⋯ **커낼 크루즈** ⋯ 도보 2분 ⋯ **공룡의 숲** ⋯ 도보 1분 ⋯ **천공의 성** ⋯ 도보 1분 ⋯ **짚라인** ⋯ 도보 10분 ⋯ **일루미네이션**

Tip 3
유모차 대여 서비스
생후 3개월부터 만 3세까지 사용 가능한 유모차를 대여할 수 있다. 하우스텐보스 호텔 숙박객의 경우 한 번 대여한 요금으로 투숙 기간 동안 계속 이용 가능하다.
위치 웰컴 게이트, 중앙정보센터
운영 09:30~18:00
요금 1,000엔

1. 하우스텐보스 주요 어트랙션

돔 토른 전망대 ドムトールン

높이 105m! 하우스텐보스를 상징하는 전망대로 하우스텐보스 전체를 한눈에 내려다볼 수 있다. 낮에 내려다보는 모습은 물론이고 색색의 조명이 들어온 밤에 보는 야경도 환상적. 여유가 된다면 낮과 밤의 풍경을 모두 감상해 보는 것을 추천한다.

위치 타워 시티.

공룡의 숲 恐竜の森

성공률 단 1%의 게임이다. 멸종된 공룡을 되살리기 위해 공룡의 DNA를 찾아 미션을 수행하게 되는데 총 3단계로 이뤄져 있다. 단계별 미션을 성공하지 못하면 가차 없이 아웃! 한국어 안내도 가능해 아이들도 무리 없이 도전해 볼 수 있다.

위치 어드벤처 파크.

스카이 회전목마 スカイカルーセル

일본 최초의 3층짜리 회전목마로 15m 높이를 자랑한다. 낮에는 유럽의 거리를 걷는 듯한 느낌을, 밤에는 화려한 조명이 들어와 반짝반짝 빛난다. 비교적 최근에 오픈한 어트랙션으로 기다리는 사람이 많을 때는 별도의 정리권이 필요한 경우도 있다.

위치 어트랙션 타운.

일루미네이션 イルミネーション

해가 지고 나면 빛의 왕국이라 불릴 정도로 화려하고 아름다운 조명 쇼가 펼쳐진다. 1,300만 구의 조명이 다양한 테마를 가지고 하우스텐보스 곳곳을 수놓는다. 계절과 특별 시즌에 따라 콘셉트가 수시로 바뀌며 운이 좋으면 불꽃놀이를 볼 수도 있다. 일루미네이션 일정과 테마는 공식 홈페이지를 통해 확인할 수 있다.

위치 하우스텐보스 곳곳.

2. 추천! 하우스텐보스 카페 & 레스토랑

초콜릿 하우스 チョコレートハウス

초콜릿 퐁뒤. 음료는 기본이고 이색적인 초콜릿 피자를 판매한다. 입구로 들어서면 달콤한 초콜릿 향이 가득 펼쳐진다. 중앙에는 4.2m 높이에서 초콜릿이 흘러내리는 초콜릿 폭포가 세워져 있다. 아이들과 함께 방문한다면 필수로 가 봐야 하는 곳!

위치 어트랙션 타운.
운영 파크 운영시간과 동일   요금 1,000엔~

페퍼런치 다이너 ペッパーランチダイナー

거리마다 세계 각국의 다양한 음식들을 맛볼 수 있지만 그중에서도 가장 인기 있는 레스토랑 중 한 곳이다. 뜨거운 철판 위에서 지글거리며 익어 가는 질 좋은 스테이크를 맛볼 수 있다. 가격도 합리적이고 양도 넉넉하다. 물론 맛도 굿!

위치 어트랙션 타운.
운영 파크 운영시간과 동일   요금 1,200엔~

3. 추천! 하우스텐보스 공식 호텔

포레스트 빌라 フォレストヴィラ

하우스텐보스의 깊은 숲속 호숫가에 자리 잡고 있는 별장 느낌의 호텔이다. 주변 조경은 물론이고 아기자기한 느낌의 2층 건물은 유럽의 작은 소도시를 연상시킨다. 하우스텐보스로까지 자전거 도로가 잘 조성되어 있어 자전거를 빌려 편하게 이동할 수 있다. 포레스트 빌라의 객실은 모두 2층 건물로 1층에는 넓은 거실이, 2층에는 두 개의 침실을 갖추고 있다. 엑스트라 베드를 추가하면 최대 5명까지 숙박이 가능해 가족여행객들에게 특히 추천하는 호텔이다. 하우스텐보스의 공식 호텔 중 유일하게 애견 동반 투숙이 되는 것도 장점이다.

위치 하우스텐보스 내 하버타운 옆.
요금 2인 1박 35,000엔~
전화 0570-064-300
홈피 www.huistenbosch.co.jp/
hotels/fv/

후쿠오카 시내 교통

후쿠오카는 대중교통이 잘 발달되어 있어 버스와 지하철을 이용해 자유롭게 여행이 가능한 곳이다. 각종 패스(p.61 참고)를 적절하게 이용해 후쿠오카를 구석구석 즐겨 보자.

➕ 지하철

노선이 얽히고설킨 다른 일본의 주요 도시와 다르게 후쿠오카의 지하철은 구코센空港線, 하코자키센箱崎線, 나나쿠마센七隈線으로 이뤄져 있어 전혀 복잡하지 않다. 관광객들이 주로 이용하는 노선은 구코센과 나나쿠마센으로 텐진, 하카타, 후쿠오카공항 등으로 이동 가능하다. 요금은 노선 거리에 따라 결정되는데 탑승하는 역에서 목적지까지의 요금을 확인하고 티켓을 구입하면 된다.

탑승 방법
❶ 지하철역 자동 발매기 상단의 노선도에서 목적지까지의 요금을 확인한다.
❷ 자동 발매기에 해당하는 금액을 투입하고 구입하고자 하는 금액을 선택한다(한국어 지원).
❸ 티켓을 개찰구에 넣고 개찰기를 통과한다.
❹ 플랫폼으로 내려와 목적지를 확인한 후 탑승한다.
요금 성인 210엔~, 6~12세 110엔~

➕ 버스

시내 구석구석을 이동하며, 노선 간 거리가 짧아 하차 위치를 놓쳤더라도 비교적 쉽게 목적지로 이동이 가능하다. 북큐슈 산큐패스나 후쿠오카 투어리스트 시티 패스 등을 이용할 경우 하차 시 운전기사에게 패스를 제시하면 된다.

탑승 방법
❶ 정류장에 표시된 노선과 목적지를 확인한다.
❷ 뒷문으로 승차하면서 오렌지색 발권기에서 티켓을 뽑는다.
❸ 목적지에 도착하면 버스 앞쪽에 설치된 모니터를 확인한다.
❹ 승차 시 뽑은 티켓에 적힌 번호 칸을 확인 후 모니터에 표시된 요금을 지불하고 앞문으로 하차한다.
요금 성인 150엔~, 6~12세 80엔~

➕ 택시

한국 택시 요금과 비교하면 비싼 편이지만 후쿠오카의 다른 대중교통 요금을 생각하면 크게 차이가 나는 편은 아니다. 여러 명이 함께 이동하거나 시간이 부족한 여행자들에게 추천한다.

탑승 방법
정해진 택시 승차 위치가 아니더라도 빈 차가 있다면 어디서든지 승하차가 가능하다. 탑승은 물론 하차할 때도 뒷문은 자동으로 열리고 닫힌다.
요금 기본요금 670엔~

편리한 교통카드

선불형 교통카드(IC 카드)를 사용하면 버스나 지하철 탑승 시마다 금액을 확인해야 하는 번거로움을 줄일 수 있다. 스고카, 스이카, 이코카 등의 종류가 있으며 후쿠오카뿐 아니라 오사카, 도쿄 등 일본 전역에서 사용할 수 있다. 발급 비용은 2,000엔으로 500엔의 보증금이 포함되며 1,500엔이 충전되어 있다. 보증금은 환불 시 돌려받을 수 있다. 편의점이나 카페 등에서도 사용할 수 있다.

SUGOCA

버스에서 잔돈 교환

잔돈이 부족할 경우 운전석 옆쪽에 위치한 동전 교환기를 이용해 잔돈으로 교환 후 비용을 지불할 수 있다(1,000엔, 500엔, 100엔, 50엔 가능).

렌터카 이용하기

출발 시간이 정해져 있는 버스나 기차를 탑승하는 것보다 자유롭게 원하는 일정대로 여행하고 싶은 여행자라면 렌터카 이용을 추천한다. 후쿠오카를 중심으로 벳푸, 유후인, 하우스텐보스 등을 둘러볼 수 있다. 네 명 이상의 일행과 함께 이동하는 경우 렌터카를 이용하면 교통비를 절약할 수도 있지만 유료도로를 이용할 경우 지불해야 하는 통행요금도 만만치 않으니 꼼꼼하게 비교해 보고 선택하자.

✚ 렌터카 예약하기

후쿠오카공항에 도착해 바로 예약하는 것도 가능하지만 원하는 일정, 차종을 선택하려면 미리 인터넷으로 예약을 완료한 후 여행을 시작하자. 토요타, 닛산 등의 렌터카 회사 홈페이지에서 직접 예약하는 방법도 있지만 주요 렌터카 회사의 가격을 한눈에 확인할 수 있는 렌터카 가격 비교 사이트 이용을 추천한다. 대표적인 사이트는 타비라이가 있다. 홈페이지에서 한국어를 지원해 누구나 쉽게 예약 가능하다.

요금 소형차 1박 2일 기준 17,000엔~

- 토요타 렌터카 rent.toyota.co.jp/ko/
- 닛산 렌터카 nissan-rentacar.com/kr/
- 타비라이 kr.tabirai.net

교통 방향 주의

일본은 우리나라와 달리 운전대가 오른쪽에 있고 차량 통행도 좌측이라 운전 시 더욱 주의해야 한다.

✚ 렌터카 인수하기

후쿠오카공항 1층 카운터에 도착 후 렌터카 회사에 연락하면 사무실로 이동해 예약 내용을 확인하고 차량을 인수받을 수 있다. 렌터카 인수 시에는 선택한 옵션대로 알맞게 예약돼 있는지 다시 한번 체크하는 것은 물론이고 인수받은 차의 외관과 기름이 가득 채워져 있는지도 확인하는 것이 좋다.

✚ 후쿠오카 렌터카 이용 Q&A

Q 국제운전면허증은 꼭 있어야 하나요?

A YES! 운전자 본인의 여권, 국제운전면허증은 필수이며 국내운전면허증이 필요한 경우도 있어요. 예약 후 받은 예약번호, 해외에서 사용 가능한 본인 소유의 신용카드까지 꼼꼼하게 챙겨야 합니다.

Q ETC는 뭔가요?

A 'Electronic Toll Collection System'의 약자로 우리나라의 하이패스와 같은 역할을 하는 단말기입니다. 렌터카 사무실별로 보유하고 있는 수량이 정해져 있어 예약 시 미리 대여 여부를 체크해야 이용 가능합니다. 유료도로를 통과할 경우 ETC 전용 게이트로 통과하고 요금은 렌터카 반납 시 한꺼번에 결제하면 OK! 매번 현금으로 톨게이트 비용을 지불하지 않아도 되니 편리해요.

Q 보험 가입을 어떻게 할지 모르겠어요.

A 업체마다 조금씩 차이가 있지만 대인, 대물, 차량보상 등의 기본 보험이 가입되어 있어요. 추가로 자기부담금 0원인 완전면책보험 가입도 가능합니다.

Q 주유는 어떻게 해야 하나요?

A 렌터카 대여 시 기름은 가득 채워져 있는 경우가 대부분입니다. 반납 시 다시 가득 채워 반납하면 돼요. 주유는 한국과 같은 방식으로 하면 되는데, 주유소에 들어서서 직원의 안내에 따라 차를 주차하고 원하는 만큼 주유를 요청하면 됩니다.

Q 사고가 났을 경우엔 어떻게 해야 하죠?

A 가장 먼저 경찰에 신고하고 렌터카 인수 시 받은 연락처로 렌터카 회사에 알리고 도움을 받는 것이 좋습니다. 사고 현장을 지키고 현장 사진이나 동영상을 찍어 두는 것도 도움이 돼요.

복잡한 교통 정보 한 번에 해결!

"어디를 갈까?"가 해결되었다면 다음 스텝은 "어떻게 갈까?"이다. 후쿠오카는 물론이고 유후인이나 벳푸, 고쿠라 등의 근교를 돌아보고 싶은 여행자라면 이동 수단의 고민과 소요 시간의 굴레 속에서 헤어나지 못하고 있을 것이 분명하다. 복잡하고 정신없는 후쿠오카 근교 교통 정보를 한 페이지에 모두 담았다.

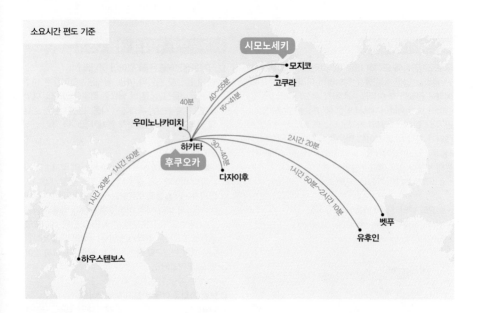

소요시간 편도 기준

① 후쿠오카 ↔ 다자이후
추천 교통패스 후쿠오카 도심과 다자이후까지 니시테쓰 버스를 무제한으로 이용할 수 있는 후쿠오카 시내+다자이후 라이너 버스
요금 성인 2,100엔, 6~12세 1,050엔

② 후쿠오카 ↔ 고쿠라
추천 교통패스 하카타역에서 고쿠라역까지의 구간은 물론 모지코와 우미노나카미치 등 후쿠오카 근교 여행지로 향하는 특급열차와 쾌속열차, 보통열차를 모두 이용할 수 있는 JR 규슈 모바일패스 후쿠오카 와이드(2일권)
요금 성인 3,500엔, 6~12세 1,750엔

③ 후쿠오카 ↔ 모지코
추천 교통패스 하카타역-모지코역 구간은 물론 고쿠라, 우미노나카미치 등으로 향하는 특급 · 쾌속 · 보통열차를 모두 이용할 수 있는 JR 규슈 모바일패스 후쿠오카 와이드(2일권)
요금 성인 3,500엔, 6~12세 1,750엔

④ 후쿠오카 ↔ 벳푸
추천 교통패스 3일 동안 후쿠오카 시내는 물론 벳푸, 유후인 등 오이타 지역과 나가사키, 사가, 구마모토 지역을 운행하는 대부분의 버스를 무제한으로 탑승할 수 있는 북큐슈 산큐패스 3일권
요금 성인 9,000엔
Tip. 여러 명이 함께 여행하는 경우 온마이킷푸(4회권) 추천.

⑤ 후쿠오카 ↔ 유후인
추천 교통패스 벳푸, 유후인, 시모노세키, 나가사키, 하우스텐보스 등 북큐슈의 주요 관광지로 향하는 JR 열차와 유후인 노모리 탑승이 가능한 JR 북큐슈 레일패스 3일권
요금 성인 12,000엔, 6~12세 6,000엔

⑥ 후쿠오카 ↔ 하우스텐보스
추천 교통패스 3일 동안 후쿠오카 시내는 물론 벳푸, 유후인 등 오이타 지역과 나가사키, 사가, 구마모토 지역을 운행하는 대부분의 버스를 무제한으로 탑승할 수 있는 북큐슈 산큐패스 3일권
요금 성인 9,000엔
Tip. 산큐패스는 어린이 요금이 없어 별도의 티켓을 구입해야 한다.

후쿠오카 교통패스 완전 정복

: 고쿠라·모지코·벳푸·유후인·하우스텐보스

북큐슈 산큐패스, JR 북큐슈 레일패스, 후쿠오카 투어리스트 시티 패스, 지하철 1일 승차권…. 아무리 들어도 그게 그거 같고, 아무리 고민해 봐도 뭘 구입해야 할지 모르겠다면? 고민은 이제 그만! 내 여행 스타일에 딱 맞춰 제안하는 후쿠오카 교통패스의 모든 것!

1. 후쿠오카 시내 집중 공략

하카타, 텐진, 커낼시티 하카타 같은 후쿠오카 주요 관광 스폿들은 마음만 먹으면 도보로 이동이 가능하다. 하지만 튼튼한 두 다리만 믿고 무작정 걷기만 하는 것은 여행이 아닌 고행! 여행 중간중간 동선을 고려해 버스 혹은 지하철 탑승을 추천한다.

➕ 후쿠오카 투어리스트 시티 패스 FUKUOKA TOURIST CITY PASS

하루 동안 후쿠오카 도심의 니시테쓰 버스와 지하철, JR, 쇼와 버스 탑승이 가능하다. 후쿠오카공항 구간은 포함이지만 다자이후 구간은 포함돼 있지 않다. 다자이후 구간의 이용을 원한다면 니시테쓰 전철 다자이후 구간 이용이 포함된 티켓으로 구입해야 한다.

요금 성인 2,500엔, 6~12세 1,250엔
다자이후 구간(니시테쓰 전철 포함) 성인 2,800엔, 6~12세 1,400엔
구입처 후쿠오카공항, 하카타항, 하카타역, 텐진역 등
이용 방법 사용 당일의 월, 일에 해당하는 칸을 긁어 하차 시 운전기사에게 제시한다.

➕ 후쿠오카 시내 1일 프리 승차권 福岡市内1日フリー乗車券

후쿠오카 도심은 물론이고 후쿠오카공항, 마리노아 시티 후쿠오카 등 후쿠오카 주요 관광지를 운행하는 니시테쓰 버스를 하루 동안 무제한으로 이용할 수 있다.

요금 성인 1,200엔, 6~12세 600엔
구입처 니시테츠 텐진 고속버스터미널, 하카타 버스터미널, 후쿠오카 공항버스터미널 등
이용 방법 사용 당일의 월, 일에 해당하는 칸을 긁어 하차 시 운전 기사에게 제시한다.

입장료 할인

후쿠오카 투어리스트 시티 패스를 제시할 경우 후쿠오카 박물관, 미술관, 후쿠오카 타워, 마린월드 등 후쿠오카 주요 관광지의 입장료를 할인받을 수 있다.

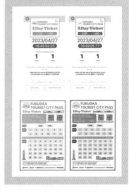

다자이후 노선을 이용한다면

다자이후 노선은 후쿠오카 시내+다자이후 라이너 버스 티켓을 구입해야 이용 가능하다. 성인 2,100엔 6~12세 1,050엔.

디지털 승차권

디지털 승차권을 이용하면 보다 저렴하게 구입이 가능하다. 자세한 내용은 홈페이지 참고(www.nishitetsu.jp/bus/sumanori).

✚ 후쿠오카시 지하철
1일 승차권(지하철 전용) 福岡市地下鉄 1日乗車券

구코센, 하코자키센, 나나쿠마센의 지하철을 하루 동안 무제한으로 이용할 수 있다. 후쿠오카공항에서 지하철을 이용해 시내로 이동하거나 추가로 당일 지하철을 두 번 이상 이용할 계획이 있는 여행자에게 추천한다.

요금 성인 640엔, 6~12세 320엔
구입처 각 역의 창구 및 자동 발매기
이용 방법 개찰구에 티켓을 넣고 개찰기 통과 후 티켓을 뽑는다.

입장료 할인
후쿠오카 박물관, 미술관, 동물원, 후쿠오카 타워 등 후쿠오카 주요 관광지의 입장료를 할인받을 수 있다.

2. 고쿠라, 모지코 여행에 필수

후쿠오카에서 당일로 여행하기 좋은 고쿠라는 하카타역에서 신칸센을 타고 16분이면 도착한다. 하지만 왕복 4,000엔이 넘는 신칸센 요금이 다소 부담스럽다면?! JR 규슈 모바일 패스(후쿠오카 와이드) 2일권을 구입하면 OK! 2일 동안 하카타에서 고쿠라 왕복은 물론이고 최근 오픈한 더 아웃렛 기타큐슈, 모지코까지의 열차를 무료로 이용할 수 있다(신칸센 제외). 특급열차의 경우 하카타에서 고쿠라까지 41분이 소요된다. 걸리는 시간이 다소 길어지지만 비용이 훨씬 저렴해지고 2일 동안 지정된 구역의 JR 열차를 자유롭게 탑승 가능한 것이 최고의 장점이다. 티켓을 직원에게 제시한 후 탑승하면 된다.

요금 성인 3,500엔, 6~11세 1,750엔
구입처(온라인만 가능) www.jrkyushu.co.jp/english/railpass/mobilepass.html

3. 후쿠오카, 벳푸, 그리고 유후인까지

일본은 유독 교통요금이 비싼 나라 중 한 곳이다. 후쿠오카와 함께 벳푸, 유후인 등 규슈 다른 지역을 여행할 계획이 있다면 패스 구입이 절대적으로 유리! 버스를 주로 이용할 여행자라면 북큐슈 산큐패스를, JR 이용을 원하는 여행자라면 JR 북큐슈 레일패스를 추천한다.

✦ 북큐슈 산큐패스 北部九州 SUNQバス `Writer's pick`

3일 동안 후쿠오카 시내는 물론이고 벳푸, 유후인 등 오이타 지역과 나가사키, 사가, 구마모토 지역을 운행하는 대부분의 버스를 무제한으로 탑승할 수 있다. 후쿠오카에서 벳푸나 유후인으로 이동하는 버스 편도 요금이 3,000엔이 넘는 것을 생각하면 3일 동안 벳푸와 유후인을 다 둘러본다면 북큐슈 산큐패스가 훨씬 이득. 하지만 여러 명이 한꺼번에 여행을 하는 경우 욘마이킷푸(4회권)로 구입하면 인당 가격이 훨씬 저렴해지므로 꼼꼼하게 체크해 보고 구입하자. 시내버스나 일반 고속버스는 별다른 예약 없이 탑승 가능하지만 예약제 고속버스 노선의 경우 예약은 필수다. 인터넷을 통해 할인된 가격으로 구입할 수 있으니 늦어도 여행 출발 일주일 전에는 구입 후 실물 패스를 받는 것을 추천한다.

요금 9,000엔
예약 필수 노선 후쿠오카 ↔ 벳푸, 유후인, 구로카와, 하우스텐보스, 나가사키 등
예약 노선 확인 www.sunqpass.jp/korean
예약 방법
❶ **홈페이지** 일본 고속버스 예약 전용 홈페이지(www.highwaybus.com)를 이용하는 것이 가장 좋다. 한국어 지원이 안 되는 것이 단점이지만 크롬 브라우저의 번역 기능을 이용하면 무리 없이 예약 가능하다.
❷ **창구 예약** 후쿠오카공항, 하카타역 버스터미널 등 주요 버스센터 승차권 창구에서 예약이 가능하다. 당일 예약 시 인기 노선의 경우 빈자리가 없을 수도 있으니 미리 예약하는 것을 추천한다.
이용 방법
날짜가 찍힌 패스 앞면을 운전기사에게 제시, 예약제 고속버스의 경우 예약권을 함께 제시하면 된다.

✦ JR 북큐슈 레일패스 JR Northern Kyushu Rail Pass

벳푸, 유후인, 시모노세키, 나가사키, 하우스텐보스 등 북큐슈의 주요 관광지로 향하는 JR 열차를 무제한으로 탑승 가능한 패스로 이용 기간에 따라 3일권, 5일권으로 나눠 구입 가능하다. 북큐슈 산큐패스보다 가격이 비싸 많은 여행자들이 선호하는 패스는 아니지만 장거리 이동 시 버스보다 기차 이용을 원하는 여행자에게 추천한다. 온라인으로 예약하면 조금 더 저렴하다.

요금 3일권(지정석 이용 6회) 성인 12,000엔, 6~12세 6,000엔
5일권(지정석 이용 6회) 성인 15,000엔, 6~12세 7,500엔

후쿠오카 오픈 톱 버스

후쿠오카의 주요 관광지를 경유하는 지붕이 없는 2층 버스로 시사이드 모모치 코스, 하카타 도심 코스, 후쿠오카 야경코스까지 세 가지 코스가 운행하고 있다. 승차권을 구입할 경우 당일에 한해 후쿠오카 시 내 일반 버스를 무제한으로 탑승할 수 있다. 버스를 타고 관광을 즐기다가 원하는 역에서 언제든지 하차 할 수 있다. 단 승차는 텐진·후쿠오카 시청 앞, 하카타역A 승차장에서만 가능하다. 요금이 다소 비싼 편이긴 하지만 짧은 시간에 주요 관광지를 모두 둘러볼 수 있어 시간이 부족한 여행자들에게 추천한다. 코스별 운행 스케줄을 미리 체크해 탑승하는 것을 추천한다.

위치 지하철 텐진역 14번 출구로 나와 오른쪽으로 200m 직진, 후쿠오카 시청 1층.
요금 성인 2,000엔, 어린이(4세~초등학생) 1,000엔 (안전상의 이유로 4세 미만의 어린이는 탑승 불가)
홈피 fukuokaopentopbus.jp

➕ 후쿠오카 오픈 톱 버스 이용 방법

예약하기
당일 현장 구매도 가능하지만 좌석이 한정돼 있어 탑승이 불가능할 수도 있다. 특히 벚꽃 시즌이나 단풍 시즌엔 미리 예약하는 것을 추천한다. 예약은 한 달 전부터 가능하다.
홈피 global.atbus-de.com/route_lists/?locale=ko

승차권 교환
출발 20분 전까지 후쿠오카 시청 1층 카운터에서 예약 내용을 확인하고 티켓 을 교환한다. 시간이 늦어지면 취소될 수도 있으니 주의하자.

탑승
예약한 티켓 교환은 후쿠오카 시청 내 카운터에서 가능하며 시간에 맞춰 텐 진·후쿠오카 시청 앞 버스정류장에서 탑승한다. 티켓은 잃어버리지 않도록 주의하자.

후쿠오카 체험 버스 티켓

오픈 톱 버스 승차권과 교환 가능 한 체험 티켓 두 장이 포함되어 있 는 다이켄 버스 티켓을 구입하면 보다 저렴하게 오픈 톱 버스를 이 용할 수 있다. 자세한 내용은 다 이켄 버스 홈페이지를 참고하자.
요금 2,300엔
(후쿠오카 도심 버스 1일 자유 승차권+체험 티켓 2장)
홈피 www.taiken-bus.com/ko/

✚ 오픈 톱 버스 코스

시사이드 모모치 코스(60분 소요)
지붕이 없는 2층에 앉아 도시고속도로를 달리는 특별한 경험을 즐길 수 있어
인기 있는 코스로 후쿠오카 타워, 모모치 해변 풍경, 그리고 오호리 공원까지
한 번에 즐길 수 있다.

후쿠오카 시청 출발 ⋯ 후쿠오카 타워 ⋯ 오호리 공원 ⋯ 후쿠오카 성터 ⋯ 후
쿠오카 시청 도착

후쿠오카 시청 기준 출발 시간
평일 10:00, 12:00, 14:30
주말 10:00, 11:00, 12:00, 13:00,
14:30, 15:30, 17:30

하카타 도심 코스(60분 소요)
하카타역 주변의 도심과 함께 구시다 신사, 후쿠오카 성터 등 후쿠오카의 역사
적인 명소를 돌아볼 수 있는 코스다.

후쿠오카 시청 출발 ⋯ 하카타역 ⋯ 구시다 신사 ⋯ 후쿠오카 성터 ⋯ 후쿠
오카 시청 도착

후쿠오카 시청 기준 출발 시간
매일 16:30

후쿠오카 야경코스(80분 소요)
후쿠오카의 아름다운 야경 명소를 돌아보는 코스로 2층 버스에 편하게 앉아
다양한 방법으로 야경을 즐길 수 있다.

후쿠오카 시청 출발 ⋯ 하카타역 ⋯ 후쿠오카 타워 ⋯ 힐튼 후쿠오카 시 호크
⋯ 후쿠오카 시청 도착

후쿠오카 시청 기준 출발 시간
평일 19:30 **주말** 19:30, 20:00

━━ 시사이드 모모치 코스
━━ 하카타 도심 코스
━━ 후쿠오카 야경코스

**오픈 톱 버스
노선도**

단기 여행자들을 위해 구석구석 꼼꼼하게!
1박 2일 : 후쿠오카 핵심 코스

주말 혹은 짧은 휴가를 이용해 후쿠오카의 주요 스폿들을 구석구석 둘러볼 수 있는 코스다. 시간을 효율적으로 활용하려면 이른 아침 인천에서 출발하는 것을 추천한다. 오전 시간엔 숙소 체크인이 불가능하므로 무거운 캐리어는 텐진역 코인 로커에 넣어 두고 가볍게 여행을 시작하자.

첫째 날

후쿠오카공항 · 하카타항
↓ 지하철 30분(공항 출발 기준 260엔)
텐진 지하상점가 · 백화점 쇼핑(p.152)
↓ 도보 5분
점심 식사
효탄스시(p.142) or 키와미야 함바그(p.136)
↓ 도보 13분
야쿠인 산책(p.160)
↓ 도보 8분
카페
아베키(p.169) or 노 커피(p.169)
↓ 지하철 10분(210엔)
JR 하카타 시티 옥상공원(p.86)
↓ 도보 3분
저녁 식사
텐진 호르몬 하카타역점(p.96) or
하카타 모츠나베 오오야마(p.86)
↓ 도보 18분
나카스 강변 산책
↓ 도보 2분
나카스 야타이(p.111)
맥주로 마무리하고 내일을 위해 숙소로~!

둘째 날

숙소 체크아웃
↓ 니시테쓰 전철 26분(420엔)
다자이후 텐만구(p.202)
↓ 도보 2분
다자이후 텐만구 참배길(p.202)
우메가에모찌 맛보기!
↓ 도보 3분
점심 식사
와규 멘타이 카구라(p.206) or
이치란 다자이후점(p.204)
↓ 니시테쓰 전철 26분(420엔)
커낼시티 하카타(p.87)
↓ 도보 7분
구시다 신사(p.90)
↓ 도보 7분
돈키호테 나카스점(p.114)
↓ 도보 7분
저녁 식사
신슈 소바 무라타(p.102) or 카로노 우롱(p.101)
↓ 도보 13분
다이소 하카타(p.113)
↓ 버스 20분(공항 도착 기준 310엔)
후쿠오카공항 · 하카타항

하루 다섯 끼는 기본! 야무지게 먹어 보자!
1박 2일 : 후쿠오카 푸드 트립

후쿠오카에서 꼭 먹어 봐야 하는 먹거리들과 트렌디한 카페들을 두루 둘러볼 수 있는 코스다. 아침, 점심, 저녁은 물론이고 간식에 야식까지 쉴 새 없이 먹고 또 먹으려면 각 스폿 간의 이동은 무조건 튼튼한 두 다리를 이용하자. 1박 2일 동안 기억해야 할 건 단 한마디! '맛있으면 0칼로리'.

첫째 날

후쿠오카공항 · 하카타항
⋮ 버스 20분(공항 출발 기준 310엔)

JR 하카타 시티(p.84)
⋮ 도보 3분

점심 식사
하카타 모츠나베 오오야마(p.86)
⋮ 도보 2분

카페
렉 커피 하카타 마루이점(p.106)
⋮ 도보 2분

일 포르노 델 미뇽(p.86)
⋮ 도보 10분

커낼시티 하카타(p.87)
⋮ 도보 11분

저녁 식사
원조 하카타 멘타이쥬(p.130)
⋮ 도보 7분

카페
스테레오 커피(p.146)
⋮ 도보 6분

텐진 야타이(p.111)
⋮ 도보

숙소

둘째 날

숙소 체크아웃
⋮ 도보

아침 식사
이치란 본점(p.134)
⋮ 도보 2분

돈키호테 나카스점(p.114)
⋮ 도보 7분

점심 식사
효탄스시(p.142)
⋮ 도보 1분

텐진 지하상점가(p.152)
⋮ 도보 18분

카페
아베키(p.169)
⋮ 도보 7분

B · B · B 포터스(p.173)
⋮ 지하철 16분(260엔)

저녁 식사
다이치노 우동(p.100)
⋮ 버스 20분(공항 도착 기준 310엔)

후쿠오카공항 · 하카타항

JR 규슈 레일패스 후쿠오카 와이드 100% 활용!

특별하게 2박 3일 : 후쿠오카&고쿠라&모지코

후쿠오카를 여러 번 방문한 여행자들에게 추천하는 특별한 2박 3일 코스. 후쿠오카 우미노나카미치 해변공원와 함께 고쿠라, 모지코를 한 번에 둘러볼 수 있다. JR 규슈 레일패스 후쿠오카 와이드 2일 권을 활용하는 것이 베스트! 무거운 짐 가방을 가지고 이동하는 것보다는 하카타역 인근에 숙소를 예약해 당일로 고쿠라, 모지코를 차례로 다녀오는 것을 추천한다.

첫째 날

후쿠오카공항 · 하카타항
↓ 버스 20분(공항 출발 기준 310엔)
하카타역
↓ 특급 소닉 41분(1,910엔)
고쿠라역
↓ 도보 3분
점심 식사
코게츠도 본점(p.220)
↓ 도보 10분
고쿠라성(p.216)
↓ 도보 18분
기타큐슈 만화박물관(p.217)
↓ 도보 2분
고쿠라역
↓ 기차 12분(280엔)
더 아웃렛 기타큐슈(p.224)
↓ 도보
저녁 식사
키와미야(p.224)
↓ 기차 1시간(2,120엔)
하카타역
↓ 도보 혹은 버스
숙소

둘째 날

하카타역
↓ 기차 55분(2,370엔)
모지코역(p.234)
↓ 칸몬연락선 5분(400엔)
시모노세키항
↓ 도보 4분
점심 식사
가라토시장(p.246)
↓ 도보 3분
조선통신사상륙기념비(p.247)
↓ 칸몬연락선 5분(400엔)
블루윙 모지(p.235)
↓ 도보 2분
모지코 레트로 전망대(p.235)
↓ 도보 11분
규슈철도기념관(p.234)
↓ 도보 8분
저녁 식사
코가네무시(p.240)
↓ 도보 8분
모지코역
↓ 기차 55분(2,370엔)
하카타역
↓ 도보 혹은 버스
숙소

셋째 날

하카타역
↓ 기차 40분(480엔)

우미노나카미치역
↓ 도보 8분

마린월드 우미노나카미치(p.192)
↓ 도보

점심 식사
레일리(p.192)
↓ 도보 14분

우미노나카미치 해변공원(p.190)
↓ 도보

꽃의 언덕
↓ 도보

동물의 숲
↓ 도보

플라워 뮤지엄
↓ 기차 40분(480엔)

하카타역
↓ 버스 20분(공항 도착 기준 310엔)

후쿠오카공항 · 하카타항

아름다운 동화마을을 산책하는 즐거움!
친구와 함께 2박 3일 : **후쿠오카&유후인**

후쿠오카공항에 도착하자마자 유후인으로 이동해 전통 료칸에서 온천여행을 즐기고 후쿠오카로 돌아오는 코스다. 유후인 벳푸나 다른 근교 방문 없이 유후인만 다녀온다면 산큐패스보다는 왕복 버스권(욘마이킷푸)을 구입하는 것이 더 저렴하다. 유후인 노선은 반드시 미리 예약해야 한다.

첫째 날

후쿠오카공항 · 하카타항
⋮ 버스 1시간 50분(공항 출발 기준 3,250엔)

유후인역(p.282)
⋮ 도보 5분

점심 식사
유후 마부시 신(p.288) or 이나카안(p.288)
⋮ 도보 5분

유노쓰보 거리(p.283)
⋮ 도보 15분

긴린코(p.282)
⋮ 도보

숙소 체크인 후 온천&가이세키 요리 즐기기
꼭 료칸 숙박이 아니더라도 당일 온천을
이용하는 방법도 있다!(p.286)

둘째 날

숙소 체크아웃
⋮ 도보

인력거 탑승(p.283)
⋮ 도보

점심 식사
소바 이즈미(p.289)
⋮ 도보 14분

유후인역
⋮ 버스 2시간 10분(3,250엔)

JR 하카타 시티(p.84)
⋮ 도보 12분

저녁 식사
하카타 덴푸라 타카오(p.89)
⋮ 연결

커낼시티 하카타(p.87)
⋮ 도보 4분

나카스 강변 산책
⋮ 도보 혹은 버스

숙소

셋째 날

숙소 체크아웃
 버스 35분(하카타역 출발 기준 260엔)

시사이드 모모치 해변공원(p.180)
 도보 1분

마리존(p.181)
⫶ 도보 1분

점심 식사
더 비치(p.183) or 맘마미아(p.183)

⫶ 도보 2분

후쿠오카 타워(p.180)
⫶ 도보 1분

디저트 타임!
기타키쓰네노 다이코부쓰(p.184)

⫶ 버스 10분(210엔)

보스 이조 후쿠오카(p.182)
⫶ 도보 2분

팀랩 포레스트 후쿠오카(p.182)
⫶ 버스 20분(260엔)

저녁 식사
하카타 토리카와 다이진(p.108)

⫶ 도보 3분

하카타역
⫶ 버스 20분(공항 도착 기준 310엔)

후쿠오카공항 · 하카타항

일본 최대 온천마을에서 힐링하기!
부모님과 함께 2박 3일 : 후쿠오카&벳푸

일본의 고즈넉한 정취를 느낄 수 있는 오호리 공원, 스미요시 신사 그리고 온천마을 벳푸까지 한 번에 돌아볼 수 있다. 부모님과 함께하는 벳푸 여행은 버스보단 JR 이용을 추천하며 탑승일 기준 한 달 전부터 3일 전까지 JR 홈페이지(train.yoyaku.jrkyushu.co.jp)를 통해 인터넷 한정 티켓을 구입할 수 있다. 당일 벳푸 왕복이 부담스럽다면 벳푸에서의 1박도 좋은 선택이다.

첫째 날

후쿠오카공항 · 하카타항
⋮ 버스 20분(공항 출발 기준 310엔)

JR 하카타 시티(p.84)
⋮ 도보 1분

점심 식사
고향야 쇼보안(p.86) or
키와미야 하카타점(p.96)
⋮ 도보 혹은 버스

숙소 체크인
⋮ 지하철 10분(260엔)

오호리 공원(p.126)
⋮ 도보 15분

일본정원
⋮ 도보 8분

스타벅스
⋮ 지하철 5분(210엔)

텐진 지하상점가(p.152)
⋮ 도보 3분

저녁 식사
원조 하카타 멘타이쥬(p.130) or
스시잔마이 텐진점(p.142)
⋮ 도보 혹은 버스

숙소

둘째 날

숙소
⋮ 도보 혹은 버스

아침 식사
우치노 타마고(p.105)
⋮ JR 2시간 20분(5,940엔)

벳푸역
⋮ 버스 20분(390엔)

지옥온천 순례(p.258)
⋮ 도보 5분

점심 식사
지옥 찜 공방 칸나와(p.269)
⋮ 도보 7분

당일 온천 즐기기
효탄온천(p.263)
⋮ 버스 25분(340엔)

저녁 식사
소무리(p.266) or 가이센 이즈츠(p.265)
⋮ 도보 5분

벳푸역
⋮ JR 2시간 20분(5,940엔)

하카타역
⋮ 도보 혹은 버스

숙소

셋째 날

숙소 체크아웃
⋮ 도보 혹은 버스

스미요시 신사(p.91)
⋮ 도보 6분

라쿠스이엔(p.91)
⋮ 도보 8분

점심 식사
우동 타이라(p.100) or 에비스야 우동(p.101)
⋮ 도보 14분

커낼시티 하카타(p.87)
⋮ 도보 7분

구시다 신사(p.90)
⋮ 도보 2분

저녁 식사
카와타로 나카스 본점(p.103) or
요시즈카 우나기야(p.97)
⋮ 버스 13분(150엔)

하카타역
⋮ 버스 20분(공항 도착 기준 310엔)

후쿠오카공항 · 하카타항

다양한 즐거움을 만끽하자!
아이와 3박 4일 : 후쿠오카&유후인&하우스텐보스

테마파크와 캐릭터숍, 특별한 카페까지 아이들이 좋아하는 스폿들을 모두 돌아볼 수 있다. 북큐슈 산큐패스를 추천하며 둘째 날부터 넷째 날까지 3간 사용하는 것이 가장 효율적이다. 유후인과 하우스텐보스 모두 예약 필수. 어린이용 산큐패스는 없어 따로 티켓을 구입해야 한다. 6세 미만 어린이는 좌석 미제공 조건으로 무료로 탑승할 수 있다.

첫째 날

후쿠오카공항
⁝ 버스 1시간 30분(2,310엔)
하우스텐보스 즐기기
추천 코스 및 레스토랑은 p.55, 57 참고
⁝ 도보 10분
포레스트 빌라(p.57)

둘째 날

포레스트 빌라 체크아웃
⁝ 버스 1시간 50분(2,310엔)
JR 하카타 시티(p.84)
⁝ 도보 2분
점심 식사
다이치노 우동(p.100) or 이치란 하카타점(p.104)
⁝ 버스 25분(260엔)
후쿠오카 타워(p.180)
⁝ 도보 1분
디저트 타임!
기타키쓰네노 다이코부쓰(p.184)
⁝ 도보 2분
시사이드 모모치 해변공원(p.180)
⁝ 버스 30분(260엔)
커낼시티 하카타 디즈니 스토어(p.88)
⁝ 도보 1분
저녁 식사
라멘 스타디움(p.89)
⁝ 도보 혹은 버스
숙소

셋째 날

숙소 체크아웃

⇣ 도보 혹은 버스

하카타역 도시락 구입

⇣ 버스 2시간(3,250엔)

유후인역(p.282)

⇣ 도보 10분

카페

카페 듀오(p.290)

⇣ 도보 8분

코미코 아트 뮤지엄(p.284)

⇣ 도보 6분

유후인 마메시바 카페(p.285)

⇣ 도보 1분

저녁 식사

스누피차야(p.289)

⇣ 도보

숙소 체크인&온천 즐기기

유후인 당일 온천 즐기는 방법!(p.286)

넷째 날

숙소 체크아웃

⇣ 도보

긴린코(p.282)

⇣ 도보 4분

비 허니(p.292)

⇣ 도보 10분

유노쓰보 거리(p.283)

⇣ 도보 2분

점심 식사

이나카안(p.288)

⇣ 도보 3분

동구리노모리(p.293)

⇣ 도보 2분

비스피크(p.290)

⇣ 도보 4분

유후인역 족욕(p.282)

⇣ 버스 1시간 50분(3,250엔)

후쿠오카공항

Enjoy
Fukuoka

후쿠오카를 즐기는 가장 완벽한 방법

하카타역 주변 Around Hakata

하카타역 주변

N

고후쿠마치역(후쿠오카)
呉服町駅

고후쿠마치
呉服町

고후쿠마치
呉服町

지하철 쿠코센

하카타 모츠나베 오오야마 본점
博多もつ鍋おおやま本店

도이마치
土居町

타츠미 스시
たつみ寿司総本店

도이마치
土居町

후쿠오카 아시아 미술관
福岡アジア美術館
후쿠오카 호빵맨 어린이 박물관
福岡アンパンマンこどもミュージアムinモール

하카타 리버레인 S
博多リバレインモール

가와바타마치
川端町

나카스카와바타역
中洲川端駅

호텔 오리엔탈 익스프레스
후쿠오카 나카스카와바타 H
ホテルオリエンタルエクスプレス
福岡中洲川端

오쿠노도
奥の堂

오쿠노도
奥の堂

호텔 비스타
후쿠오카 나카스카와바타 H
ホテルビスタ
福岡中洲川端

가와바타마치
川端町

레이젠 공원

포크 타마고 오니기리
Pork Tamago Onigiri

미츠이 가든 호텔 후쿠오카 나카스 H
三井ガーデンホテル福岡中洲

가와바타 상점가
川端商店街

신슈 소바 무라타
信州そばむらた

돈키호테 나카스점 S
ドン・キホーテ中洲店

구시다 신사
櫛田神社

도미 인 하카타 기온
ドーミーイン博多祇園

히가시나카스
東中州

퍼스트 캐빈 하카타 R
ファーストキャビン博多

교자야 니노니
餃子屋弐ノ弐

히가시나카스
東中州

하카타 엑셀 호텔 도큐 H
博多エクセルホテル東急

요시즈카
우나기야 R
吉塚うなぎ屋

카로노우롱
かろのうろん

하카타 모츠나베 마에다야 나카스점 R
博多もつ鍋前田屋中洲店

커낼시티하카타마에 R
キャナルシティ博多前

나카스 야타이 N
中洲やたい

미나미신치
南新地

커낼이스트비루아이
キャナルイーストビ

미나미신치
南新地

구시다신사마에역
櫛田神社前駅

훅 커피
Fuk Coffe

도미 인 프리미엄 하카타 커낼시티 마에 H
ドーミーインPREMIUM博多・キャナルシティ前

카와타로 나카스 본점 R
河太郎中洲本店

커낼시티하카타마에 H
キャナルシティ博多前

커낼시티 후쿠오카 워싱턴 호텔 H
キャナルシティ・福岡ワシントンホテル

그랜드 하얏트 후쿠오카 H
グランドハイアット福岡

커낼시티 하카타 H
キャナルシティ博多

세이류 공원

카페 무지 R
Café MUJI

라멘 스타디움 R
ラーメンスタジアム

하카타 덴푸라 타카오 R
博多てんぷらたかお

반다이 남코 크로스 스토어 S
バンダイナムコクロスストア

디즈니 스토어 S
ディズニーストア

에메필 S
aimerfeel

마쓰모토 기요시 S
マツモトキヨシ

에비스야 우동 R
えびすやうどん

텐진미나미역
天神南駅

• Information •

후쿠오카 여행의 시작이자 마지막
하카타역(博多駅) 주변

유후인, 벳푸, 나가사키 등 규슈 다른 지역으로 이동이 가능한 규슈의 교통 요지이기도 하면서 후쿠오카 여행을 즐기는 거의 모든 사람들이 한 번 이상은 꼭 거쳐 가게 되는 후쿠오카 여행의 중심이기도 하다. 백화점과 복합쇼핑센터, 다양한 레스토랑이 모여 있어 아침부터 저녁까지 하카타역 주변을 구경하는 것만으로도 하루가 모자랄 정도.

드나들기

❶ 후쿠오카공항에서 하카타역으로 이동

버스
후쿠오카공항 국제선 터미널 1층 2번 정류장에서 하카타역행 버스 탑승. 요금 310엔, 소요시간 20분(북큐슈 산큐패스 및 후쿠오카 시내 1일 프리 승차권 이용 가능).

지하철
후쿠오카공항 국제선 터미널 1층 1번 정류장에서 무료셔틀버스를 이용해 후쿠오카공항 국내선으로 이동. 국내선 터미널 앞쪽에 위치한 후쿠오카 공항역에서 지하철 구코센空港線 탑승 후 두 정거장 이동.
요금 260엔, 소요시간 25분.

> **Tip**
> **후쿠오카? 하카타?**
> **어떻게 불러야 할까?**
> 후쿠오카福岡와 하카타博多 두 가지 지명을 혼용하는 경우가 종종 있는데 사실 후쿠오카와 하카타는 서로 다른 도시였다는 사실. 과거엔 나카스강을 사이에 두고 서쪽은 후쿠오카, 동쪽은 하카타라는 이름의 도시로 각각 나뉘어 있었다고 한다. 1889년 두 개의 시가 하나로 통합되는 과정에서 새롭게 탄생한 도시의 이름을 둘러싸고 논쟁이 펼쳐졌고 결국 논의의 끝에 시의 이름과 공항명은 후쿠오카로, 철도역과 항구 이름은 하카타로 정해져 지금까지 이어지고 있다.

➋ 하카타항에서 하카타역으로 이동

하카타항 바로 앞 버스정류장에서 하카타역행 버스(BRT, 11번, 19번) 탑승.
요금 260엔, 소요시간 18분.

여행방법

대부분의 여행자들이 후쿠오카공항에 도착해 가장 먼저 이동하는 곳이
바로 이곳 하카타역 주변이다. JR 하카타 시티에는 백화점과 쇼핑센터
는 물론이고 유명 레스토랑이 가득해 쇼핑을 즐기거나 후쿠오카를 대
표하는 다양한 음식을 맛볼 수 있다. 역 앞 광장에서는 시즌별로 다양
한 이벤트가 펼쳐지기도 해 기대하지 못했던 특별한 즐거움을 만끽할
수도 있다.

도보로 12분 정도 거리의 커낼시티 하카타까지 천천히 이동하면서 산책
하듯 주변을 둘러보는 것도 추천. 유후인이나 벳푸, 하우스텐보스 등 규
슈 다른 지역으로의 여행을 계획하고 있다면 하카타 버스터미널이나 하
카타역에 먼저 들러 좌석을 예약해 두는 것도 잊지 말자.

①

JR 하카타 시티 JR博多シティ

규슈의 주요 도시로 운행하는 JR과 신칸센을 탑승할 수 있는 **기차역**, 후쿠오카의 명물들이 모여 있는 **한큐백화점**, 일본의 개성 넘치는 패션·잡화 쇼핑이 가능한 **아뮤 플라자**, 가장 최근 오픈해 최신 트렌드의 레스토랑과 숍이 가득한 **킷테 하카타**까지 한꺼번에 모여 있는 복합쇼핑센터다. 층별로 모든 숍과 레스토랑을 다 돌아보기엔 시간도, 체력도 허락하지 않을 테니 미리 홈페이지에서 원하는 숍과 레스토랑을 체크해 두고 동선을 고려해 이동하는 것을 추천한다.

위치 JR 하카타역과 연결.
주소 福岡市博多区博多駅中央街1-1
운영 10:00~20:00, 레스토랑 11:00~24:00
　　 (점포별 상이)
전화 092-431-8484
홈피 www.jrhakatacity.com

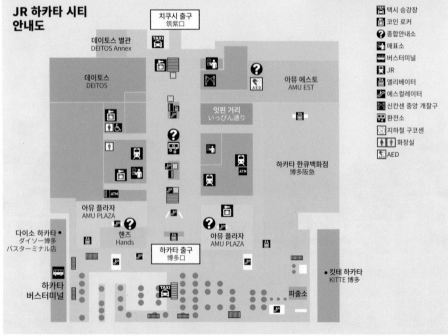

JR 하카타 시티 안내도

치쿠시 출구 筑紫口
데이토스 별관 DEITOS Annex
데이토스 DEITOS
잇핀 거리 いっぴん通り
아뮤 에스토 AMU EST
하카타 한큐백화점 博多阪急
아뮤 플라자 AMU PLAZA
다이소 하카타 • ダイソー博多 バスターミナル店
핸즈 Hands
하카타 출구 博多口
아뮤 플라자 AMU PLAZA
하카타 버스터미널
킷테 하카타 KITTE 博多
파출소

택시 승강장
코인 로커
종합안내소
매표소
버스터미널
JR
엘리베이터
에스컬레이터
신칸센 중앙 개찰구
환전소
지하철 구코센
화장실
AED

JR 하카타 시티 추천 숍

❶ 핸즈 Hands

단순하게 물건을 파는 곳이라기보다 아이디어를 판매한다는 모토를 가지고 있는 라이프스타일 잡화 쇼핑몰이다. 생활 잡화, 의류, 문구, 인테리어용품 등 최신 트렌드의 위트 넘치는 상품들이 가득해 구경하는 재미도 있다. 기발하고 개성 넘치는 아이템을 찾고 싶은 여행자들에게 추천!

위치 아뮤 플라자 1~5층.
운영 10:00~20:00
전화 092-481-3109

❷ 무지 MUJI(無印良品)

브랜드가 없는 좋은 물건을 판매하는 상점이라는 콘셉트로 1980년 일본에서 시작됐다. 요즘 트렌드인 미니멀라이프에 가장 잘 맞는 브랜드 중 하나로 심플한 디자인의 감각적인 제품들이 주를 이룬다. 한국에서도 쉽게 찾아볼 수 있지만 가격은 훨씬 더 저렴하고 일본에서만 구입할 수 있는 제품들도 많은 편이라 한 번쯤 들러 보는 것을 추천한다.

위치 아뮤 플라자 6층.
운영 10:00~20:00   전화 092-413-5170

❸ 포켓몬 센터 후쿠오카 ポケモンセンターフクオカ

규슈 전체에서 단 하나뿐인 포켓몬 캐릭터숍으로 2,500종류 이상의 포켓몬 상품들을 갖추고 있다. 아이와 함께 즐길 수 있는 다양한 이벤트가 수시로 열리고 있어 아이들과 함께 후쿠오카를 찾은 여행자들에게 추천한다.

위치 아뮤 플라자 8층.
운영 10:00~20:00
전화 092-413-5185

❹ 더블데이 DOUBLEDAY

빈티지한 느낌의 감각적인 인테리어숍으로 가구부터 생활 잡화, 주방용품 등 볼거리가 가득하다. 덩치가 큰 가구나 유리 소품을 구입해 오긴 쉽지 않겠지만 작은 사이즈의 인테리어 소품은 소장 가치가 있다. 꼭 무언가를 구입하지 않아도 구경하는 것만으로도 행복해지는 곳.

위치 아뮤 플라자 7층.
운영 10:00~20:00   전화 092-413-5380

More&More
JR 하카타 시티 추천 레스토랑 & 카페

①
하카타 모츠나베 오오야마 博多もつ鍋おおやま

후쿠오카 필수 먹거리 중 하나인 곱창전골 전문점이다. 다양한 세트 메뉴가 준비돼 있지만 이곳에서 맛봐야 할 메뉴는 진한 국물의 곱창전골인 모츠나베. 국물은 된장 맛을 추천한다. 곱창이 가득 들어 있어 다소 느끼할 것 같은 비주얼이지만 고추씨와 마늘을 잔뜩 추가해 맛보면 시원하고 담백한 국물 맛에 반하게 될 것이다. 한국어 메뉴판이 마련돼 있어 주문하기도 어렵지 않다. 곱창을 다 먹고 난 뒤 남은 국물에 짬뽕 면을 추가해 즐기는 것도 추천!

위치 데이토스 1층.　　　　　운영 11:00~23:00
요금 모츠나베 1인 1,980엔~
전화 092-475-8266

②
일 포르노 델 미뇽 il FORNO del MIGNON

갓 구운 크루아상을 맛볼 수 있는 크루아상 전문점. 하카타역에 들어서자마자 풍겨 오는 크루아상 향기 덕분에 아침부터 저녁까지 늘 기다란 줄이 늘어서 있다. 기본 크루아상부터 초콜릿, 고구마 등 다양한 맛의 크루아상을 구입할 수 있다. 가장 인기 있는 메뉴는 플레인과 초콜릿. 100g 단위로 원하는 만큼 구입 가능하며 가격도 저렴한 편이다. 이곳의 크루아상은 구입 즉시 맛보는 것이 정석.

위치 하카타역 1층.
운영 07:00~23:00
요금 210엔(100g)
전화 092-412-3364

③
시티 다이닝 쿠텐 シティダイニングくうてん

아뮤 플라자 9층과 10층에 총 44개의 레스토랑이 들어선 대규모 먹거리 골목으로 후쿠오카를 넘어 일본을 대표하는 다양한 요리를 한곳에서 비교하며 선택할 수 있다. 시티 다이닝 쿠텐에 들어와 있다는 것 자체가 일단 어느 정도 검증된 레스토랑이기 때문에 어디로 향하든 맛은 보장!

위치 아뮤 플라자 9·10층.
운영 11:00~24:00

1 진한 돈코쓰 라멘의 진수를 맛볼 수 있는 **하카타 잇푸도**(博多一風堂)
2 후쿠오카를 대표하는 짜지 않은 명란젓과 함께 일본의 가정식 백반을 즐길 수 있는 **고항야 쇼보안**(ごはん家椒房庵)
3 귀여운 스누피와 찰리브라운을 만날 수 있는 카페 **피너츠**(PEANUTS)

Tip
JR 하카타 시티 옥상공원
아뮤 플라자 옥상에 마련된 쓰바메노모리 히로바つばめの杜ひろば에 오르면 나무들이 가득한 특별한 풍경을 만날 수 있다. 후쿠오카 시내를 한눈에 바라볼 수 있는 전망대와 아이들을 위한 미니 기차, 놀이공간도 있으니 가볍게 들러 보자.
위치 아뮤 플라자 10층에서 에스컬레이터 이용.
운영 10:00~22:00

Sightseeing ★★★

커낼시티 하카타 キャナルシティ博多

도시의 극장이라는 콘셉트로 만들어진 후쿠오카를 대표하는 랜드마크. 단순한 쇼핑센터를 넘어 다양한 연령대의 사람들이 모여 쇼핑과 식도락을 즐기고, 이벤트에 참여하며 휴식을 취하는 복합문화시설이다. 메인 건물 중앙엔 180m에 이르는 인공운하를 만들어 놓았는데 물의 흐름에 따라 태양의 광장, 별의 정원, 크리스탈 캐니언 등 총 다섯 개의 구역으로 나눠 자연친화적으로 디자인했다.

지하 1층 선 플라자 스테이지에서는 수시로 다양한 퍼포먼스와 라이브 공연이 펼쳐지며, 본관 아트리움 벽면엔 한국을 대표하는 세계적인 비디오 아티스트 백남준의 작품이 설치돼 있다.

위치 **지하철** 구시다신사마에역 하차.
　　 도보 JR 하카타역 하카타 출구로 나와 하카타역앞거리를 따라 도보 10분.
주소 福岡市博多区住吉1-2
운영 10:00~21:00, 레스토랑 11:00~23:00(점포별 상이)
전화 092-282-2525
홈피 canalcity.co.jp/korea

> ### Tip 1 분수 쇼
> 중앙에 마련된 운하에서는 매일 오전 10시부터 오후 10시까지 음악에 맞춰 자유자재로 춤추는 아름다운 분수 쇼를 감상할 수 있다.

> ### Tip 2 종합 안내 센터
> 전반적인 매장 안내는 물론이고 수시로 진행되는 다양한 이벤트까지 확인할 수 있다. 휠체어나 유모차 대여도 가능하다. 여권을 제시하면 할인 혜택을 받을 수 있는 매장의 정보도 체크할 수 있다.
> 위치 센터워크 1층.
> 운영 10:00~21:00

> ### Tip 3 면세
> 1층 면세 카운터에서는 당일에 한해 구입한 물건들의 영수증을 합산해 면세 혜택을 받을 수 있다. 단, 10%의 세금 중 1.5%의 면세 카운터 수수료를 제외한 8.5%만 환급이 가능하다. 따라서 한 점포에서 5,500엔 이상 구입한 경우엔 별도의 수수료가 발생하지 않도록 해당 점포에서 바로 면세 혜택을 받는 것이 좋다.
> 본인 명의의 여권 제시는 필수이며 신용카드의 경우 본인 명의 신용카드만 가능하니 주의하자.
> 위치 비즈니스센터빌딩 1층.
> 운영 10:00~21:30

More & More
커낼시티 하카타 추천 숍

❶
반다이 남코 크로스 스토어 バンダイナムコクロスストア

반다이 남코 그룹의 다양한 캐릭터들을 한곳에서 만날 수 있는 공간으로 일본의 게임과 애니메이션에 관심이 많은 여행자라면 필수로 방문해 보는 것을 추천한다. 이곳에서만 구입할 수 있는 공식 굿즈와 다양한 이벤트 코너, 게임 기계들이 줄지어 있어 한번 입장하면 1~2시간은 훌쩍 지나가 버릴 정도로 즐거움이 가득하다. 〈귀멸의 칼날〉, 〈명탐정 코난〉 등 시즌에 따라 다양한 팝업 스토어가 열리기도 한다.

위치 사우스빌딩 지하 1층.
운영 10:00~21:00
전화 092-409-7562

❷
디즈니 스토어 ディズニーストア

귀여운 디즈니 캐릭터들을 한곳에서 만날 수 있다. 인형과 인테리어 소품은 물론이고 실용적으로 사용할 수 있는 학용품과 주방용품도 다양하다. 유명 화장품 브랜드와 콜라보한 메이크업 제품들도 있다. 시즌이 지난 상품들은 30~50%의 파격적인 할인 이벤트가 진행되기도 한다.

위치 센터워크 2층.
운영 10:00~21:00
전화 092-262-3932

❸
에메필 aimerfeel

일명 마법의 속옷이라고 불리는 일본의 여성 속옷 브랜드. 워낙 유명한 브랜드라 한국에서도 구입할 수 있지만 일본에서 직접 구입하는 것이 훨씬 저렴하다. 게다가 두 개 구입 시 추가로 30%를 할인해 주는 프로모션이 수시로 진행된다는 사실! 본인에게 딱 맞는 사이즈를 선택해 구입하기 위해선 부끄러움은 잠시 접어 두고 직원에게 도움을 청해 보는 것을 추천한다.

위치 센터워크 2층.
운영 10:00~21:00   전화 092-263-2013

More & More
커낼시티 하카타 추천 레스토랑 & 카페

❶
라멘 스타디움 ラーメンスタジアム

일본을 대표하는 라멘의 강자들을 한곳에서 맛볼 수 있는 공간으로 여덟 개의 라멘 전문점이 경쟁하며 방출되기도 하고 새로운 라멘이 등장하기도 하며 수시로 간판이 바뀌는 곳이다. 2001년 처음 오픈한 뒤로 87개의 라멘 전문점들이 이곳을 거쳐 갔을 정도라고 하니 이곳이야말로 라멘들의 꿈의 무대! 라멘 스타디움에 간판을 내걸고 있는 이상 어느 곳에 가든 맛은 보장된 것이나 마찬가지이니 취향에 따라 다양한 맛의 라멘을 마음껏 즐겨 보자.

위치 센터워크 5층.
운영 11:00~23:00
요금 720엔~

❷
하카타 덴푸라 타카오 博多天ぷらたかお

바삭한 튀김과 따뜻한 밥이 함께 나오는 튀김 정식 전문점이다. 고기, 해산물, 야채 등이 조합된 세트 메뉴도 있고 추가로 단품 주문도 가능하다. 주문 즉시 튀겨 내 바삭하게 즐길 수 있는 것이 특징이며 눈앞에서 튀겨지는 모습을 보는 즐거움도 있다. 반찬으로는 다시마 명란과 야채 피클이 함께 제공된다. 후쿠오카 명물인 명란은 따끈한 밥과 환상 궁합을 보여준다. 입구에 마련된 자판기에서 티켓을 구입해 입장하는 시스템이다.

위치 센터워크 4층.
운영 11:00~23:00
요금 타카오 정식 1,200엔
전화 092-263-1230

❸
카페 무지 Café MUJI

커낼시티 하카타 무지 매장 안에 자리 잡은 작은 카페로 건강을 테마로 한 빵과 디저트, 음료 등을 판매하고 있다. 조용한 분위기에서 건강한 재료로 만든 다양한 디저트를 맛볼 수 있어 인기. 카페에서 사용하는 모든 식기는 무지 제품으로 직접 사용해 보고 구입할 수 있다.

위치 노스빌딩 3층.
운영 10:00~21:00
요금 커피 380엔~, 디저트 450엔~
전화 092-263-6355

구시다 신사 櫛田神社

757년에 세워진 신사로 규모는 그리 크진 않지만 불로장생과 번성의 신을 모시고 있어 후쿠오카 사람들의 수호신이라 불리며 큰 사랑을 받고 있는 곳이다. 신사 입구에 자리 잡은 은행나무는 천연기념물로 지정돼 있으며 천 년이 넘는 세월을 이곳에서 버티고 서 있다고 한다. 덕분에 주말이면 웨딩 촬영을 하거나 건강 기원을 위해 신사를 찾는 현지인들도 많이 만날 수 있다. 실제로 이 신사의 지하에서 나오는 물을 마시면 장수하게 된다는 속설이 있는데 장수를 상징하는 학의 조형물이 세워진 곳에서 직접 약수를 마셔 볼 수 있다. 구시다 신사가 유명한 또 다른 이유는 후쿠오카를 대표하는 최대 축제인 하카타기온야마카사博多祇園山笠가 열리는 곳이기 때문인데, 신사 한쪽엔 화려한 인형들과 장식으로 꾸며진 초대형 가마가 전시돼 있다.

이러한 이유 때문이라도 구시다 신사는 후쿠오카 여행 중에 꼭 가 봐야 하는 명소로 꼽히지만 사실 이곳은 한국인들에겐 가슴 아픈 과거가 숨겨져 있는 곳이기도 하다. 바로 구시다 신사에 일본 자객이 명성황후를 시해할 때 사용했던 칼인 히젠토肥前刀가 보관되어 있다는 사실. 공개하고 있지는 않기 때문에 직접 볼 수는 없다.

위치	**버스** 하카타 버스터미널 1층에서 68번, 113번, 200번, 201번, 203번 버스 탑승. 커낼시티하카타마에 정류장 하차 후 길 건너 95m 직진. **지하철** 구시다신사마에역 하차.
주소	福岡市博多区上川端町1-41
운영	04:00~22:00
전화	092-291-2951

Tip 데미즈야

일본 여행 중에 만나는 다양한 종류의 신사들. 신사 앞에는 대부분 물이 흘러나오는 약수터(?) 같은 곳이 마련돼 있는데 사실 이 물은 우리가 흔히 생각하는 먹는 물이 아니다! 일본어로 데미즈야てみずや로 불리는 이곳은 신사 내부로 들어가기 전에 몸과 마음을 깨끗하게 씻어 내기 위한 공간.

과거에는 히샤쿠柄杓(국자)를 이용해 물을 담아 씻어 냈지만 팬데믹 이후 대부분의 신사에서 자동으로 물이 흘러나오는 시스템으로 바뀌었다.

스미요시 신사 住吉神社

바다의 신, 어업의 신, 항해의 신으로 알려진 스미요시의 삼신(소코쓰쓰노오노미코토底筒男命, 나카쓰쓰노오노미코토中筒男命, 우와쓰쓰노오노미코토表筒男命)을 모시는 신사다. 하카타만에 접해 있는 위치에 자리 잡아 선원들의 안전한 항해를 기원하는 뜻으로 지어졌으며 일본 전국에 있는 2,000여 개가 넘는 스미요시 신사 중 가장 오래된 곳으로 알려져 있다. 1623년에 재건된 본전은 기존의 불교 건축물과 대조적인 직선형의 고대 신사 건축물의 흔적이 남아 있는데 이는 국가중요문화재로 지정돼 있다.

후쿠오카시 문화재로 지정된 노가쿠덴能楽殿은 1938년 세워진 목조건물로 궁중공연장을 모델로 만들어졌으며, 편백나무로 만들어진 무대 아래쪽에는 소리의 미세한 울림을 고려한 항아리가 비치돼 있다. 일본의 전통적인 공연장의 모습을 그대로 관람할 수 있다.

위치	**버스** 하카타역A 정류장에서 300번, 301번, 302번 버스 탑승. 스미요시 정류장 하차 후 길 건너 오른쪽으로 150m. **도보** JR 하카타역 하카타 출구로 나와 왼쪽의 스미요시거리를 따라 도보 9분.
주소	福岡市博多区住吉3-1-51
운영	09:00~17:00
전화	092-291-2670

라쿠스이엔 楽水園

메이지시대에 세워졌던 하카타 상인의 별장을 개조해 만든 곳으로 촘촘히 세워진 돌담 너머 고즈넉한 분위기의 아름다운 정원이 숨겨져 있다. 정원을 둘러싸고 있는 담은 '하카타 담'으로 불리는데 일본 전국시대에 하카타 마을을 재건하면서 구운 돌과 기와를 사용해 만든 것이라고 전해진다. 정원 내부에는 다양한 종류의 꽃과 나무가 가꿔져 있으며 봄에는 벚꽃, 여름에는 매화, 가을에는 단풍까지 계절에 따라 다양한 아름다움을 느낄 수 있다. 전통 다다미방에 앉아 일본식 진한 말차를 맛볼 수도 있다. 바쁜 여행의 중간 잠시 들러 자연이 주는 여유를 마음껏 누려 보자.

위치	**버스** 하카타역A 정류장에서 6번, 6-1번 버스 탑승, TVQ마에 정류장 하차. 버스 진행 방향 반대로 두 블록 이동 후 오른쪽 골목으로 진입. **도보** JR 하카타역 하카타 출구로 나와 왼쪽의 스미요시거리를 따라 도보 9분, 오른쪽의 고쿠테쓰거리를 따라 한 블록 이동 후 왼쪽 방향.
주소	福岡市博多区住吉2-10-7
운영	수~월요일 09:00~17:00 **휴무** 화요일(공휴일인 경우 그 다음 날), 12월 29일~1월 1일, 단 1월 2·3일 및 5월 4·5일은 개장
요금	말차 세트 500엔 **입장료** 성인 100엔, 15세 미만 50엔
전화	092-262-6665

도초지 東長寺

고보弘法 대사가 건립했으며 높이 10m
가 넘는 대형 불상이 모셔져 있다.
1988년부터 4년에 걸쳐 완성된 후쿠
오카 대불福岡大仏은 좌상으로는 일본
에서 가장 큰 불상으로 뒤편에는 무려
5,000개의 작은 사이즈 불상이 함께
모셔져 있다. 후쿠오카 대불 옆에는 지
옥을 표현한 지옥도와 함께 어둠의 지
옥을 직접 체험할 수 있는 지옥 · 극락
터널도 마련돼 있다. 한 그루의 나무를
통으로 조각해 만든 국보 천수관음보
살千手観音菩薩像 역시 도초지에서 빼놓
으면 안 되는 필수 볼거리.

위치 지하철 기온역 1번 출구에서
       도보 1분.
주소 福岡市博多区御供所町2-4
운영 후쿠오카 대불 개방 09:00~16:45
전화 092-291-4459

쇼후쿠지 聖福寺

가마쿠라 막부 시대에 들어오면서 크게 유행한 불교의 종파 중 하나인 선종禅
宗은 일본의 다양한 문화와 건축에 큰 영향을 끼치게 되는데 이곳 쇼후쿠지
는 1195년 세워진 일본 최초의 선종 사찰로 알려져 있다. 내부의 건물들은 비
교적 보존이 잘 되어 있으며 대부분 국가지정사적이다. 주변의 다른 사찰들
에 비해 규모가 크고 정원이 잘 가꿔져 있어 천천히 산책하며 둘러보기 좋다.

위치 지하철 기온역 1번 출구에서 나와
       쓰지노도거리를 따라 80m 이동
       후 좌회전, 길을 따라 220m 직진.
주소 福岡市博多区御供所町6-1
운영 08:00~17:00
전화 092-291-0775

> **Tip 사찰 관람**
> 기온역 주변으로 구시다 신사, 도
> 초지, 쇼후쿠지, 조텐지 등의 사찰
> 이 모여 있어 한꺼번에 둘러보는
> 것을 추천한다.

조텐지 承天寺

중국 송나라에서 우동과 소바, 만두 만드
는 법을 들여와 일본에 전파한 쇼이치 국
사聖一国師가 세운 사찰로 안쪽엔 우동 · 소
바의 발상지라는 기념 비석饂飩蕎麦発祥之地
の碑이 세워져 있다. 1241년 하카타에 역병
이 유행했을 때 쇼이치 국사가 직접 가마
에 타고 거리를 돌며 물을 뿌려 병을 물리
친 것에서 하카타기온야마카사가 시작되
었다는 전설이 있다. 화려하기보다는 고즈
넉한 분위기의 건물과 정원을 엿볼 수 있
지만 많은 볼거리가 있는 곳이 아니니 큰
기대는 하지 말자.

위치 지하철 기온역 4번 출구로 나와
       쓰지노도거리를 따라 200m
       이동 후 우회전.
주소 福岡市博多区博多駅前1-29-9
운영 08:30~16:30
전화 092-431-3570

후쿠오카 호빵맨 어린이 박물관 福岡アンパンマンこどもミュージアムinモール

아이들을 위한 귀여운 히어로 호빵맨과 식빵맨, 카레빵맨 등 귀여운 캐릭터들을 만날 수 있는 박물관이다. 시간대별로 캐릭터들이 직접 등장해 다양한 공연을 펼치기도 하고 호빵맨의 라이벌인 세균맨과 짤랑이가 등장해 함께 춤을 배워 보는 시간도 있다. 자세한 공연 시간과 프로그램은 공식 홈페이지에서 확인할 수 있다. 미끄럼틀이 있는 미니 놀이터 역시 마음껏 이용할 수 있다. 잼아저씨가 운영하는 빵 공장에서는 〈날아라 호빵맨〉의 주인공 모습을 한 맛있는 빵을 판매하기도 한다. 초등 저학년이나 미취학 아이들에게 추천한다.

위치	**버스** 하카타 버스터미널 1층에서 12번, 13번, 56번, 57번 버스 탑승. 가와바타마치 정류장 하차 후 길 건너편으로 이동. **지하철** 나카스카와바타역 6번 출구.
주소	福岡市博多区下川端町3-1 리바레인센터빌5·6F
운영	10:00~17:00
요금	2,000~2,200엔
전화	092-291-8855
홈피	www.fukuoka-anpanman.jp

후쿠오카 아시아 미술관 福岡アジア美術館

후쿠오카 도심, 하카타 리버레인 건물 내에 위치한 후쿠오카 아시아 미술관은 아시아 지역 22개국의 근현대 미술작품 2,800여 점을 소장하고 있다. 전 세계적으로 아시아 근현대 미술작품만을 한곳에 모아 전시해 둔 곳이 이곳이 유일하기에 더 의미가 있다. 수시로 아시아의 유명 예술가들을 초청해 특별전을 개최하며 다양한 방법으로 아시아의 미술 교류에 앞장서고 있다. 뮤지엄숍에서는 오리지널 굿즈는 물론이고 전시된 미술작품에 영감을 얻은 다양한 기념품 등을 구입할 수도 있다.

위치	**버스** 하카타 버스터미널 1층에서 12번, 13번, 56번, 57번 버스 탑승. 가와바타마치 정류장 하차 후 길 건너편으로 이동. **지하철** 나카스카와바타역 6번 출구.
주소	福岡市博多区下川端町3-1 리바레인센터빌7·8F
운영	일~화·목요일 09:30~18:00, 금·토요일 09:30~20:00 **휴무** 수요일(휴일인 경우 그 다음 날), 12월 26일~1월 1일
요금	무료 **아시아 갤러리** 성인 200엔, 고등·대학생 150엔, 중학생 이하 무료
전화	092-263-1100
홈피	faam.city.fukuoka.lg.jp

일본의 대표적인 보양식
모츠나베(もつ鍋)

한국에서는 흔하게 보기 힘든 맑은 국물의 곱창전골이다. 정확히는 소의 대창이 주재료이며 우엉, 부추, 양배추 등의 야채를 듬뿍 넣어 고소하며 담백한 맛을 자랑한다. 육수의 베이스에 따라 간장 혹은 된장, 닭 육수 중 선택이 가능하다. 짭조름한 맛이 강한 간장 육수보다는 구수한 맛의 된장 육수가 더 인기 있다.

모츠나베의 시작

일제 강점기에 탄광으로 끌려온 한국인들이 일본인들이 먹지 않고 버리던 곱창을 가져다 끓여 먹으면서 시작된 음식이다. 당시 곱창은 제대로 된 조리법 없이 그대로 버려지던 식재료였기에 저렴한 서민음식으로 인지도가 상승했다. 이후 채소와 각종 부재료를 더한 레시피들이 만들어지면서 일본의 향토음식으로 자리 잡게 되었다. 특히 후쿠오카 곳곳에 다양한 브랜드의 모츠나베 전문점들이 오픈해 영업 중이다.

모츠나베 맛있게 먹는 법

대부분의 음식점에서는 70~80% 조리가 된 상태로 제공된다. 한국의 곱창전골처럼 테이블에서 끓이면서 마지막까지 따뜻하게 먹을 수 있다. 부추와 두부, 양배추 등의 야채를 먼저 먹은 다음 대창을 먹는다. 너무 오래 끓이면 육수가 졸아 짜게 느껴질 수 있으니 중간에 불을 줄이거나 끄는 것이 좋다. 메인 재료를 먹고 난 다음엔 잘 우러난 육수에 하카타의 독특한 면인 짬뽕 면을 추가해 먹는 것을 추천한다. 마지막엔 밥을 넣어 죽을 만들어 먹는 것도 좋다.

하카타역 주변 모츠나베 맛집

하카타역 주변에는 모츠나베로 유명한 브랜드의 본점은 물론이고 지점들이 여러 곳 있어 선택의 폭이 넓다. 국물 요리 특성상 2인분 이상 주문해야 하는 곳들이 대부분이지만 1인분 주문이 가능한 곳도 있다.

1 하카타 모츠나베 오오야마 博多もつ鍋おおやま

하카타역 주변으로 무려 다섯 곳의 지점이 있는 모츠나베 전문점이다. 그중에서도 하카타역 내 하카타1번가 지점이 가장 인기가 많다. 바로 옆 킷테 하카타 지점을 방문하면 기다리는 시간을 줄일 수 있다. 1인분 주문도 가능하며 여러 가지 일품요리가 함께 포함된 코스 요리도 있다. 구글 맵을 통한 예약도 가능하다.

2 하카타 모츠나베 마에다야 博多もつ鍋前田屋

본점과 하카타점, 나카스점 등이 있으며 평일 점심 식사는 하카타점에서만 가능하다. 늘 기다란 줄이 늘어서 있는 나카스점은 예약이 불가능하니 사전 예약이 가능한 본점이나 하카타점 방문을 추천한다. 마에다야의 가장 큰 장점은 된장과 간장 육수의 모츠나베는 물론이고 매운맛의 모츠나베를 맛볼 수 있다는 것.

3 모츠나베 오오이시 스미요시점 もつ鍋おおいし住吉店

다다미방에 앉아 편하게 식사를 즐길 수 있으며 테이블마다 칸막이가 있는 것도 장점이다. 각종 야채는 물론이고 곱창도 추가로 주문할 수 있는데 기본 모츠나베에 대부분의 야채가 넉넉하게 들어가 굳이 추가하지 않아도 든든하게 즐길 수 있다. 양이 아쉽다면 곱창을 다 건져 먹은 국물에 면을 추가 주문해서 즐겨 보는 것을 추천한다. 워낙 인기가 많은 곳이라 미리 예약은 필수.

Food
1

텐진 호르몬 하카타역점 鉄板焼天神ホルモン博多駅店

커다란 철판을 중심으로 둘러앉아 숙련된 셰프가 구워 내는 곱창과 스테이크
를 즐길 수 있다. 맛은 물론이고 조리되는 과정을 보는 재미도 있다. 꼭 식사
시간이 아니라도 늘 기다란 줄을 서서 기다려야 하지만 음식을 먹어 보면 기
다린 시간이 하나도 아깝지 않은 진정한 맛집. 고기와 함께 제공되는 야채도
푸짐하며 정식을 주문하면 공깃밥과 장국이 무료로 제공되고 원하는 만큼 리
필 가능하다. 한국어 메뉴판이 있어 주문하기도 어렵지 않다. 가장 인기 있는
메뉴는 부챗살과 함께 곱창을 즐길 수 있는 믹스 호르몬 정식(1,980엔).

위치	JR 하카타역 지하 1층 하카타1번가 안.
주소	福岡市博多区博多駅中央街1-1 JR博多シティB1F 博多一番街
운영	11:00~22:00
요금	호르몬 정식 1,480엔~, 맥주 600엔~
전화	092-413-5129

Food
2

키와미야 하카타점 極味や博多店

질 좋은 소고기를 햄버거 패티 모양으로 빚어 겉면만 바삭하게 구운 색다른
스테이크 전문점. 텐진 파르코 백화점에서 큰 인기를 얻은 뒤 하카타 버스터
미널 1층에도 지점을 오픈했다. 고기의 양은 물론이고 고기를 굽는 방법(숯불
혹은 철판)까지 선택해 주문할 수 있는 것이 특징이다. 고기는 뜨겁게 달궈진
돌판과 함께 제공되는데 돌판을 이용해 직접 익힌 후 다양한 소스와 함께 즐
길 수 있다. 밥, 국, 샐러드와 아이스크림까지 포함된 세트 메뉴로 주문할 경
우 440엔이 추가된다.

위치	JR 하카타역 하카타 출구로 나와 오른쪽에 위치한 하카타 버스터미널 1층.
주소	福岡市博多区中央街2-1
운영	11:00~22:00
요금	S(120g) 1,078엔, M(150g) 1,298엔, L(200g) 1,738엔
전화	092-292-9295

타츠미 스시 たつみ寿司総本店

1980년 시작된 초밥 전문점이다. 일본 각지에서 신선한 제철 해산물을 공수해 제공하고 있으며 기본적인 초밥 외에 다양한 창작 초밥을 선보이며 마니아층을 확보하고 있다. 오전 11시부터 오후 2시까지 운영되는 런치 타임에는 샐러드와 디저트 그리고 아홉 가지 초밥이 코스로 제공되는 세트 메뉴를 합리적인 가격에 맛볼 수 있다. 초밥 장인이 정성껏 만들어 내는 모습을 눈앞에서 볼 수 있다는 것도 큰 장점이다. 이색적인 창작 초밥의 세계를 맛보고 싶은 여행자들에게 추천한다. 다소 부담스러운 가격의 저녁 시간보다는 점심시간을 공략하자. 전화 혹은 웹 사이트를 통해 예약할 수 있다.

위치	**지하철** 나카스카와바타역 7번 출구.
	버스 하카타 버스터미널에서 12번, 13번, 56번, 57번 버스 탑승. 도이마치 정류장 하차.
주소	福岡市博多区下川端町8-5
운영	화~일요일 11:00~22:00 **휴무** 월요일
요금	점심 코스 2,200엔~
전화	092-263-1661

요시즈카 우나기야 吉塚うなぎ屋

1873년 요시즈카 지역에서 처음 오픈한 150년이 넘는 전통을 가진 장어 전문점이다. 지금은 나카스 지역으로 이전했지만 처음에 지역명에서 따온 이름을 그대로 사용하고 있다. 질 좋고 살이 통통한 장어를 꼬치에 끼워 두드리면서 구워 내는데 장어를 두드리는 과정에서 장어 안의 지방이 나오며 장어가 바삭하게 구워지는 것이 특징. 여기에 특제 양념을 발라 마무리한다. 가격에 비해 양이 적은 편이지만 장어를 먹고 난 대부분의 사람들이 다시 이곳을 찾을 정도로 인상적인 맛을 선사한다. 장어와 함께 먹는 밥도 그야말로 꿀맛!

위치	**지하철** 구시다신사마에역 하차. 하카타강 건너편으로 도보 2분.
	도보 JR 하카타역 하카타 출구로 나와 하카타역앞거리를 따라 도보 14분.
주소	福岡市博多区中洲2-8-27
운영	목~화요일 10:30~21:00 **휴무** 수요일, 둘째·넷째 주 화요일
요금	우나기동(장어 덮밥) 2,150엔~
전화	092-271-0700

우동의 발상지 후쿠오카에서 즐기는
따끈한 한 그릇 **우동(うどん)**

일본을 대표하는 음식 중 하나인 우동. 호불호 없이 누구나 좋아하고 즐겨 먹는 일본 우동의 시작이 후쿠오카였다는 사실을 아는 사람은 흔치 않다. 후쿠오카를 통해 일본에 들어왔던 그 시작부터 우동의 다양한 종류, 후쿠오카에서 꼭 먹어 봐야 하는 우동까지. 일본 우동의 모든 것! 지금부터 고고씽!

우동의 시작

중국에서 처음 시작된 최초의 밀가루 면은 중국을 거쳐 일본으로 전해졌다. 과거 일본은 한국과 마찬가지로 벼농사를 지어 쌀밥을 주식으로 먹었으며 밀가루는 간장이나 된장 같은 장류를 만들 때만 사용했었다. 1241년 중국 송나라에서 유학을 마치고 일본 하카타로 돌아온 쇼이치 국사聖一国師가 수력으로 돌리는 제분기를 함께 들여왔는데 이때부터 일본에 우동, 소바 같은 면 요리가 급속도로 발전했다고 전해진다. 쇼이치 국사가 세운 사찰 조텐지承天寺에는 이를 기념하는 비석이 세워져 있다.

일본을 대표하는 우동

일본의 우동은 만드는 방법이나 면의 모양, 고명 등에 따라 지역별로 다양한 맛을 내며 발전해 왔다. 셀 수 없을 만큼 다양한 일본의 우동 중에서도 가장 유명한 우동은 우리에게도 익숙한 사누키우동さぬきうどん. 일본 사누키현(현재 가가와현)에서 탄생한 사누키우동은 당시 고급 식재료로 취급되던 간장과 멸치 육수를 이용해 만들어졌다. 굵고 쫄깃쫄깃한 식감의 면발은 반죽을 2시간 이상 숙성시켜 뽑아내는 것으로 유명하다.

1

우동의 다양한 종류

우리가 흔히 아는 우동은 따뜻한 국물이 담겨 나오는 것이지만 실제로 일본의 우동은 먹는 방식에 따라 다양한 종류로 구분된다. 같은 재료라도 차갑게 혹은 따뜻하게, 국물을 가득 담아 먹기도 하고 국물 없이 즐기기도 하는, 알고 먹어야 더 맛있는 일본 우동. 이제부터라도 제대로 즐겨 보자.

1 가케우동 かけうどん
우리가 흔히 알고 있는 뜨거운 국물을 넣어 먹는 우동이다. 위에 올라가는 고명에 따라 이름이 달라지며 다양한 맛으로 즐길 수 있다.

2 붓카케우동 ぶっかけうどん
우동 면발에 최소한의 국물만 뿌려 먹는 우동으로 여러 가지 고명을 올려 차갑게 혹은 따뜻하게 즐길 수 있다.

3 자루우동 ざるうどん
별다른 고명 없이 우동 면을 찬물에 씻어 쓰유에 찍어 먹는 우동으로 자루소바와 먹는 방법이 비슷하다.

4 야키우동 やきうどん
삶은 우동을 다양한 야채, 고기와 함께 볶아서 먹는 우동이다. 달콤 짭조름한 소스가 맛을 좌우한다.

후쿠오카의 우동

후쿠오카의 우동은 우리가 흔히 아는 사누키우동 면처럼 굵고 쫄깃쫄깃한 식감은 아니다. 조금 더 얇은 칼국수 느낌의 면을 사용해 부드러운 맛을 느낄 수 있는 것이 특징. 우동 위에 다양한 고명을 추가해 즐길 수 있는데 후쿠오카를 대표하는 우동은 우엉튀김을 얹은 **고보텐우동** ごぼう天うどん이다. 바삭한 우엉튀김은 그대로 먹는 것이 아니라 국물에 살짝 적셔 먹는 것이 포인트. 고보텐우동에 고기를 추가해 즐기는 **니쿠고보우동** 肉ごぼううどん도 추천.

우동 타이라 うどん平

후쿠오카에 있는 수많은 우동 전문점 중에서 현지인들에게 가장 인기 있는 곳으로 알려진 후쿠오카 우동의 최강자이다. 오랜 시간 운영하던 가게에서 하카타역 남쪽으로 자리를 옮겨 새롭게 오픈했음에도 불구하고 현지인들은 물론 관광객들에게도 인기가 많아 늘 긴 줄이 늘어서 있다. 다행스러운 건 주메뉴인 우동 특성상 회전율이 빠르고 가게가 넓어진 덕분에 예전보다 기다리는 시간이 줄었다. 한국어 메뉴판도 갖추고 있으며 가장 유명한 우동은 소고기와 우엉튀김이 토핑으로 올라간 니쿠고보우동이다. 고기가 빠진 고보텐우동도 추천 메뉴. 우동을 반 정도 먹은 뒤엔 테이블에 놓여 있는 매콤한 유즈코쇼우柚子こしょう를 첨가해 즐겨 보자. 유자와 고추의 알싸한 맛이 더해져 전혀 다른 국물 맛을 느낄 수 있다.

위치	**버스** 하카타역A 정류장에서 47번, 48번, 48-1번 버스 탑승. 스미요시4초메 정류장 하차.
	도보 JR 하카타역 하카타 출구로 나와 왼쪽의 스미요시거리를 따라 750m 이동 후 좌회전. 도보 12분.
주소	福岡市博多区住吉5-10-7
운영	월~토요일 11:15~15:00
	휴무 일요일
요금	고보텐우동 500엔, 니쿠고보우동 700엔, 유부초밥 200엔
전화	092-431-9703

다이치노 우동 大地のうどん

본점은 관광객들이 찾아가기 힘든 위치에 있어 현지인들에게만 인기를 끌다가 하카타역에 분점을 오픈하면서 관광객들에게도 큰 사랑을 받고 있다. 대표적인 메뉴는 우동 위에 엄청난 사이즈와 비주얼의 우엉튀김이 올라간 22번 고보텐우동과 국물이 없는 차가운 우동 위에 바삭한 새우, 야채 튀김을 올리고 농축된 소스를 조금씩 적셔 먹는 12번 가키아게붓카케かきあげぶっかけ. 입구에서 자판기를 이용해 주문해야 한다. 번호를 기억해 두고 주문하면 어렵지 않다. 주문 즉시 면을 만들어 제공하기 때문에 기다리는 시간이 조금 걸리긴 하지만 갓 뽑아 만든 우동 면발과 갓 튀긴 우엉튀김의 궁합은 환상적!

위치	JR 하카타역 하카타 출구로 나와 길 건너 선 플라자 지하 2층.
주소	福岡市博多区博多駅前2-1-1 福岡朝日ビルB2F
운영	10:20~15:30, 17:00~20:55
요금	고보텐우동 550엔, 가키아게붓카케 750엔
전화	092-431-1644

카로노 우롱 かろのうろん

1882년 오픈한 무려 140년이 넘는 역사를 가진 우동 전문점으로 우동의 하카타 방언인 '우롱うろん'을 가게 이름에 그대로 넣었다. 허름하기 짝이 없는 외관이지만 전통적인 맛을 꾸준히 이어 오고 있는 곳으로 관광객들보다 현지인들에게 큰 인기를 끌고 있다. 후쿠오카를 대표하는 고보텐우동부터 고기가 올라간 니쿠우동, 명란젓이 통으로 올라간 멘타이코우동 등 다양한 우동이 있는데 가장 인기 있는 메뉴는 고보텐우동. 구시다 신사 바로 옆에 있어 구시다 신사를 돌아보고 가볍게 들러 보는 것도 좋다. 실내에서의 사진 촬영은 엄격하게 금지돼 있으니 주의하도록 하자.

위치 **지하철** 구시다신사마에역 하차.
　　 도보 JR 하카타역 하카타 출구로
　　 나와 하카타역앞거리를 따라
　　 도보 10분 이동 후 고쿠타이도로를
　　 따라 오른쪽으로 50m.
주소 福岡市博多区上川端町2-1
운영 수~월요일 11:00~18:00
　　 휴무 화요일
요금 고보텐우동 650엔, 명란우동 950엔
전화 092-291-6465

에비스야 우동 えびすやうどん

2014년 일본 제일의 우동을 뽑는 대회인 U-1 그랑프리 대회에서 달콤 짭조름한 갈비를 얹은 갈비붓카케우동으로 준우승을 차지하면서 이름을 알리게 됐다. 달콤한 맛 덕분에 아이들과 함께 먹기도 좋고 갈비를 좋아하는 한국인의 입맛에도 아주 잘 맞는다. 갈비붓카케우동은 차갑게 혹은 따뜻하게 즐길 수 있는데 탱글탱글한 면발을 선호한다면 따뜻한 것, 쫄깃쫄깃한 면발을 선호한다면 차가운 것으로 선택하면 된다. 우동 외에도 돈가스 덮밥, 닭고기 덮밥 등 다양한 메뉴를 갖추고 있어 선택의 폭이 넓다.

위치 **버스** 하카타역A 정류장에서 6번,
　　 6-1번 버스 탑승. TVQ마에 정류장
　　 하차 후 왼쪽 골목으로 진입,
　　 우회전 후 다시 좌회전. 도보 3분.
　　 도보 JR 하카타역 하카타 출구로
　　 나와 하카타역앞거리를 따라
　　 510m 이동 후 커낼시티 하카타
　　 앞을 따라 좌회전 후 200m 직진.
　　 도보 10분.
주소 福岡市博多区住吉2-4-7
운영 목~화요일 11:30~18:00
　　 휴무 수요일
요금 갈비붓카케우동 860엔,
　　 돈가스 덮밥 770엔
전화 092-262-1165

포크 타마고 오니기리 Pork Tamago Onigiri

오키나와에서 처음 시작된 주먹밥 전문점이다. 화려한 재료보다는 집에서 직접 만든 것 같은 따뜻함을 전달한다는 신념으로 매일 아침 갓 지은 밥을 이용해 주먹밥을 만들어 낸다. 밥이 올라간 김을 반으로 접은 모양의 주먹밥 안에는 스팸, 달걀, 고기, 새우 등 다양한 재료가 들어간다. 가장 기본이 되는 메뉴는 폭신하게 구워 낸 달걀과 스팸이 들어간 포타마ポ－たま. 조금 더 특별한 맛을 원한다면 이곳 구시다 오모테산도점에서만 한정으로 판매하는 후쿠오카 명란을 넣은 하카타 멘타마博多めんたま를 추천한다. 오전 일찍 오픈하는 덕분에 조식 대신 먹기도 좋고 도시락처럼 주문해 간식으로 즐기는 것도 좋다.

위치 지하철 기온역 2번 출구로 나와 한 블록 이동 후 왼쪽 골목으로 100m 이동.
주소 福岡市博多区冷泉町3-15
운영 07:00~20:00
요금 오니기리 390엔~
전화 092-263-8300

신슈 소바 무라타 信州そばむらた

메밀로 유명한 나가노에서 재배한 무농약 메밀가루로 만든 소바 전문점으로 메밀 함유량에 따라 면을 선택해 주문할 수 있다. 매일 정해진 양만 만들어 예약을 하지 않으면 맛볼 수 없는 메밀 100%로 만든 주와리 소바는 메밀의 맛을 그대로 느낄 수 있어 인기 있는 메뉴이다. 기본 메뉴판은 일본어뿐이지만 무라타 추천 메뉴들을 묶어 놓은 한국어 메뉴판이 있어 어렵지 않게 주문할 수 있다. 바삭한 새우, 야채튀김과 소바가 세트로 구성된 새우튀김 소바 세트를 주문하면 실패 확률 제로. 닭고기 달걀 덮밥과 돈가스 덮밥도 훌륭한 맛을 자랑한다. 한국의 메밀 소바 쓰유와 다르게 쓰유 자체의 짠맛이 강하므로 소바 끝에 살짝 적셔 먹는 것이 포인트. 소바를 다 먹은 뒤 남은 쓰유에 따끈한 면수를 부어 먹는 것도 잊지 말자.

위치 지하철 기온역 2번 출구로 나와 왼쪽 골목으로 120m 직진, 우회전 후 좌회전. 도보 3분.
주소 福岡市博多区冷泉町2-9-1
운영 화~일요일 11:30~21:00 휴무 월요일
요금 소바 1,100엔~, 새우튀김 소바 세트 1,950엔~
전화 092-291-0894

Food
⑪
카와타로 나카스 본점 河太郎中洲本店

커다란 수조 안에서 헤엄치는 오징어를 주문 즉시 바로 잡아 회로 떠 주는 특별한 식당이다. 오징어의 원래 모양 그대로 몸통과 다리를 가져다주는데 몸통을 다 먹고 나면 다리는 튀김 혹은 구이 중에 원하는 스타일로 조리해 다시 즐길 수 있다. 점심시간엔 오징어 회와 오징어 만두, 밥과 국이 포함된 세트 메뉴를 즐길 수 있어 가능하다면 점심에 방문하는 것을 추천한다. 오징어는 g단위로 주문할 수 있는데 1인분은 대략 200g 정도. 워낙 사람이 많아 오픈 직전에 가거나 미리 예약하는 것이 좋다. 비교적 기다림이 적은 하카타역점을 방문하는 것도 추천한다.

위치	지하철 구시다신사마에역에서 하차 후 하카타강 건너편.
주소	福岡市博多区中洲1-6-6
운영	월~토요일 11:45~14:30, 17:30~22:00, 일요일 17:00~21:30
요금	**점심** 오징어 회 세트 3,850엔 **저녁** 오징어 회(100g) 2,200엔~
전화	092-271-2133

Food
⑫
명경지수 明鏡志水

밝은 거울과 정지된 물이라는 뜻을 가진 라멘 전문점으로 기름지고 자극적인 라멘이 아닌 깔끔하고 맑은 국물의 라멘을 맛볼 수 있는 곳이다. 일본의 유명 미쉐린 레스토랑에서 근무한 셰프가 직접 개발한 육수를 사용한 시오 라멘이 시그니처 메뉴이다. 가다랑어포, 다시마, 표고버섯 등의 재료들을 사용해 만든 명경지수만의 육수는 매일 먹어도 질리지 않는 담백한 맛을 자랑한다. 싱그러운 유자 향을 더한 퓨어 라멘, 차갑게 즐길 수 있는 명경지수 류크스 등 후쿠오카의 다른 라멘 전문점과는 차별화된 메뉴들이 다양하게 준비되어 있다. 다채로운 와인 리스트와 일본의 위스키도 함께 맛볼 수 있다.

위치	JR 하카타 시티 데이토스 지하 1층.
주소	福岡市博多区博多駅中央街1-1 博多デイトス地下1階
운영	08:00~21:30
요금	시오 라멘 1,250엔
전화	092-710-6377

이치란 하카타점 —蘭博多店

100% 돼지 뼈로 우린 육수를 사용하는 후쿠오카의 돈코쓰 라멘을 대표하는 식당이다. 규모도 크고 24시간 오픈하는 나카스 강변에 위치한 본점에 방문하는 것을 추천하지만, 본점 방문이 어려울 경우 하카타역과 가까운 하카타점을 이용하는 것도 좋은 선택. 자판기를 이용해 원하는 메뉴를 선택한 뒤 자리에 앉아 한국어 주문서를 요청한다. 맵기 조절, 파, 차슈, 마늘 등 추가 여부를 결정해 본인에게 맞는 맛을 선택해 주문할 수 있다. 느끼한 맛을 싫어한다면 파와 마늘을 듬뿍 추가해 즐겨 보자. 사물함이 따로 마련돼 있어 캐리어 보관도 가능하다.

위치 JR 하카타역 하카타 출구로 나와
　　 길 건너 후쿠오카센터빌딩
　　 지하 2층.
주소 福岡県福岡市博多区博多駅前
　　 2-2-1 福岡センタービルB2F
운영 09:00~22:00
요금 돈코쓰 라멘 980엔, 반숙 달걀 140엔
전화 092-473-0810

하카타 잇코샤라멘 본점 博多—幸舎総本店

진하다 못해 걸쭉한 돈코쓰 라멘의 진수를 맛볼 수 있는 곳이다. 냄새에 민감한 사람이라면 입구에서부터 풍기는 강한 돼지 육수 냄새에 혀를 내두르겠지만 변형되지 않은, 진짜 돈코쓰 라멘에 가까운 맛을 즐길 수 있으니 그 맛이 궁금한 여행자라면 도전해 보시길. 돈코쓰 라멘과 찰떡궁합인 교자, 거기에 든든하게 배를 채워 줄 덮밥까지 함께 즐길 수 있는 세트 메뉴를 추천한다 (1,200엔). 취향에 따라 테이블 위에 놓인 마늘과 생강, 후추 등을 자유롭게 추가할 수 있다. 최근엔 한국 TV프로그램에도 등장해 인기가 높아지고 있는데 냄새에 민감한 사람들에겐 추천하지 않는다.

위치 JR 하카타역 하카타 출구로 나와
　　 길 건너 왼쪽 방향으로 한 블록
　　 이동 후 우회전, 다시 좌회전 후
　　 우회전. 도보 4분.
주소 福岡市博多区博多駅前3-23-12
　　 光和ビル1F
운영 월~토요일 11:00~22:30,
　　 일요일 11:00~21:00
요금 돈코쓰 라멘 950엔~, 교자 400엔
전화 092-432-1190

우치노 타마고 うちのたまご

후쿠오카현에서 생산되는 고품질의 달걀과 함께 따뜻한 밥을 즐길 수 있는 곳이다. 별다른 반찬 없이 밥 위에 달걀을 올려 비벼 먹는 것이 전부인 메뉴지만 합리적인 가격으로 든든한 한 끼를 즐길 수 있어 인기. 이른 아침부터 오픈하는 덕분에 아침 식사를 하러 오는 현지인들이 많은 편인데 오전 8시부터 11시까지는 밥과 국, 신선한 달걀이 포함된 아침 식사를 550엔으로 즐길 수 있다. 날달걀은 비릴 것 같다는 편견은 그만! 따끈한 밥 위에 날달걀을 올리고 우치노 타마고 특제 간장에 비벼 먹으면 어린 시절 맛보았던 추억의 달걀간장밥의 맛을 그대로 느낄 수 있다.

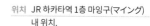

위치	JR 하카타역 1층 마잉구(マイング) 내 위치.
주소	福岡市博多区博多駅中央街1-1 マイング博多
운영	08:00~21:00
요금	달걀간장밥 650엔
전화	092-432-3562

하카타 기온 테츠나베 博多祇園鉄なべ

30여 년 전 하카타의 한 포장마차에서 처음 탄생한 테츠나베는 잘 달궈진 철판 위에 구운 만두를 올려 마지막까지 따뜻하게 즐길 수 있는 것이 가장 큰 특징이다. 만두소는 물론이고 만두피 반죽까지 직접 매장에서 수작업으로 만드는데, 당일 들어온 재료만을 이용해 만들고 재료가 소진되면 마감 시간보다 일찍 문을 닫기도 한다. 바삭한 만두피를 한입 베어 물면 입 안 가득 육즙이 퍼지는데 바삭하고 부드러운 식감을 동시에 느낄 수 있다. 늦은 밤 맥주 한잔과 함께 가볍게 즐기기 좋다.

위치	지하철 기온역 5번 출구에서 나와 첫 번째 골목에서 우회전 후 길 끝에서 좌회전. 도보 3분.
주소	福岡市博多区祇園町2-20
운영	월~토요일 17:00~22:30 휴무 일요일, 공휴일
요금	테츠나베 교자(8개) 550엔
전화	092-291-0890

Food
⑰

렉 커피 하카타 마루이점 REC COFFEE 博多マルイ店

일본 최고의 바리스타를 뽑는 일본 바리스타 챔피언십에서 2년 연속 우승한 바리스타가 만들어 내는 커피를 맛볼 수 있는 곳. '씨앗에서 컵까지'라는 슬로건으로 특별한 교육을 받은 바리스타들만을 고용해 최상의 커피를 만들어 내는 것으로 유명하다. 손님의 취향에 맞는 다양한 원두를 이용한 핸드 드립 커피는 물론이고 에스프레소 머신으로 추출한 커피도 맛볼 수 있다. 야쿠인 지역의 본점이 유명하긴 하지만 시간 여유가 없는 여행자라면 마루이점을 방문해 보는 것을 추천한다. 마루이점에서는 커다란 창을 통해 하카타역 주변의 전망을 바라보며 커피를 즐길 수 있는 것이 장점이다.

위치 JR 하카타 시티와 연결된
　　 하카타 마루이 6층.
주소 福岡市博多区博多駅中央街9-1
　　 博多マルイ6F
운영 10:00~21:00
요금 커피 540엔~
전화 092-577-1766

Food
⑱

우에시마 커피 아뮤 에스토점 上島珈琲店アミュエスト店

기존의 다른 커피들과 다르게 한 번 추출한 커피를 새로운 원두에 또 한 번 추출하는 더블 넬 드립 방식을 이용해 만들어 내는 커피로 커피 애호가들에게 큰 사랑을 받고 있는 곳이다. 덕분에 우유나 설탕을 넣어도 커피의 진한 맛을 제대로 느낄 수 있는 것이 큰 특징이다. 가장 유명한 메뉴는 오키나와 흑설탕을 넣은 흑당 밀크커피. 달콤하고 부드러운 맛은 물론이고 진한 커피 맛도 함께 느낄 수 있어 달콤한 커피를 싫어하는 여행자도 맛있게 즐길 수 있다. 아이스 메뉴를 주문하면 구리로 만든 머그컵에 담아 주는데 덕분에 마지막 한 모금까지 시원하게 즐길 수 있다. 말차 빙수, 코코넛 밀크커피 등 기간에 따라 다양한 한정 음료를 출시하기도 한다.

위치 JR 하카타 시티 아뮤 에스토 1층.
주소 福岡市博多区博多駅中央街1-1
　　 アミュエスト1F
운영 07:00~23:00
요금 흑당 밀크커피 620엔
전화 092-461-0110

푸글렌 후쿠오카 FUGLEN FUKUOKA

오슬로에서 시작된 커피 브랜드로 북유럽 고유의 분위기를 가진 카페이다. 최근 도쿄 아사쿠사점에 이어 일본에서 두 번째로 큰 매장인 후쿠오카 지점을 오픈했다. 일본의 다른 커피들과 푸글렌 커피의 가장 큰 차별점은 북유럽 스타일의 라이트 로스팅 원두에 있다. 커피 원두 고유의 풍미를 해치지 않도록 가볍게 로스팅하여 커피 본연의 산미와 부드러운 보디감을 느낄 수 있다. 드립 커피를 주문할 경우 원두를 직접 선택할 수 있으며 오늘의 커피 메뉴도 갖추었다. 다크 로스팅에 익숙해진 사람들은 산미가 강한 푸글렌 커피에 적응하기 힘들 수도 있다. 그럴 때는 우유가 들어간 라테 메뉴를 추천한다.

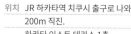

위치 JR 하카타역 치쿠시 출구로 나와
      200m 직진.
      하카타 이스트 테라스 1층.
주소 福岡市博多区博多駅東 1-18-33
      博多イーストテラス1F
운영 월~목요일 08:00~20:00,
      금~일요일 08:00~22:00
요금 커피 410엔~
전화 092-292-9155

훅 커피 Fuk Coffee

공항을 콘셉트로 만들어진 커피 전문점으로 후쿠오카공항의 IATA 코드인 FUK와 같은 이름을 가지고 있다. 중앙에는 커피 바가 있고 벽을 따라 테이블이 놓여 있다. 공항에서 출국할 때 수하물에 붙이는 태그와 같은 디자인의 다양한 굿즈가 있어 구경하는 재미도 있다. 가장 인기 있는 메뉴는 카페 라테로 뜨거운 라테를 주문할 경우 비행기 모양의 라테 아트를 추가할 수 있다. 추가 요금은 20엔. 커피의 맛이 특별하게 뛰어나진 않지만 후쿠오카 여행을 추억할 수 있는 인증 사진을 남기기 좋은 곳이다. 한국 사람들에게 특히 인기가 많으며 늘 기다란 줄이 늘어서 있다. 커피를 테이크아웃할 경우 대기 줄에 서 있을 필요 없이 바로 주문할 수 있다.

위치 지하철 구시다신사마에역 하차.
      도보 JR 하카타역 하카타 출구로 나와
      하카타역앞거리를 따라 도보 9분.
주소 福岡市博多区祇園町6-22
운영 08:00~20:00
요금 커피 450엔~
전화 092-281-7300

아사히켄 역전본점 旭軒駅前本店

늦은 오후 가볍게 맥주 한잔 즐기고 싶어 하는 현지인들이 주로 찾는 곳이다. 후쿠오카의 명물 중 하나인 작은 사이즈의 히토구치 교자(한입교자)가 주메뉴인데 물에 삶아 익힌 스이교자, 바삭하게 구워 낸 야키교자 둘 다 인기 메뉴. 닭 날개를 짭조름한 양념에 구워 내는 데바사키 역시 아사히켄에서 꼭 주문해야 하는 메뉴다. 처음 맛보면 따뜻하기는커녕 차갑게 식어 버려 이게 무슨 맛인가 싶겠지만 먹으면 먹을수록 자꾸 손이 가게 되는 것이 이곳 데바사키의 매력. 게다가 한 개에 100엔이라는 저렴한 가격은 계속해서 추가 주문하게 하는 또 하나의 이유다.

위치	JR 하카타역 하카타 출구에서 나와 후쿠오카센터빌딩을 바라보고 빌딩 오른쪽 길로 직진 후 두 번째 골목에서 오른쪽 길로 진입. 도보 3분.
주소	福岡市博多区博多駅前2-15-22
운영	월~토요일 15:00~23:30 **휴무** 일요일
요금	교자(10개) 380엔, 데바사키 100엔, 맥주 490엔
전화	092-451-7896

하카타 토리카와 다이진 博多とりかわ大臣

후쿠오카의 하카타 토리카와는 일본 다른 지역과 달리 닭의 여러 부위 중 목 부분의 껍질만을 사용한다. 기다란 꼬치에 나사 모양으로 돌돌 말아 특제 소스에 담갔다가 굽는 과정을 여러 번 반복한다. 자연스럽게 기름이 쫙 빠져 겉은 바삭하고 속은 부드럽다. 하카타 토리카와 다이진은 후쿠오카에만 일곱 개의 지점을 운영할 정도로 인기 있는 곳이다. 특히 킷테 지하에 위치한 지점은 현지인들은 물론 관광객들도 많이 찾는다. 특제 소스로 맛을 낸 오리지널 토리카와도 훌륭하지만 소금 맛 토리카와 역시 꼭 먹어 봐야 하는 메뉴이다. 카운터석에 앉으면 실시간으로 구워지는 다양한 꼬치 요리를 보는 즐거움도 있다. 한국어 메뉴판이 있어 주문하기도 어렵지 않다.

위치	JR 하카타역과 연결된 킷테 하카타 지하 1층.
주소	福岡市博多区博多駅中央街9-1 KITTE博多B1F
운영	11:00~23:30
요금	토리카와 153엔
전화	092-260-6360

❸

교자야 니노니 餃子屋弐ノ弐

저렴한 가격의 부담 없는 술집으로 관광객보다 현지인들에게 큰 인기를 끌고 있는 만두 체인점이다. 가게 이름처럼 구운 만두가 가장 인기 있는 메뉴로 1인분을 주문하면 일곱 개의 만두가 나온다. 메뉴판을 열면 먹음직스러운 사진과 함께 한국어 표기가 되어 있는 수많은 메뉴가 있다. 거의 모든 메뉴가 700엔이 넘지 않아 부담 없이 여러 가지 음식을 맛볼 수 있다. 다양한 만두와 마파두부, 치킨 등이 포함된 코스 요리도 있다. 오픈 시간부터 오후 6시 30분까지는 해피아워로 니노니의 시그니처 군만두를 원래 가격의 절반인 137엔에 주문 가능하다. 맥주와 하이볼 역시 299엔으로 할인 프로모션을 진행한다. 보다 저렴한 가격으로 니노니의 교자를 맛보고 싶다면 오픈 시간을 공략하자.

위치 지하철 구시다신사마에역 하차.
주소 福岡市博多区上川端町5-108
운영 월~목요일 17:00~23:00,
　　　금요일 17:00~23:30,
　　　토요일 16:00~23:30,
　　　일요일 16:00~23:00
요금 만두 275엔
전화 092-272-0522

❹

니와카야 쵸스케 JRJP하카타빌딩점 二○加屋長介 JRJP博多ビル店

다양한 안주와 함께 가볍게 술을 즐길 수 있는 선술집(이자카야)이면서 우동 전문점보다 더 맛있고 특별한 우동을 판매하는 곳으로 유명한 우동 선술집. 야쿠인 지역에 있는 본점이 큰 인기를 끌면서 하카타역 근처에 분점을 오픈했다. 늦은 밤 다양한 종류의 안주와 함께 가볍게 술을 즐기러 오는 직장인들이 주를 이루는데 이곳에 오면 아무리 배가 부르더라도 꼭 주문하는 메뉴가 바로 우동이다. 가장 인기 있는 우동은 상큼한 영귤이 듬뿍 들어간 스다치카케 우동すだちかけうどん. 점심시간 한정으로 판매하는 니쿠고보우동 세트肉ゴボウ うどんセット도 추천한다.

위치 JR 하카타역 하카타 출구로 나와
　　　왼쪽으로 도보 3분.
　　　JRJP하카타빌딩 지하 1층.
주소 福岡市博多区中央街8-1
　　　JRJP博多ビルB1F
운영 11:00~24:00
요금 우동 550엔~, 운젠햄카스 693엔
전화 092-409-0302

여행자의 밤을 책임지는 특별한 즐거움
포장마차 야타이(やたい)

하루 종일 뜨겁게 내리쬐던 태양이 그 역할을 다 하면 텅 비어 있던 거리에 알록달록한 포장마차들이 순식간에 들어선다. 여행객들에게 가장 많이 알려진 나카스 강변을 비롯해 텐진 다이마루 백화점 주변, 그리고 현지인들이 주로 찾는 나가하마 수산시장 주변까지. 약 150여 개의 포장마차가 자리를 잡고 손님들을 기다린다. 말은 통하지 않아도 맛있는 안주와 함께 한잔 걸치고 나면 모두 다 친구처럼 흥이 나는 곳. 특별한 후쿠오카 여행의 추억을 만들고 싶다면 후쿠오카의 진정한 명물 야타이로 발걸음을 옮겨 보자. 하나부터 열까지 알아보는 야타이 이용에 대한 모든 것 지금부터 출발!

일본어를 못해도 걱정은 NO

한국어 메뉴판은커녕 영어 메뉴판도 제대로 갖춰져 있지 않은 곳들이 대부분이라 아무 곳이나 들어가도 되는 건가 걱정스럽겠지만 사실 일본어를 전혀 하지 못해도 야타이를 즐기는 것에는 어려움이 없다.

언제 가야 할까?

오픈 시간이 정해져 있는 것이 아니다. 해가 질 무렵 대략 6~7시 정도면 하나둘 오픈하기 시작해 새벽까지 이어진다. 가게마다 메인 재료들이 눈에 보이도록 꺼내 놓은 곳들이 많으니 먹고 싶은 메뉴가 보이면 주저하지 말고 들어가보자. 손님들이 많은 곳을 찾아 들어가는 것도 추천!

> **Tip**
> 이용 꿀팁!
> 1 야타이는 그야말로 길거리에 놓여 있는 포장마차다. 당연히 화장실이 갖춰져 있지 않으니 가까운 공중 화장실을 먼저 다녀오는 것이 순서.
> 2 메뉴판이 아예 없는 곳보다는 알아볼 수 없는 일본어로 쓰여 있더라도 메뉴판이 붙어 있는 가게를 선택하는 것이 나중에 계산서를 확인할 때 조금 더 편리하다.

어디로 가야 할까?

1 나카스 야타이

후쿠오카 야타이 하면 가장 많은 사람들이 떠올리는 곳으로 커낼시티 하카타 근처 나카스 강변을 따라 이어진다. 직장에서 퇴근하고 찾은 현지인들은 물론 관광객들에게도 가장 유명한 곳이다. 워낙 많은 관광객들이 찾는 곳이라 영어 혹은 한국어 메뉴판을 갖춘 곳들도 종종 있다. 가격은 나머지 두 곳에 비해 비싼 편이다.

2 텐진 야타이

텐진역 주변의 큰 길가에서 찾을 수 있으며 나카스 야타이보다 큰 규모는 아니다. 근처 회사를 다니는 직장인들이 주를 이루며 밤 9시 정도부터 가장 북적거린다. 관광객들이 많이 없는 편이라 현지인들과 자연스럽게 어울리며 즐길 수 있다.

3 나가하마 야타이

관광객은 거의 없고 현지인들이 가득한 곳이다. 나가하마 수산시장 근처에 위치하고 있어 이동이 불편한 것이 가장 큰 단점.

안주보단 술이 먼저!

자리에 앉으면 일단 술을 먼저 주문하는 것이 순서. 사케와 맥주를 주문하는 사람들이 대부분이지만 위스키에 탄산수를 넣어 만든 하이볼을 먹어 보는 것도 추천한다. 술을 잘 하지 못하는 여행자라면 과일로 맛을 낸 추하이 혹은 매실주를 추천.

어떤 걸 주문할까?

포장마차라고 해서 안주 가격이 저렴할 거라는 생각은 접어 두자. 메뉴 하나당 가격도 생각보다 비싼 편이고 양도 그리 넉넉하지 않으니 1인당 한 개 정도의 메뉴만 주문해 가볍게 먹는 것이 좋다. 야타이는 저녁 식사를 즐기는 곳이 아니라 식사 후 가볍게 술을 즐기는 곳이니 말이다.

야타이 추천 메뉴

가장 많이 주문하는 메뉴는 숯불에 구워 내는 야키토리, 진한 국물의 돈코쓰 라멘, 다양한 종류의 어묵 등이다. 야타이별로 특화된 메뉴들이 있긴 하지만 기본적인 음식들은 거의 비슷하게 제공되니 원하는 메뉴의 일본어를 미리 체크해 주문하는 것을 추천한다. 옆 테이블에서 먹는 메뉴가 유난히 맛있게 보인다면 손가락으로 가리켜 주문하는 방법도 OK!

1 야키토리やきとり 닭의 다양한 부위를 꼬치에 끼워 구운 꼬치구이
2 데바사키てばさき 닭 날개 부위를 구운 요리
3 다마고야키たまごやき 일본식 계란말이
4 교자餃子 바삭하게 구운 일본식 군만두
5 멘타이코야키明太子焼き 구운 명란

하카타 한큐백화점 博多阪急

JR 하카타역과 연결돼 있어 접근이 쉽고 지하 1층부터 지상 8층까지 다양한 브랜드와 레스토랑이 입점돼 있다. 워낙 규모가 크고 브랜드들이 가득하니 미리 홈페이지 혹은 인포메이션 센터를 찾아 원하는 브랜드를 체크한 빠르게 둘러보는 것을 추천한다. 3층에 위치한 하카타 시스터즈는 최신 트렌드의 의류와 신발, 패션 소품들을 한곳에 모아 둔 매장으로 일본의 젊은 여성들에게 큰 인기를 끌고 있다.

위치 JR 하카타역과 연결.
주소 福岡市博多区博多駅中央街1-1
운영 10:00~20:00(점포별 상이)
전화 092-461-1381
홈피 www.hankyu-dept.co.jp/hakata

Tip 할인 쿠폰
본격적인 쇼핑 시작 전 1층에 위치한 인포메이션 센터에 여권을 제시하면 5% 할인 가능한 쿠폰을 받을 수 있다 (일부 점포 제외).

More & More 하카타 한큐백화점 엿보기

유명 브랜드 손수건이 1,100엔부터!
1층 중앙에서는 지방시, 버버리, 비비안웨스트우드, 랑방, 훌라 등 다양한 명품 브랜드의 손수건을 세금 포함 1,100엔이라는 합리적인 가격에 구입 가능하다. 포장 서비스도 가능해 선물용으로 강추! 외국인 전용 5% 할인 쿠폰을 제시하는 것도 잊지 말자.

지하 식품관
규슈 각 지역의 다양한 명물은 물론이고 일본을 대표하는 먹거리들을 한곳에서 만날 수 있다. 선물하기 좋은 명과 히요코, 하카타 토리몬 등의 후쿠오카 명물 과자까지도 대부분 입점돼 있다. 마감 시간이 가까워져 오는 오후 7시부터는 당일 만든 신선한 먹거리들을 할인하기 시작하는데 이때를 공략하면 저렴한 가격에 다양한 먹거리를 구입할 수 있다.

TAX REFUND
세금을 제외하고 5,000엔 이상 구입한 경우 M3층에 마련된 택스 리펀 카운터에서 지불한 세금을 현금으로 돌려받을 수 있다. 당일 영수증에 한하며 1.55%의 수수료를 제외한 8.45%가 환급된다. 여권은 필수. 운영시간 12:00~20:00

다이소 하카타 ダイソー博多バスターミナル店

하카타 버스터미널 5층에 자리 잡은 100엔숍 매장으로 무려 1,000평 가까이 되는 공간 가득 110엔짜리 물건으로만 가득 차 있는 그야말로 쇼핑천국이다. 편하게 쓰기 좋은 그릇과 생활용품, 화장품, 문구류, 장난감, 먹거리에 인테리어용품까지! 이게 과연 110엔이 맞는 건가 의심스럽겠지만 별다른 가격 표시가 없는 것들은 모두 세금 포함 110엔에 구입할 수 있는 것들이다. 워낙 규모가 큰 매장이라 고민하고 망설이며 지나쳤다가는 다시 그 제품을 찾기조차 어려울 수 있으니 살지 말지 고민된다면 일단 바구니에 담아 두도록. 계산하기 직전에 충분히 덜어 낼 수 있으니 말이다. 부담 없는 가격 덕분에 장바구니 하나 가득 아무리 쓸어 담아도 3,000엔을 넘지 않으니 쇼핑에 목마른 여행자라면 다이소로 고고씽!

위치 JR 하카타역 하카타 출구로 나와 오른쪽에 위치한 하카타 버스터미널 5층.
주소 福岡市博多区中央街2-1
운영 09:00~21:00
전화 080-4123-9897

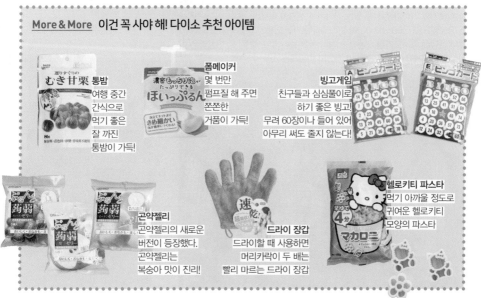

More & More **이건 꼭 사야 해! 다이소 추천 아이템**

むき甘栗 통밤
여행 중간 간식으로 먹기 좋은 잘 까진 통밤이 가득!

폼메이커
ほいっぷるん
몇 번만 펌프질 해 주면 쫀쫀한 거품이 가득!

빙고게임
친구들과 심심풀이로 하기 좋은 빙고 무려 60장이나 들어 있어 아무리 써도 줄지 않는다!

곤약젤리
곤약젤리의 새로운 버전이 등장했다. 곤약젤리는 복숭아 맛이 진리!

드라이 장갑
드라이할 때 사용하면 머리카락이 두 배는 빨리 마르는 드라이 장갑

헬로키티 파스타
먹기 아까울 정도로 귀여운 헬로키티 모양의 파스타

113

돈키호테 나카스점 ドン・キホーテ中洲店

후쿠오카에 온 여행자라면 한 번쯤은 꼭 들르게 되는 곳으로 기념품은 물론이고 다양한 먹거리와 화장품까지 없는 것이 없는 만물상 같은 느낌이다. 관광객들에게 인기 있는 아이템들을 한곳에 모아 두어 한눈에 보고 구입할 수 있으며 24시간 오픈하는 덕분에 시간에 구애받지 않고 언제든지 쇼핑을 즐길 수 있는 것이 가장 큰 장점. 모든 아이템들이 다 최저가는 아니지만 할인 프로모션을 자주 하는 편이라 가격도 저렴한 편이다. 워낙 사람이 많이 몰리는 곳이라 계산대는 물론이고 택스 리펀 카운터에서만 1시간 이상 기다려야 할 수도 있으니 새벽이나 이른 오전 시간을 공략하는 것도 좋은 방법이다.

위치 지하철 나카스카와바타역 4번 출구.
주소 福岡市博多区中洲3-7-24
운영 24시간
전화 057-0047-311

가와바타 상점가 川端商店街

후쿠오카에서 가장 오랜 역사를 가진 쇼핑 거리로 나카스카와바타역에서 커낼시티 하카타를 잇는 약 400m 정도의 거리다. 길을 따라 레스토랑과 상점이 늘어서 있으며 아케이드 구조로 되어 있어 날씨에 상관없이 자유롭게 쇼핑과 식도락 여행을 즐길 수 있는 것이 장점. 하카타기온야마카사에서 사용하는 커다란 크기의 가마가 전시돼 있는 가와바타 젠자이 히로바川端ぜんざい広場에서는 금~일요일(11:00~18:00)에 한해 후쿠오카의 명물인 단팥죽을 맛볼 수 있으니 주말에 후쿠오카를 찾는다면 잠시 들러 보는 것도 좋을 듯. 단팥죽은 인기가 많아 금세 마감되는 편이니 서둘러 방문하는 것을 추천한다.

위치 지하철 나카스카와바타역 5번
      출구에서 연결된 약 400m의 거리.
주소 福岡市博多区上川端町6-135
운영 10:00~21:00(점포별 상이)

> **Tip 가와바타 상점가 즐기기**
> 1. 주변으로 대형 쇼핑몰들이 대거 오픈하면서 이제는 예전과 같은 인파나 볼거리는 없지만 고즈넉한 분위기의 쇼핑 거리를 가볍게 산책하는 느낌으로 즐겨 보자.
> 2. 가와바타 상점가 내 가와바타 젠자이 히로바에는 하카타기온야마카사 축제에 쓰이는 커다란 사이즈의 가마가 전시돼 있다. 하카타기온야마카사 축제 기간인 7월 1일~15일에는 이 가마를 짊어지고 질주하는 특별한 풍경을 만날 수 있다.

⑤

킷테 하카타 KITTE 博多

JR 하카타역과 연결되어 있는 쇼핑몰로 트
렌디한 숍들과 레스토랑을 갖추고 있어 일
본의 젊은 층들에게 인기가 높다. 지하 1층
과 9층, 10층에는 후쿠오카에서 큰 사랑을
받고 있는 유명 레스토랑의 분점들이 대거
입점돼 있으니 하카타역 주변에서 뭘 먹어
야 할지 고민되는 여행자라면 일단 킷테 하
카타로 향해 보자.
1층부터 7층엔 하카타 마루이 백화점이 자리
잡고 있는데 합리적인 가격의 중저가 브랜
드들을 한곳에서 만날 수 있다.

위치 JR 하카타역과 연결.
주소 福岡市博多区博多駅中央街9-1
운영 10:00~21:00, 지하 1층 07:00~24:00,
      9·10층 11:00~23:00
전화 092-292-1263
홈피 kitte-hakata.jp

⑥

요도바시 카메라 멀티미디어 하카타 ヨドバシカメラマルチメディア博多

스마트폰, 컴퓨터, 게임기 등의 가전용품을 판매하는 규슈 최대 규모의 쇼핑
몰로 일본 브랜드의 카메라, 게임기 등을 저렴하게 구입할 수 있는 곳이다. 특
히 비교적 고가의 DSLR이나 카메라 렌즈의 경우 한국 가격보다 10~20% 정
도 저렴하게 구입 가능하다. 하지만 일본에서 구입한 제품의 경우 한국의 정
식 AS매장에서 서비스를 받을 수 없는 경우가 있으니 신중하게 구입하도록
하자. 3층에는 후쿠오카 캠핑용품의 성지라고 할 수 있을 정도로 여러 가지
캠핑 전문 브랜드가 입점해 있다. 한국에선 품절인 제품들은 물론이고 가격
도 저렴해 평소 캠핑에 관심 있는 여행자라면 잊지 말고 방문해 보는 것을 추
천한다. 원하는 제품이 있다면 공식 홈페이지에서 미리 주문 후 매장에서 수
령하는 것도 가능하다.

위치 JR 하카타역 치쿠시 출구로 나와
      오른쪽으로 도보 4분.
주소 福岡市博多区博多駅中央街6-12
운영 09:30~22:00
전화 092-471-1010
홈피 www.yodobashi.com/ec/
      store/0088/index.html

건담 마니아들의 성지
라라포트 후쿠오카(ららぽーと福岡)

후쿠오카 하카타역에서 버스로 약 20여 분 떨어진 곳에 오픈한 신상 쇼핑몰이
다. 자라, 타미힐피거, GU, 유니클로 등 중저가 브랜드들이 주로 모여 있으며
아카짱 혼포, 무지 무인양품, 다이소 등의 생활용품을 판매하는 매장들도 있
다. 후쿠오카 여행의 중심이라고 할 수 있는 하카타, 텐진역과는 조금 떨어진
위치라 한적하고 여유로운 쇼핑을 즐길 수 있다.

위치 **버스** 하카타역C 정류장에서 46L번 버스 탑승 후 라라포트후쿠오카역 하차.
　　　　또는 하카타 버스터미널 1층에서 44번, 45번 버스 탑승 후 나카5초메역 하차.
주소 福岡市博多区那珂6-23-1
운영 10:00~21:00
　　　레스토랑 11:00~22:00
홈피 mitsui-shopping-park.com/lalaport/fukuoka

실물 사이즈의 RX-93ff V건담

라라포트 후쿠오카는 쇼핑이나 레스토랑 방문을 목적으로 오는 관광객보다는 실물 사이즈의
건담을 관람하기 위해 방문하는 사람들이 더 많다. 라라포트 후쿠오카 입구 포레스트 파크에
세워진 건담은 1988년 공개된 시리즈 최초 오리지널 극장판에 등장하는 RX-93ff V건담 모
델이다. 매일 오전 10시부터 오후 6시까지 매시 정각에 건담이 움직이는 퍼포먼스를
볼 수 있으며 오후 7시부터 오후 9시까지 30분 간격으로 건물 벽면을 따라
건담 애니메이션이 상영된다. 공연 시간은 조금씩 달라질 수 있으
니 자세한 내용은 홈페이지에서 확인하자.

라라포트 후쿠오카 추천 상점

1 무지 MUJI(無印良品)

한국에도 지점이 많지만 일본 브랜드인 만큼 일본 매장에 훨씬 더 다양한 상품이 있다. 물론 가격도 더 저렴하다. 특히 라라포트 후쿠오카 지점은 규모가 큰 편이라 의류는 물론이고 생활 잡화, 식품까지 무지 무인양품의 대표적인 상품들을 모두 구입할 수 있다.

위치 1층.
운영 10:00~21:00
전화 092-558-6281

2 쓰리 코인즈 플러스 3COINS+plus

당신의 작은 행복을 도와주는 잡화점이라는 콘셉트로 운영되고 있는 곳이다. 100엔숍의 고급 버전으로 진열된 대부분의 상품을 300엔으로 구입할 수 있다. 베이직한 생활 잡화부터 다양한 인테리어 소품과 아이디어 상품 등이 주를 이룬다. 덕분에 구경하는 즐거움도 있다.

위치 1층.
운영 10:00~21:00
전화 092-707-8882

3 무라사키 스포츠 MURASAKI SPORTS

1973년에 시작된 일본 최대 규모의 스포츠 편집숍이다. 스노보드, 서핑, 스케이트보드 등 액션 스포츠와 관련된 장비와 의류를 구입할 수 있으며 최신 트렌드의 일본 스트리트 패션을 엿볼 수 있는 곳이기도 하다.

위치 3층.
운영 10:00~21:00
전화 092-710-3411

라라포트 후쿠오카 추천 맛집

1 팡 패티 PainPati

도쿄에 본점을 두고 있는 베이커리로 시간대별로 다채로운 빵을 구워 낸다. 가장 인기 있는 빵은 레드 와인으로 끓여 낸 소고기가 들어간 스테이크 카레빵과 커스터드 크림이 듬뿍 들어간 크림빵이다. 야키소바를 넣은 샌드위치도 추천한다.

위치 1층.　　　　운영 10:00~21:00
전화 092-558-1226

2 그랜드 다이닝 GRAND DINING

3층에 있는 대형 푸드코트로 라멘, 덴동, 스테이크, 다코야키 등 여러 가지 음식들을 한곳에서 맛볼 수 있다. 그 중에서도 도쿄의 유명한 덴동 전문점인 카네코한노스케金子半之助 매장이 가장 인기 있다. 추천 메뉴는 장어와 새우, 오징어튀김 등이 포함된 A 세트. 식사 시간이면 늘 기다란 줄이 늘어선다.

위치 3층.　　　　운영 11:00~22:00

텐진 Tenjin

텐진

N

● 나가하마 수산시장

나노쓰거리 那の津通り

● 나가하마 공원

간소 나가하마야
元祖長浜屋

센고쿠 야키토리 이에야스 텐진점 N
戦国焼鳥家康天神店

나노쓰거리 那の津通り

다이쇼거리 大正通り

키와미야 함바그 후쿠오카 파르코점 R
極味や福岡パルコ店

이토시마 쇼쿠도 파르코점 R
糸島食堂福岡パルコ店

하카타 덴푸라 타카오 R
후쿠오카 파르코점
博多天ぷらたかお福岡パルコ店

히미노마치 공원

쇼와거리 昭和通り

소방서

하카타 그린 호텔 텐진 H
博多グリーンホテル天神

쇼와거리 昭和通り

호텔 JAL 시티 후쿠오카 텐진 H
ホテルJALシティ福岡天神

니쿠젠 R
ニクゼン

지하철 구코센 地下鉄空港線

니시테쓰 그랜드 호텔 H
西鉄グランドホテル

◀ 오호리 공원 방향
大濠公園

아카사카역
赤坂駅

드러그일레븐 S

덴푸라 히라오 R
天麩羅処ひらお

호시노커피 후쿠오카 솔라리아점 R
星乃珈琲店福岡ソラリア店
솔라리아 니시테쓰 호텔 H
ソラリア西鉄ホテル

규마루 다이묘점 R
ぎゅう丸大名店

네지케몬 N
ねじけもん

하카타 잇푸도 다이묘 본점 R
博多一風堂大名本店

치카에 R
稚加榮

규카즈 모토무라
후쿠오카 텐진 니시도리점 R
牛かつもと村福岡天神西通り店

레드록 하카타 다이묘점 R
RedRock 博多大名店

카페 델 솔
Cafe del SOL

다이쇼거리 大正通り

앨리스 온 웬즈데이 S
Alice on Wednesday

드러그일레븐 S

팟파라이라이 R
パッパライライ

고쿠타이로로 國体道路

플라잉 타이거 코펜하겐 텐진스토어 S
Flying Tiger Copenhagen 福岡天神ストア

◀ 롯폰마쓰 방향
六本松

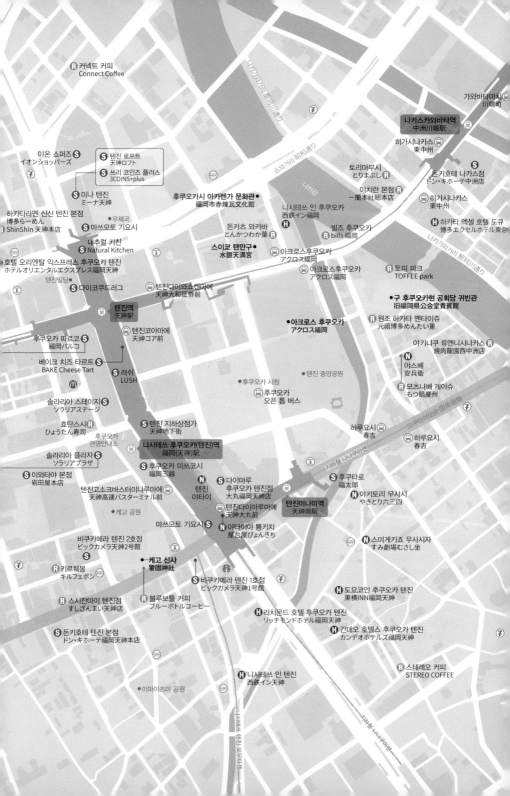

커넥트 커피
Connect Coffee

가와바타마치
川端町

나카스카와바타역
中洲川端駅

히가시나카스
東中州

이온 쇼퍼즈
イオンショッパーズ

텐진 로프트
天神ロフト

쓰리 코인즈 플러스
3COINS+plus

미나 텐진
ミーナ天神

후쿠오카시 아카렌가 문화관
福岡市赤煉瓦文化館

토리마부시
とりまぶし

돈키호테 나카스점
ドン・キホーテ中洲店

하카타라멘 신신 텐진 본점
博多らーめん
ShinShin 天神本店

마쓰모토 기요시

우체국

이치란 본점
一蘭本社総本店

히가시나카스
東中州

내추럴 키친
Natural Kitchen

돈카츠 와카바
とんかつわか葉

니시테쓰 인 후쿠오카
西鉄イン福岡

빌즈 후쿠오카
bills 福岡

하카타 엑셀 호텔 도큐
博多エクセルホテル東急

호텔 오리엔탈 익스프레스 후쿠오카 텐진
ホテルオリエンタルエクスプレス福岡天神

스이쿄 텐만구
水鏡天満宮

아크로스후쿠오카
アクロス福岡

텐진빌딩

다이코쿠드러그

텐진다이와쇼켄마에
天神大和証券前

아크로스후쿠오카
アクロス福岡

토피 파크
TOFFEE park

텐진역
天神駅

텐진코아마에
天神コア前

아크로스 후쿠오카
アクロス福岡

구 후쿠오카현 공회당 귀빈관
旧福岡県公会堂貴賓館

후쿠오카 파르코
福岡パルコ

원조 하카타 멘타이쥬
元祖博多めんたい重

베이크 치즈 타르트
BAKE Cheese Tart

러쉬
LUSH

야키니쿠 류엔니시나카스
焼肉龍園西中洲店

솔라리아 스테이지
ソラリアステージ

후쿠오카 시청

후쿠오카
오픈 톱 버스

텐진 중앙공원

야스베
安兵衛

효탄스시
ひょうたん寿司

모츠나베 케이슈
もつ鶴慶州

솔라리아 플라자
ソラリアプラザ

텐진 지하상가
天神地下街

후쿠오카
관광안내소

하루요시
春吉

하루요시
春吉

이와타야 본점
岩田屋本店

니시테쓰 후쿠오카(텐진)역
福岡(天神)駅

후쿠오카 미쓰코시
福岡三越

다이마루
후쿠오카 텐진점
大丸福岡天神店

후쿠타로
福太郎

텐진고소크버스터미나루마에
天神高速バスターミナル前

텐진
야타이

야키토리 무사시
やきとり六三四

케고 공원

텐진다이마루마에
天神大丸前

텐진미나미역
天神南駅

비쿠카메라 텐진 2호점
ビックカメラ天神2号館

마쓰모토 기요시

야타이야 뵹키치
屋台展びょんきち

스미게키죠 무사시자
すみ劇場むさし坐

키르훼봉
キルフェボン

케고 신사
警固神社

도요코인 후쿠오카 텐진
東横INN福岡天神

스시잔마이 텐진점
すしざんまい天神店

블루보틀 커피
ブルーボトルコーヒー

비쿠카메라 텐진 1호점
ビックカメラ天神1号館

리치몬드 호텔 후쿠오카 텐진
リッチモンドホテル福岡天神

간데오 호텔스 후쿠오카 텐진
カンデオホテルズ福岡天神

돈키호테 텐진 본점
ドン・キホーテ福岡天神本店

니시테쓰 인 텐진
西鉄イン天神

스테레오 커피
STEREO COFFEE

이마이즈미 공원

• Information •

후쿠오카 최대의 번화가이자 규슈 제일의 번화가
텐진(天神)

후쿠오카의 젊은이들이 가장 많이 찾는 후쿠오카 최대의 번화가로, 지상엔 높게 솟은 고층 빌딩 사이로 대형 백화점과 쇼핑센터가 모여 있고 지하엔 빈티지한 중세유럽풍 거리가 끝도 없이 이어진다. 가는 골목마다 유명한 맛집들이 숨어 있으며 늦은 밤까지 사람들의 발길이 끊이지 않는 곳. 그 누구보다도 알찬 하루를 보내고 싶은 여행자라면 텐진으로 향하자.

드나들기

❶ 후쿠오카공항에서 텐진으로 이동

지하철
후쿠오카공항 국제선 터미널 1층 1번 정류장에서 무료셔틀버스를 이용해 후쿠오카공항 국내선으로 이동. 국내선 터미널 앞쪽에 위치한 후쿠오카공항역에서 지하철 구코센空港線 탑승 후 다섯 정거장 이동, 텐진역 하차.
요금 260엔, 소요시간 30분.

❷ 하카타항에서 텐진으로 이동
하카타항 바로 앞 버스정류장에서 텐진행 버스(BRT, 151번) 탑승.
요금 210엔, 소요시간 15분.

❸ 하카타역에서 텐진으로 이동

버스
하카타역A 정류장에서 300번, 302번 버스 탑승. 텐진 익스프레스 버스 터미널 정류장 하차.
요금 150엔, 소요시간 14분.

지하철
구코센 탑승 후 세 정거장 이동, 텐진역 하차.
요금 210엔, 소요시간 6분.

여행방법

24시간 오픈하는 가게들도 몇몇 있지만 이른 오전 텐진 지역은 오후와는 다르게 한적한 편이다. 텐진 중앙공원이나 케고 신사 주변의 관광지를 먼저 둘러보는 것도 좋고, 아니면 지하철로 두 정거장이면 이동 가능한 오호리 공원에서 오전 시간을 보내자. 오전 11시 정도면 대부분의 백화점과 숍, 레스토랑이 오픈하니 든든하게 점심 식사를 즐긴 후 텐진역 주변을 집중적으로 둘러보는 것을 추천한다.

텐진역 주변은 후쿠오카에서 가장 복잡한 곳으로 아무리 지도를 자세히 보아도 길을 잃어버리기 쉽다. 이럴 땐 일단 텐진역으로 향하자. 텐진역 주변 대부분의 쇼핑몰과 백화점은 텐진 지하상점가와 연결돼 있어 지상으로 이동하는 것보다 지하로 이동하는 것이 길을 잃어버릴 확률이 적다. 텐진역 지하상점가 전 지역에서 와이파이를 무료로 이용할 수 있는 것도 장점이다.

Sightseeing ★☆☆

아크로스 후쿠오카 アクロス福岡

1995년 오픈한 복합문화시설로 이색적인 계단식 외관 덕분에 멀리서도 이목을 끄는 건물이다. 계단 사이 촘촘하게 심어진 나무 덕분에 거대한 산 같은 느낌이 들기도 하는데 덕분에 텐진의 오아시스라 불리기도 한다. 세계적인 오케스트라의 연주는 물론이고 다양한 음악공연이 펼쳐지는 후쿠오카 심포니 홀이 자리 잡고 있으며, 2층에 마련된 문화관광 정보광장에는 후쿠오카를 비롯한 규슈 여행의 전반적인 여행 정보가 다양하게 준비돼 있다.

위치 지하철 텐진역 16번 출구와 연결.
주소 福岡市中央区天神1-1-1
운영 09:00~22:00,
　　　문화관광 정보광장 10:00~18:00
　　　휴무 12월 29일~1월 3일
전화 092-725-9111
홈피 www.acros.or.jp

> **Tip 문화관광 정보광장**
> 후쿠오카에서 열리는 콘서트와 전시 행사 등의 모든 정보를 이곳에서 확인할 수 있다.

Sightseeing ★☆☆

스이쿄 텐만구 水鏡天満宮

학문의 신으로 유명한 스가와라노 미치자네菅原道真가 교토에서 다자이후로 좌천됐을 당시 맑은 강물을 거울 삼아 자신을 비춰 봤다고 해서 지어진 신사다. 처음엔 이마이즈미今泉 지역에 세워져 있었으나 에도시대 초기 현재의 위치로 이전됐다. 스가와라노 미치자네는 천신天神(텐진)으로 불리기도 하는데 여기서 이 지역의 이름인 텐진이 유래됐다고 전해진다. 큰 규모도 아니고 볼거리가 많은 것도 아니니 일부러 찾아갈 필요는 없지만 복잡한 도심 속 작은 휴식을 느끼고 싶은 여행자에게 추천한다.

위치 지하철 텐진역 14번 출구로 나와
　　　90m 직진 후 왼쪽 길 건너편.
주소 福岡市中央区天神1-15-14
운영 09:00~18:00
전화 092-741-8754

Sightseeing ★☆☆

케고 신사 警固神社

질병과 재앙을 물리치는 신을 모시고 있는 신사로 복잡한 텐진 한복판에 위치
하고 있어 현지인들이 수시로 방문해 참배하는 곳이다. 본전 옆쪽으로는 여우
를 모시고 있는 여우 신사가 자리해 있는데 신사 앞에 자리 잡은 웃는 얼굴의
여우상을 쓰다듬으면 사업이 번창한다고 전해진다. 덕분에 일부러 케고 신사
를 찾는 관광객들도 많은 편. 니시테쓰 후쿠오카(텐진)역 바로 앞에 위치하고
있어 찾아가기도 어렵지 않으니 잠시 들러 여우상을 쓰다듬어 보자.

위치	니시테쓰 후쿠오카(텐진)역 중앙 출구로 나오면 왼쪽 방향에 위치.
주소	福岡市中央区天神2-2-20
운영	06:30~18:00
전화	092-771-8551
홈피	kegojinja.or.jp

Sightseeing ★☆☆

후쿠오카시 아카렌가 문화관 福岡市赤煉瓦文化館

메이지시대 일본을 대표하는
건축가 다쓰노 긴고辰野金吾와
가타오카 야스시片岡安의 설
계로 지어진 일본 생명보험
주식회사 건물이었다. 19세기
말 영국의 건축양식으로 지
어진 외벽은 이국적인 분위기
를 자아내는데 덕분에 건물을
배경으로 기념사진을 남기려
는 관광객들이 많이 찾는다.
2002년부터는 후쿠오카시 문
학관으로 사용되고 있다.

위치	지하철 텐진역 12번 출구로 나와 210m 직진 후 좌회전해 110m 이동.
주소	福岡市中央区天神1-15-30
운영	화~일요일 09:00~22:00 **휴무 월요일**
전화	092-722-4666

Sightseeing ★☆☆

구 후쿠오카현 공회당 귀빈관 旧福岡県公会堂貴賓館

1910년에 건설된 프랑스 르네상스풍의 목조건물로 국가중요문화재로 지정돼
관리되고 있다. 원래는 제13회 규슈·오키나와 8현 연합공진회의 개최 기간
중 내빈 접대소로 지어졌으며 이후 후쿠오카 공회당, 고등재판소 등의 목적으
로 사용됐다. 지금은 일반인들에게 공개되어 내부 관람이 가능해졌다. 1층엔
클래식한 인테리어의 고풍스러운 카페가 자리 잡고 있다.

위치	지하철 텐진역 14번 출구로 나와 140m 직진 후 우회전.
주소	福岡市中央区西中州6-29
운영	화~일요일 09:00~18:00 **휴무 월요일(공휴일인 경우 그 다음 날), 12월 29일~1월 3일**
요금	성인 200엔, 15세 미만 100엔
전화	092-751-4416

아름다운 자연이 숨 쉬는 도심 속 오아시스
오호리 공원(大濠公園)

과거 하카타만에서 이어지던 습지를 매립한 땅 위에 조
성된 공원으로 1929년 개장 이후 후쿠오카 사람들에게
큰 사랑을 받고 있다. 일본 전 지역에서도 아름답기로
손꼽히는 연못 공원으로 오호리 공원 중앙 연못은 국
가 등록기념물로 지정돼 있기도 하다. 계절마다 다양한
꽃과 나무가 우거지는 고즈넉한 산책로는 물론이고 일
본의 전통적인 정원을 그대로 재현한 일본정원, 어린이
들을 위한 놀이공간까지 갖추고 있어 주말이면 나들이
나온 현지인들로 가득하다. 텐진에서 지하철로 두 정거
장이면 도착하는 곳으로 텐진 지역과 함께 하루 코스로
둘러보기 좋다.

위치	지하철 구코센 오호리코엔역 3번 출구에서 350m 직진 후 좌회전.
주소	福岡市中央区大濠公園1-2
운영	24시간
전화	092-741-2004
홈피	www.ohorikouen.jp

오호리 공원을 제대로 즐기는 방법 Best 3

1 연못을 가로질러 세 개의 섬 산책하기
공원 중앙에 자리 잡은 커다란 연못 주위를 따라 산책하는 것도 좋지만 중앙
에 놓인 다리를 이용해 연못을 가로지르면 야나기시마, 맛쓰시마, 아야메시마
섬을 차례로 둘러볼 수 있다. 시간 여유가 된다면 연못 위를 유유히 떠다니는
오리배를 타 보는 것도 추천한다.

요금 오리배 30분(2인 기준) 1,200엔

2 고즈넉한 일본정원 산책하기
전통적인 일본의 정원 기법으로 만들어진 정원으로 1984년 오호리 공원 개원
50주년을 기념해 지어졌다. 두 개의 크고 작은 연못을 중심으로 봄에는 꽃이
피고 여름엔 초록의 나무가 우거지며 가을엔 단풍이 물드는, 사계절 내내 아
름다운 자연을 느낄 수 있다.

운영 **10~4월** 화~일요일 09:00~17:00(마지막 입장 16:45)
　　　5~9월 화~일요일 09:00~18:00(마지막 입장 17:45)
　　　휴무 월요일(공휴일인 경우 그 다음 날), 12월 29일~1월 3일
요금 성인 250엔, 6~14세 120엔

3 친환경 인증을 받은 스타벅스에서 즐기는 커피 한 잔
미국 녹색 건축 협의회의 인증을 받은 친환경 그린 스토어로 오호리 공원과
어우러지는 자연친화적 인테리어를 자랑한다. 일본의 다른 스타벅스와 비교
해 메뉴나 맛에 차이가 있는 것은 아니지만 공원을 찾는 대부분의 사람들이
필수로 들르는 코스. 덕분에 주말, 평일 할 것 없이 사람들로 가득하다. 테라
스에 앉아 바라보는 오호리 공원의 연못 뷰를 놓치지 말자.

운영 07:00~21:00
요금 커피 320엔~
전화 092-717-2880

Tip
이용 꿀팁!
　1 오호리 공원 남쪽에 자리 잡은 후쿠오카시 미술관도 볼거리가 다양
　　하니 시간 여유가 된다면 함께 둘러보자.
　2 연못을 중심으로 동쪽과 서쪽에 각각 구지라 공원, 동구리 공원이라
　　는 이름의 아이들을 위한 놀이터가 있다. 아이와 함께 후쿠오카를 찾
　　은 여행자들에게도 추천

오호리 공원 주변 맛집

오호리 공원을 마음껏 둘러보았다면 이제 허전해진 배를 든든하게 채워 볼 시간이다. 오호리 공원 주변은 하카타역과 텐진 주변보다는 한적하고 여유롭지만 유명 맛집의 경우 대기 시간이 오래 걸리기도 한다는 것을 염두에 두자.

1 시나리 志成

오호리 공원 주변에서 가장 인기 있는 맛집으로 후쿠오카 하카타에서는 흔히 볼 수 없는 쫄깃한 식감의 사누키우동 전문점이다. 11시가 오픈 시간이지만 10시부터 기다란 줄이 늘어서기 시작한다. 가장 인기 있는 메뉴는 커다란 새우튀김이 함께 나오는 에비텐붓카케우동이다. 국물 없이 차갑게 제공되는데 덕분에 탱탱하고 쫄깃한 사누키우동의 맛을 가장 잘 느낄 수 있다. 한국어 메뉴판이 있어 주문하기도 어렵지 않다. 정해진 오픈 시간이 있지만 비정기적으로 쉬는 경우 공식 인스타그램을 통해 공지한다.

주소 福岡市中央区大手門3-3-24
운영 화~금요일 11:00~15:00, 토·일요일 11:00~16:00 **휴무** 월요일
요금 우동 890엔~
전화 092-724-3946
홈피 www.instagram.com/shinariudon_

주소 福岡市中央区赤坂3-11-11
운영 월요일 18:00~22:00, 화~토요일 12:00~14:30, 18:00~22:00 **휴무** 일요일
요금 런치 오마카세 6,600엔~
전화 092-406-8722

2 스시 무츠카 すし六番

아홉 개 정도의 좌석이 전부인 아담한 스시 오마카세 전문점이다. 점심에는 두 개의 코스 중에서 선택이 가능하다. 당연하겠지만 두 배 이상의 예산이 소요되는 저녁보다는 점심에 방문하는 것을 추천한다. 코스가 진행되면 하나씩 초밥을 만들어 내어 주는데 참치, 도미, 새우 등 매일 조금씩 다른 구성으로 제공된다. 코스 중간 제공되는 따뜻한 국과 달걀찜 등도 하나같이 정성이 느껴지는 맛이다. 회전 초밥집에서 맛보는 초밥과는 전혀 다른 퀄리티를 경험해 보고 싶은 여행자들에게 추천한다. 예약은 전화만 가능하다.

3 팟파라이라이 パッパライライ

조용한 주택가에 자리 잡은 작은 정원이 있는 아름다운 브런치 카페로 일본 현지의 계절 채소와 과일을 활용한 디저트와 식사 메뉴를 선보인다. 내부 공간은 오래된 주택을 개조한 곳으로 고즈넉한 매력을 느낄 수 있다. 메뉴판에는 일본어와 영어가 손글씨로 적혀 있어 다소 알아보기 힘들다는 단점이 있다. 카페 내부 인테리어나 사람을 촬영하는 것은 금지되어 있지만 주문한 음식이나 메뉴판을 촬영하는 것은 가능하다.

주소 福岡市中央区赤坂2-2-22
운영 화~토요일 11:30~16:00 **휴무** 일·월요일
요금 커피 550엔~, 점심 2,000엔~
홈피 papparayray.com

4 훅 커피 파크스 FUK COFFEE Parks

후쿠오카 커낼시티 근처에 있는 훅 커피의 지점으로 오호리 공원 옆에 파크스라는 이름을 붙여 오픈했다. 훅 커피에서 꼭 먹어 봐야 하는 디저트는 아이스크림이 올라간 푸딩으로 달콤함과 부드러움을 동시에 느낄 수 있다. 후쿠오카 시내점과 비교해 훨씬 한적하게 시간을 보낼 수 있다는 장점이 있다.

주소 福岡市中央区荒戸1-4-20
운영 08:00~20:00
요금 커피 450엔~, 푸딩 550엔

5 앤 로컬스 오호리 공원 アンドローカルズ大濠公園

오호리 공원을 반 바퀴 정도 산책하다 보면 만나게 되는 카페로 지역의 좋은 식재료로 만든 식사 메뉴와 샌드위치, 디저트 등을 판매한다. 추천 메뉴는 일본의 전통 음식 중 하나인 오이나리 세트. 유부초밥과 비슷한 모양과 맛이다. 매장 한쪽에는 지역 생산자들에게 받은 다양한 식재료를 판매하고 있다. 공원이 한눈에 보이는 창가 좌석이 명당이다. 아쉽게도 커피 메뉴는 판매하지 않는다.

주소 福岡市中央区大濠公園 1-9
운영 화~일요일 09:00~18:30 **휴무** 월요일
요금 오이나리 세트 830엔, 음료 450엔~
전화 092-401-0275

원조 하카타 멘타이쥬 元祖博多めんたい重

후쿠오카에서 꼭 맛봐야 하는 음식 중 하나인 명란을 이용해 다양한 식사 메뉴를 제공하는 명란 전문점. 사실 후쿠오카에서 명란을 맛보려면 기념품 가게에서 파는 반찬용으로 만들어진 제품을 구입하는 것이 대부분이다. 하지만 이곳에서는 명란을 주재료로 만든 밥과 라멘 등 식사를 즐길 수 있어 더욱 특별하다. 다시마로 말아 낸 명란을 따뜻한 밥 위에 올려 특제 소스와 함께 즐기는 간소 하카타 멘타이쥬는 별다른 반찬 없이도 밥 한 그릇을 뚝딱하게 만드는 진정한 밥도둑. 이른 아침에 오픈하기 때문에 든든한 아침 식사를 즐길 수도 있다.

위치 텐진역 16번 출구에서 도보 3분.
주소 福岡市中央区西中洲6-15
운영 07:00~22:30
요금 간소 하카타 멘타이쥬
　　 (명란 덮밥) 1,848엔,
　　 멘타이코 니코미 쓰케멘 1,848엔
전화 092-725-7220

치카에 稚加榮

1961년에 창업해 50년이 훌쩍 넘는 역사를 자랑하는 곳으로 내부에 커다란 사이즈의 수조가 있는 독특한 인테리어를 자랑한다. 수조를 빙 둘러싸고 마련된 좌석에 앉아 식사를 즐길 수 있으며 주말 한정으로 제공되는 일본식 정식이 인기 메뉴. 신선한 회와 튀김을 기본으로 각종 반찬에 밥, 국이 함께 제공된다. 테이블 위에는 밥과 함께 즐길 수 있는 명란 튜브가 놓여 있는데 따끈한 밥 위에 올려 쓱쓱 비벼 먹는 것만으로도 침샘 폭발! 이 명란 맛 때문에 일부러 이곳을 찾는 사람도 있을 정도다. 워낙 인기 있는 곳이니 오픈 직전 방문하는 것을 추천한다. 주말 점심에만 판매하는 정식 메뉴를 제외하곤 가격대가 높은 편이다.

위치 지하철 아카사카역 2번 출구로
　　 나와 오른쪽으로 한 블록 이동 후
　　 오른쪽 다이쇼거리를 따라
　　 180m 직진, 왼쪽으로 길을
　　 건넌 후 90m 이동.
주소 福岡市中央区大名2-2-17
운영 월~금요일 17:00~22:00,
　　 주말·공휴일 11:30~15:00,
　　 17:00~21:00
요금 일본식 정식 1,980엔~
전화 092-721-4624

Food
③

레드록 하카타 다이묘점 RedRock 博多大名店

소고기로 유명한 고베에서 시작된 로스트 비프 덮밥 전문점으로 오사카, 도쿄, 교토, 나고야 등 일본 곳곳에 지점을 오픈하며 큰 인기를 끌고 있다. 이곳의 대표 메뉴는 소고기를 오븐에 구워 뜨거운 밥 위에 올린 로스트 비프 덮밥. 여기에 날달걀과 특제 요거트 소스가 곁들여지는데 육즙 가득한 고기의 감칠맛이 두 배는 더 살아나는 느낌이다. 살짝 익힌 소고기로 제공되기 때문에 평소 레어로 익힌 고기에 거부감이 있는 여행자라면 스테이크 덮밥을 주문하자. 두툼한 소고기를 원하는 굽기로 주문할 수 있으며 특제 소스와의 조화도 굿!

위치 지하철 아카사카역 5번 출구로
　　　나와 오른쪽 첫 번째 골목으로
　　　270m 직진 후 좌회전.
주소 福岡市中央区大名1-12-26
운영 11:30~21:00
요금 로스트 비프 덮밥 1,300엔,
　　　스테이크 덮밥 1,800엔
전화 092-791-7221

> **Tip 줄이 길 땐 주문 먼저**
> 사람이 많아 기다려야 한다면 줄을
> 서기 전에 먼저 자판기에서 원하는
> 메뉴를 주문해야 한다.

Food
④

니쿠젠 ニクゼン

오랜 전통을 자랑하는 야키니쿠 맛집이지만 한정으로 판매하는 합리적인 가격의 스테이크 덮밥이 인기 있다. 〈짠내투어〉, 〈원나잇 푸드트립〉 등의 한국 방송에 소개되기도 했다. 스테이크 덮밥은 점심시간에만 주문 가능하며 매달 공식 인스타그램을 통해 판매하는 날짜를 공지한다. 한 달 기준으로 3~5일 정도만 맛볼 수 있다. 스테이크 덮밥을 맛보고 싶다면 오픈 시간 공략은 필수이다. 따끈한 밥 위에 신선한 양배추와 두툼한 스테이크를 올리고 특제 소스와 와사비로 마무리하는데 덕분에 고기의 느끼한 맛은 하나도 없다.

위치 지하철 아카사카역 1번 출구로
　　　나와 왼쪽 첫 번째 골목으로 40m
　　　이동하면 길 건너편에 위치.
주소 福岡市中央区大名2-12-17
　　　大名クレッシェンド 2F
운영 **점심**(부정기적) 11:30~14:00
　　　저녁 수~월요일 17:00~22:00
　　　휴무 화요일
요금 스테이크 덮밥 850엔
전화 092-732-0022
홈피 www.instagram.com/nikuzen

131

• Special Food 1 •

일본인들의 소울푸드이자 대표적인 서민음식
라멘(ラーメン)

밀가루로 만든 면을 삶아 돼지고기, 닭고기, 멸치 등으로 우려낸 육수에 넣고 고명을 추가해 즐기는 음식인 라멘. 초밥과 회에 이어 일본인들이 가장 좋아하는 음식 3위를 기록할 정도로 일본 전 지역에서 고르게 사랑받고 있으며 누구나 부담 없이 즐길 수 있는 대표적인 서민음식이다. 알고 먹으면 더 맛있는 일본 라멘의 모든 것! 이 페이지를 읽고 나면 일본 여행에서 라멘 한 그릇 먹지 못하고 돌아오는 실수는 절대 하지 않게 될 것이다.

라멘의 시작

1,400년 전 밀가루를 가늘고 길게 썰어 내는 제면 기법이 중국에서부터 전해지면서 중화풍의 면이 일본에 처음 들어온 것으로 알려져 있다. 이후 1910년 도쿄 아사쿠사에 일본 최초의 라멘 전문점이 오픈했으며 삿포로, 후쿠시마, 오사카 지역까지 연이어 문을 열었다. 제2차 세계대전 이후에는 라멘을 판매하는 야타이(포장마차)가 급속도로 등장하기도 했다. 1958년 닛신푸드의 창업자인 안도 모모후쿠安藤百福에 의해 인스턴트 라멘이 처음 개발되면서 일본의 대표 음식으로 자리 잡았다.

> **Tip**
> **면도 내 취향대로**
> 후쿠오카의 라멘 전문점에서는 대부분 면의 익힘 정도를 선택해 주문할 수 있다. 푹 익혀 부드러운 야와やわ, 꼬들꼬들한 면이 매력적인 가타かた, 살짝만 익혀 처음부터 끝까지 꼬들꼬들함을 유지하는 바리카타バリカタ, 마지막으로 거의 안 익은 생면을 먹는 듯한 느낌의 하리가네はりがね까지 취향대로 골라 즐겨 보자. 후쿠오카 라멘의 정석은 처음엔 꼬들꼬들하다가 먹는 중간 부드럽게 풀어지는 가타다.

일본 3대 라멘

일본의 라멘은 육수는 물론이고 조미료, 면의 굵기와 올라가는 고명에 따라 지역별로 다양한 특색을 나타내며 발전해 왔는데 이를 고토치 라멘ご当地ラーメン(지역 명물 라멘)이라 부른다. 일본의 각 지역을 대표하는 수많은 고토치 라멘 중에서도 삿포로 라멘, 기타카타 라멘, 하카타 라멘은 일본의 3대 라멘으로 꼽히며 전국적으로 사랑받고 있다.

1 삿포로 라멘 札幌ラーメン
된장을 이용한 미소 라멘이 처음 시작된 곳으로 단골 손님들을 위한 메뉴로 만들기 시작한 미소 라멘이 순식간에 인기를 끌면서 삿포로를 대표하는 라멘이 됐다. 진한 돼지 뼈 육수에 된장을 넣어 고기의 잡내를 잡아 주고 여기에 잘 숙성시킨 면발을 넣어 그 맛을 더한다. 추운 지방 음식의 특성상 다소 짜고 기름진 맛이 강한 편이라 호불호가 갈리는 라멘이기도 하다.

2 기타카타 라멘 喜多方ラーメン
멸치를 이용한 육수에 돼지 뼈 육수를 섞은 뒤 간장을 넣어 만드는 깔끔한 맛의 쇼유 라멘으로 후쿠시마현 기타카타에서 발달했다. 칼국수처럼 넓고 납작한 면이 특징이며 기름기가 거의 없어 기타카타 지역에서는 이 라멘을 아침으로 먹는 사람들도 많다. 실제로 기타카타 지역 대부분의 라멘 가게가 이른 아침에 오픈한다.

3 하카타 라멘 博多ラーメン
돼지 뼈를 진하게 우려낸 육수를 사용해 돈코쓰 라멘이라 불리며 후쿠오카시 나카스의 한 포장마차에서 시작된 것으로 전해진다. 하카타 라멘에서 육수만큼이나 중요한 것이 바로 소면처럼 가는 면발이다. 시간 여유가 없는 시장 장사꾼들이 단시간에 라멘을 익혀 먹기 위해 얇은 면을 사용하게 됐는데 덕분에 면과 국물이 잘 어우러지며 환상 궁합을 자랑한다. 면을 다 먹고 난 후 남은 국물에 면만 추가해 즐기는 가에다마替玉는 하카타 라멘만의 특징. 술을 먹고 난 후에 해장으로도 좋다.

이치란 본점 一蘭本社総本店

'후쿠오카 돈코쓰 라멘=이치란 라멘'이라는 공식이 생길 만큼 후쿠오카 No.1 라멘 전문점으로 한국인의 입맛에 잘 맞는 돈코쓰 라멘을 즐길 수 있다. 한국어로 된 주문지를 이용해 맛부터 기름진 정도, 마늘과 파 추가 여부까지 하나하나 체크할 수 있다. 파와 마늘을 추가하고 이치란 라멘의 비밀 소스를 더해 주문하는 것을 추천한다. 차슈와 반숙 달걀 추가 역시 추천! 다른 라멘 가게에 비해 가격이 다소 비싼 편이지만 24시간 불을 밝히며 여행객들을 유혹하는 덕분에 이치란 본점은 항상 여행객들로 북적거린다. 2층으로 올라가면 독서실처럼 칸막이가 되어 있는 독특한 좌석에서 오로지 라멘 한 그릇에 집중해 식사를 즐길 수 있다.

위치 지하철 나카스카와바타역 2번
  출구로 나와 60m 직진.
주소 福岡市博多区中洲5-3-2
운영 24시간
요금 돈코쓰 라멘 980엔, 차슈 260엔,
  반숙 달걀 140엔
전화 092-262-0433

하카타 잇푸도 다이묘 본점 博多一風堂大名本店

1985년 창업 이후 지금까지 후쿠오카의 돈코쓰 라멘을 널리 알린 일등공신으로 이치란과 함께 후쿠오카 돈코쓰 라멘 양대산맥으로 불리는 곳이다. 돼지 뼈를 우려낸 국물로 만들었지만 잡내가 없고 진한 국물 맛이 일품. 18시간 조리 후 하루를 꼬박 숙성시켜 만드는 시로마루 모토아지白丸元味 라멘이 대표 메뉴이다. 테이블에 놓인 마늘과 반찬을 자유롭게 추가해 즐겨 보자. 라멘과 환상 궁합을 자랑하는 교자와 명란 덮밥도 잇푸도에서 꼭 먹어 봐야 하는 필수 메뉴.

위치 지하철 텐진역과 연결된 텐진
  지하상점가 서6번 출구로 나와
  오른쪽 길로 300m 이동 후 좌회전해
  오른쪽 두 번째 골목으로 진입.
주소 福岡市中央区大名1-13-14
운영 11:00~22:00
요금 시로마루 모토아지 850엔,
  교자 250엔, 명란 덮밥 430엔
전화 092-771-0880

Food
7

하카타라멘 신신 텐진 본점 博多らーめん ShinShin 天神本店

포장마차에서부터 시작해 입소문을 타고 후쿠오카 곳곳에 지점을 오픈한 돈코쓰 라멘 전문점. 돼지 향이 진하지 않아 돈코쓰 라멘 입문자도 무난하게 맛볼 수 있다. 라멘을 주문할 때 면의 익힘 정도를 선택할 수 있으며 소면만큼 얇은 면 덕분에 주문 후 라멘이 나오는 시간까지 5분이 채 걸리지 않는 것도 신신 라멘의 특징. 하카타 신신 라멘博多ShinShinらーめん(돈코쓰 라멘)에 두툼한 돼지고기 차슈를 올린 차슈 라멘チャーシューメン도 인기 있다. 새벽까지 영업하기 때문에 야식으로 라멘을 맛보고 싶은 여행자들에게 추천한다.

위치	지하철 텐진역 1번 출구로 나오자마자 오른쪽 골목으로 70m 이동 후 왼쪽으로 다시 70m.
주소	福岡市中央区天神3-2-19
운영	목~화요일 11:00~03:00
휴무	수요일(공휴일인 경우 그 다음 날)
요금	하카타 신신 라멘 820엔, 차슈 라멘 1,020엔
전화	092-732-4006

Food
8

간소 나가하마야 元祖長浜屋

돼지 뼈를 진하게 우려낸 돈코쓰 라멘에서 시작됐지만 진하고 걸쭉한 돈코쓰 라멘보다 맑은 육수로 조금 더 깔끔하게 즐길 수 있는 나가하마 라멘長浜ラーメン. 후쿠오카 나가하마 지역에서 시작해 나가하마 라멘으로 불렸는데 덕분에 가게 주변엔 비슷한 이름을 내걸고 영업하는 수많은 라멘 가게가 있다. 그중에서도 원조元祖라는 이름을 내건 간소 나가하마야가 이름 그대로 진정한 원조. 1952년 포장마차에서 처음 시작해 지금까지 영업하고 있으며 메뉴도 나가하마 라멘 한 가지뿐이다. 입구에서 자판기를 통해 주문할 수 있고 면이나 육수를 추가할 수도 있다.

위치	지하철 아카사카역 1번 출구로 나와 왼쪽 코너를 돌아 280m 직진 후 좌회전, 오른쪽 두 번째 골목으로 우회전한 뒤 200m 직진하면 왼쪽 방향에 위치. 도보 9분.
주소	福岡市中央区長浜2-5-25
운영	06:00~01:45
요금	나가하마 라멘 550엔, 면 추가 150엔
전화	092-711-8154
홈피	www.ganso-nagahamaya.co.jp

키와미야 함바그 후쿠오카 파르코점 極味や福岡パルコ店

한국에도 비슷한 콘셉트의 식당이 여럿 오픈할 정도로 큰 인기를 끌고 있는 햄버그스테이크 전문점이다. 질 좋은 소고기를 갈아 동그랗게 빚은 후 겉면만 익혀 제공되는데 뜨거운 돌 위에 올려 완전히 익혀 먹으면 된다. 키와미야 소스, 유자 소스, 히말라야 소금 등 취향에 따라 원하는 소스를 주문할 수 있다. 단품 메뉴에 440엔을 추가하면 세트로 즐길 수 있는데 밥과 샐러드, 국, 아이스크림이 무제한 리필된다. 보통 식사량의 성인 여성이라면 M사이즈 세트 메뉴를 주문하면 딱 맞는 양이다. 오픈 전부터 길게 늘어선 줄 덕분에 기본 1시간 이상은 기다려야 한다.

위치 지하철 텐진역과 연결된
　　 텐진 지하상점가 서4번 출구
　　 옆에 위치한 에스컬레이터 이용,
　　 후쿠오카 파르코 지하 1층.
주소 福岡市中央区天神2-11-1
　　 福岡パルコB1F
운영 11:00~22:00
요금 S(120g) 1,078엔, M(150g) 1,298엔,
　　 L(200g) 1,738엔
전화 092-235-7124

규카츠 모토무라 후쿠오카 텐진 니시도리점
牛かつもと村福岡天神西通り店

돼지고기에 달걀과 빵가루를 입혀 튀기는 돈가스와 다르게 소고기를 튀긴 음식으로 겉만 바삭하게 익힌 레어 상태로 제공된다. 뜨거운 돌판 위에 원하는 굽기만큼 익혀 먹으면 되는데 일반적인 돈가스와 다르게 튀김 옷이 얇아 고기 본연의 맛을 한층 깊게 느낄 수 있다. 한 점 한 점 구워 먹는 재미도 있다. 규카츠 정식은 고기의 사이즈에 따라 가격이 조금씩 다르다. 밥과 국, 양배추 샐러드가 함께 제공되며 간 마. 후쿠오카의 명물인 명란젓도 포함된다. 오픈 시간부터 늘 기다란 줄이 늘어서는 진정한 맛집이다. 텐진 파르코 백화점 신관 지하 2층에도 지점이 있다.

위치 니시테쓰 후쿠오카(텐진)역
　　 공원거리로 나와 한 블록 이동 후
　　 좌회전, 오른쪽 첫 번째 골목으로
　　 직진.
주소 福岡市中央区大名1-14-5
운영 11:00~22:00
요금 규카츠 정식 1,930엔~
전화 092-716-3420

토리마부시 とりまぶし

불 맛 가득 입힌 닭고기가 듬뿍 올라간 덮밥을 맛볼 수 있다. 카운터석에 앉으면 쉴 새 없이 구워지는 닭고기를 직접 볼 수 있다. 밥의 양에 따라 사이즈를 고를 수 있는데 보통 사이즈도 생각보다 넉넉한 양이다. 닭고기 위에 얇게 썬 파가 듬뿍 올라가는 네기 마부시도 추천 메뉴이다. 메뉴를 받으면 먼저 앞 접시에 조금 덜어 닭고기와 함께 먹는다. 두 번째는 테이블에 놓여 있는 7가지의 양념을 취향껏 첨가해 먹는다. 세 번째는 함께 나온 반숙 달걀을 올려 먹고, 마지막으로 수프(육수)와 함께 먹으면 총 4가지의 각기 다른 맛을 느낄 수 있다. 식사 시간엔 늘 기다리는 사람들이 많다. 한국어 메뉴판이 준비되어 있어 주문하기 어렵지 않다.

위치 지하철 나카스카와바타역 2번
　　 출구에서 나와 오른쪽 골목으로 진입.
주소 福岡市博多区中洲5-3-18
　　 Tm-16ビル1F
운영 10:30~22:00
요금 닭구이 덮밥 정식 1,680엔
전화 010-5484-7486

규마루 다이묘점 ぎゅう丸大名店

손으로 잘 반죽한 고기를 뜨거운 철판 위에서 고온으로 빠르게 익혀 내는 햄버그스테이크 전문점으로 고기의 육즙을 그대로 느낄 수 있어 인기를 끌고 있다. 기본 햄버그스테이크에 온천 달걀이나 치즈를 추가할 수 있으며 소스도 세 가지(양파, 데리야키, 데미글라스) 중에서 선택 가능. 햄버그스테이크는 중량에 따라 가격이 결정된다. 150g은 키즈용이며 보통의 성인은 200g을 추천한다. 50g이 늘어날 때마다 220엔이 추가된다. 550엔을 추가하면 샐러드와 수프가 포함된 세트 메뉴를 즐길 수 있다.

위치 지하철 아카사카역 5번 출구로 나와
　　 오른쪽 첫 번째 골목으로 120m
　　 직진, 왼쪽 길 건너편 AI빌딩 1층.
주소 福岡市中央区大名2-1-31
　　 AIビル1F
운영 11:00~22:00
요금 햄버그스테이크 1,100엔~,
　　 치즈 토핑 100엔
전화 092-406-9366

Food
⑬
야키니쿠 류엔 니시나카스 店 焼肉龍園西中洲店

나카강 강변에 자리 잡은 고급스러운 야키니쿠 전문점이다. 일본 3대 소고기 중 하나인 고베규를 맛볼 수 있으며 자체적인 숙성 시스템을 활용한 숙성 소고기도 추천하는 메뉴이다. 점심시간에 방문하면 우설과 갈비, 숙성육이 포함된 코스 요리를 합리적인 가격에 맛볼 수 있다. 저녁에는 고베규, 구마모토 아카규 등 일본을 대표하는 브랜드의 소고기를 부위별로 주문할 수 있다. 한국어 메뉴판도 있으며 김치, 돌솥비빔밥, 육개장 등 특별한 한식들도 다양하게 마련되어 있다. 사전에 룸으로 예약할 경우 개별 룸에서 식사가 가능한 것도 장점이다.

위치 지하철 텐진미나미역
　　 6번 출구에서 나와 오른쪽으로
　　 190m 직진, 왼쪽의 큰길을 건넌 후
　　 정면의 좁은 골목으로 진입 후
　　 오른쪽 첫 번째 골목으로 이동.
주소 福岡市中央区西中洲4-3
운영 월~토요일 12:00~15:00,
　　 17:00~24:00,
　　 일요일 12:00~15:00, 17:00~22:00
요금 점심 세트 4,800엔~,
　　 저녁 예산 1인 6,000엔~
전화 092-739-8929

Food
⑭
덴푸라 히라오 天麩羅処ひらお

갓 튀겨 낸 다양한 종류의 튀김 요리를 한 번에 맛볼 수 있다. 별다른 꾸밈없이 재료 본연의 신선함을 가장 중요하게 생각한다는 슬로건을 가지고 있다. 가게 입구에서 자판기를 통해 주문할 수 있으며 한국어 메뉴판도 준비되어 있다. 생선과 새우, 오징어, 닭가슴살 등 다양한 재료가 조합되어 있는 세트가 있으니 취향대로 골라 주문하는 것을 추천한다. 세트 메뉴를 주문한 후 단품 주문도 가능하다. 기본으로 제공되는 오징어회는 히라오만의 시그니처 반찬으로 달콤 상큼한 유자 향이 난다. 튀김과 함께 곁들여 먹으면 좋다. 세트 메뉴에는 공깃밥, 국이 포함되어 제공된다.

위치 지하철 아카사카역 5번 출구로 나와
　　 오른쪽 첫 번째 골목으로 직진 후
　　 좌회전.
주소 福岡市中央区大名2-6-20
운영 10:30~20:00
요금 튀김 정식 890엔~
전화 092-752-7900

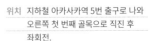

Food
15

돈카츠 와카바 とんかつわか葉

가고시마, 오키나와산의 유명 브랜드 돼지고기를 엄선해 저온으로 오랜 시간 정성 들여 튀겨 부드럽고 육즙이 가득한 것이 돈카츠 와카바의 가장 큰 특징이다. 돈가스에 사용되는 빵가루 역시 후쿠오카의 유명한 식빵 전문점인 무츠카도의 식빵을 사용한다. 돼지고기의 재료와 부위에 따라 가격 차이가 있다. 점심시간에는 미국산 돼지고기를 사용한 합리적인 가격의 돈가스 정식을 판매한다. 재료의 차이만 있을 뿐 저온에서 튀겨 내는 방식은 동일하다. 정식 메뉴에는 공깃밥, 된장국, 양배추가 함께 제공된다. 한국어 메뉴판이 준비되어 있다.

위치	지하철 텐진역 12번 출구에서 나와 180m 직진 후 좌회전.
주소	福岡市中央区天神1-15-36
운영	월~토요일 10:30~14:30, 17:00~20:45, 일요일 10:30~14:30, 17:00~19:45
요금	점심 정식 1,200엔~, 등심 돈가스 정식 1,800엔~
전화	092-406-8189

Food
16

이토시마 쇼쿠도 파르코점 糸島食堂福岡パルコ店

해산물 덮밥으로 유명한 이토시마 식당의 분점이다. 후쿠오카 나가하마 시장의 신선한 해산물을 이용하는 것으로 알려져 있다. 새우, 연어, 참치, 성게알 등 다양한 해산물이 조합된 메뉴가 있어 골라 먹는 재미가 있다. 테이블 위에 있는 QR코드에 접속하면 사진과 함께 메뉴를 확인할 수 있다. 해산물 덮밥 외에 초밥, 생선회, 돼지고기 덮밥 등의 메뉴도 있다. 밥 양에 따라 기본 덮밥 혹은 미니 덮밥으로 골라 주문할 수 있는데 해산물을 더 많이 즐기고 싶다면 미니 덮밥 두 개를 주문하는 것도 좋다. 테이블 위에 놓인 간장을 적당히 넣어 즐겨 보자.

위치	지하철 텐진역과 연결된 텐진 지하상점가 서4번 출구 옆에 위치한 에스컬레이터 이용. 후쿠오카 파르코 지하 1층.
주소	福岡市中央区天神2-11-1 福岡パルコ本館B1F
운영	11:00~22:00
요금	해산물 덮밥 1,700엔~
전화	092-235-7306

알고 먹으면 더 맛있는 일본의 대표 음식
스시(すし)

스시의 시작

밥 위에 올라간 생선의 신선도에 따라 그 급이 결정되는 오늘날의 초밥과는 다르게 과거의 초밥은 생선을 장기간 보존할 목적으로 발효시키기 시작하면서 탄생한 것으로 전해진다. 소금에 절인 생선 사이에 밥을 넣어 눌러 놓은 뒤 먹는 나레즈시나れずし는 저장 시설이 발달하지 않았던 과거 생선을 오래 두고 먹을 수 있는 획기적인 방법이었다.

1500년대 이후에는 생선을 발효하는 대신 식초를 사용해 신맛을 더한 하야즈시はやずし가 탄생했으며 19세기 초에 이르러 지금 우리가 즐겨 먹는 초밥인 니기리즈시にぎりずし로 발전하게 됐다. 니기리즈시가 처음 등장했을 당시에는 도쿄 지방에서만 유행하던 향토음식 같은 느낌이었다. 1923년 관동 대지진이 일어나면서 도쿄의 스시 장인들이 전국 각지로 흩어지게 됐는데 이를 계기로 니기리즈시가 일본 전국은 물론이고 세계에 널리 알려지게 됐다.

> **Tip**
> **왜 초밥은 두 개씩 담는 걸까?**
> 처음 니기리즈시가 등장했을 당시엔 지금과는 다르게 커다란 주먹밥 정도의 사이즈였다고 한다. 1900년대에 들어서면서 한 입에 들어갈 수 있도록 반으로 잘라 제공됐는데 이때부터 접시 하나에 두 개의 초밥이 올라가게 됐다.

스시의 종류

1 니기리즈시 にぎりずし
고슬고슬하게 지은 밥에 소금과 식초, 설탕을 배합한 양념을 넣어 섞은 후 와사비와 싱싱한 생선을 얹어 손으로 쥐어 만드는 초밥. 일반적으로 스시라고 하면 바로 이 니기리즈시를 말한다. 도쿄 지방에서 처음 탄생했으며 위에 올라가는 생선의 종류에 따라 다양한 이름으로 불린다.

2 지라시즈시 ちらしずし
지라시는 '흩뿌리는 것'이라는 뜻으로 밥 위에 흩뿌리듯 잘게 썬 생선을 올린다고 해서 지어진 이름이다. 넉넉한 사이즈의 그릇에 양념한 밥을 넣고 생선과 야채를 올려 담은 것으로 한국의 회덮밥과 비슷한 느낌이다.

3 마키즈시 まきずし
김 위에 초밥과 메인 재료를 올려 김밥처럼 돌돌 말아 만드는 스시로 참치, 날치알, 명란젓, 오이 등이 주재료로 쓰인다. 김으로 감싼 밥 위에 연어알, 성게알 등을 얹어 만드는 군함말이(군칸마키ぐんかんまき)도 마키즈시의 한 종류.

스시에도 위아래가 있다?

그냥 먹어도 맛있지만 이왕이면 제대로 즐겨 보자. 담백한 흰살 생선부터 맛이 강한 순서대로 맛보는 것이 초밥 먹는 순서의 정석. 각기 다른 초밥의 고유한 맛을 더욱 잘 느낄 수 있다.

담백한 흰살 생선(오징어 · 도미 등) → **기름기가 적은 붉은 생선**(참치 · 연어 등) → **등푸른 생선**(고등어 · 정어리 등) → **양념이 가미된 생선**(장어 등)

한국인이 좋아하는 초밥 Best 12

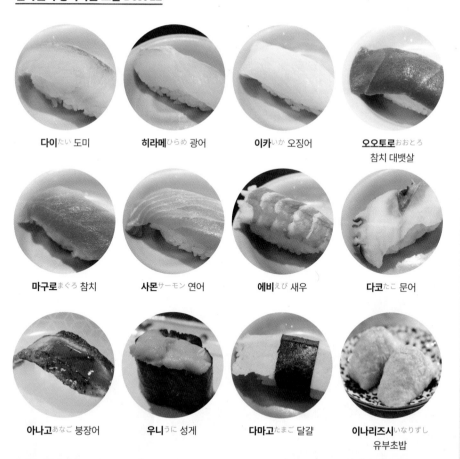

다이たい 도미　　　**히라메**ひらめ 광어　　　**이카**いか 오징어　　　**오오토로**おおとろ
　　　　　　　　　　　　　　　　　　　　　　　　　　　　　　　　참치 대뱃살

마구로まぐろ 참치　　　**사몬**サーモン 연어　　　**에비**えび 새우　　　**다코**たこ 문어

아나고あなご 붕장어　　　**우니**うに 성게　　　**다마고**たまご 달걀　　　**이나리즈시**いなりずし
　　　　　　　　　　　　　　　　　　　　　　　　　　　　　　　　유부초밥

효탄스시 ひょうたん寿司

합리적인 가격으로 질 좋은 초밥을 맛볼 수 있는 후쿠오카 대표 No.1 초밥 전문점. 관광객보다 현지인들에게 더 유명한 곳으로 오픈 전부터 계단을 따라 긴 줄이 이어진다. 원하는 초밥을 골라 단품으로 주문할 수도 있고 다양한 초밥을 한꺼번에 즐길 수 있는 세트 메뉴도 인기 있다. 전복, 아나고(붕장어), 보리새우 스시는 이곳에서 꼭 먹어 봐야 하는 필수 메뉴로 한국어 메뉴판이 마련돼 있어 주문도 어렵지 않다. 워낙 방문하는 사람들이 많아 회전율이 빠른 편. 덕분에 계속해서 신선한 초밥을 즐길 수 있는 것도 효탄스시의 장점이다.

위치 지하철 텐진역과 연결된
　　　텐진 지하상점가 서6번 출구로
　　　나와 오른쪽 길로 70m 직진 후
　　　첫 번째 골목에서 우회전.
주소 福岡市中央区天神2-10-20 2F
운영 11:30~14:30, 17:00~20:30
요금 초밥 200엔~, 평일 한정 점심 정식
　　　1,265엔~, 주방장 특선 2,970엔
전화 092-722-0010

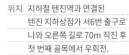

스시잔마이 텐진점 すしざんまい天神店

도쿄, 삿포로, 나고야 등 일본 전역에 지점이 있는 초밥 전문점이다. 다양한 종류의 초밥을 한꺼번에 맛볼 수 있는 세트 메뉴도 있고 원하는 초밥만을 골라 주문할 수 있는 단품도 있다. 메뉴판에는 한국어는 물론이고 메뉴 사진도 있어 주문하기 어렵지 않다. 단품으로 주문할 경우 100~200엔 정도이며 세트 메뉴는 1,408엔부터 있다. 간혹 맛에 실망하는 사람들도 종종 있지만 이 가격에 이 정도 퀄리티의 초밥을 즐길 수 있는 곳이 많지 않다는 것은 분명한 사실.

위치 니시테쓰 후쿠오카(텐진)역
　　　중앙 출구로 나와 케고 공원을
　　　통과한 후 왼쪽 방향 오른쪽
　　　두 번째 골목으로 110m 직진.
　　　오른쪽 텐진 파인 크레스트 1층.
주소 福岡市中央区天神2-3-10
　　　天神パインクレスト1F
운영 11:00~05:00
요금 초밥 107엔~, 초밥 세트 1,408엔~
전화 092-735-6789

모츠나베 케이슈 もつ鍋慶州

관광객보다는 후쿠오카 현지인들에게 더 유명한 모츠나베 전문점이다. 북적거리는 분위기를 피해 여유롭게 식사를 즐기고 싶은 여행자들에게 추천한다. 내부로 들어서면 일본 유명 연예인들의 사인이 빼곡하게 걸려 있다. 자리에 앉으면 태블릿을 이용해 메뉴를 주문하는 시스템이다. 대표적인 메뉴는 간장 육수 베이스의 모츠나베로 부추와 양배추가 두 배 정도 넉넉하게 올라간다. 메인 재료인 대창은 규슈산 흑소를 사용한다. 매콤한 육수의 모츠나베도 있다. 간판이 작아 그냥 지나치기 쉬우니 지도를 잘 보고 찾아가자.

위치 지하철 텐진미나미역 6번 출구에서 나와 오른쪽으로 190m 직진, 왼쪽의 큰길을 건넌 후 정면의 좁은 골목으로 110m 직진 후 우회전.
주소 福岡市中央区西中洲2-17
운영 16:00~23:00
요금 모츠나베 1,790엔~
전화 092-739-8245

하카타 덴푸라 타카오 후쿠오카 파르코점 博多天ぷらたかお福岡パルコ店

여러 가지 튀김을 반찬 삼아 든든하게 식사를 할 수 있는 튀김 전문점으로 일본 곳곳은 물론이고 커낼시티 하카타 4층에도 지점이 있다. 세트 메뉴를 주문해도 코스 요리처럼 하나하나 천천히 제공되는데 덕분에 처음부터 끝까지 따뜻하고 바삭한 튀김을 즐길 수 있는 것이 장점이다. 가장 인기 있는 메뉴는 돼지고기, 생선, 새우, 오징어튀김에 세 가지 야채튀김이 제공되는 타카오 정식(1,200엔). 기본으로 제공되는 피클과 명란무침은 자칫 느끼할 수 있는 튀김과 아주 잘 어울리는 반찬이다.

위치 지하철 텐진역과 연결된 텐진 지하상점가 서6번 출구 옆에 위치한 에스컬레이터 이용, 후쿠오카 파르코 지하 1층.
주소 福岡市中央区天神2-11-1 福岡パルコB1F
운영 11:00~22:00
요금 타카오 정식 1,200엔
전화 092-235-7377

후쿠오카에서 가장 핫한 동네
롯폰마쓰(六本松)

텐진미나미역에서 지하철 나나쿠마센을 타고 다섯 정거장 이동하면 등장하는 롯폰마쓰는 한적한 거리를 산책하며 시간을 보내기 좋은 장소이다. 과거 후쿠오카의 신상 카페들이 하카타에서 텐진 그리고 야쿠인으로 옮겨 오픈했다면 야쿠인 다음으로 핫해진 지역이 바로 이곳 롯폰마쓰다. 골목을 거닐며 나만의 힐링 스폿을 찾아보는 것은 어떨까? 롯폰마쓰역 주변에 후쿠오카 과학박물관이 있어 아이와 함께 가볍게 들러 보는 것도 추천한다.

1 후쿠오카 과학박물관 福岡市科学館

다양한 과학의 원리에 대해 직접 체험하며 관람할 수 있는 박물관으로 5층 기본전시실과 6층 돔 시어터로 구성되어 있다. 기본전시실은 우주와 환경, 생명에 관한 전시로 이루어져 있다. 6층은 규슈 최대 수준의 돔 시어터로 자연 그대로의 밤하늘을 고해상도 영상으로 구현해 생생하게 관람할 수 있다.

주소 福岡市中央区六本松4-2-1
운영 수~월요일 09:30~21:30 휴무 화요일
요금 성인 510엔, 고등학생 310엔,
　　　초등·중학생 200엔
홈피 www.fukuokacity-kagakukan.jp

2 고코쿠 五穀

밥 위에 얇은 달걀옷을 감싼 일반적인 오므라이스가 아닌 밥 위에 부드럽게 익힌 달걀을 통으로 올린 스타일의 특별한 오므라이스를 맛볼 수 있다. 타원형의 달걀은 겉만 살짝 익혀 내부는 촉촉하게 유지된다. 직원이 오므라이스 중앙을 칼로 자르면 밥 위로 자연스럽게 펴지는 퍼포먼스도 재미있다. 후쿠오카 명란이 들어간 오므라이스도 있다. 관광객보다는 현지인들이 많이 찾는 맛집이다.

주소 福岡市中央区六本松4-2-6
운영 화~일요일 11:00~22:00 휴무 월요일, 첫째·셋째 화요일
요금 점심 세트 1,050엔~　　　전화 092-716-5766

3 우동 비요리 うどん日和

롯폰마쓰에서 가장 인기 있는 맛
집으로 오픈 시간에 맞춰 방문하
는 것을 추천한다. 따끈한 국물의
일반적인 우동과 함께 국물 없이
차갑게 즐기는 붓카케우동 중에서
골라 주문할 수 있으며 튀김과 아
보카도 등 다양한 토핑 옵션도 고
를 수 있다. 가장 인기 있는 메뉴는
아보카도 새우튀김 붓카케우동
이다. 치킨과 달걀이 올라간
미니 덮밥과 함께 즐겨 보
는 것을 추천한다.

주소 福岡市中央区六本松4-4-12
운영 수~월요일 11:00~15:00
　　 휴무 화요일
요금 우동 500엔~
전화 092-714-5776

4 소후커피 そふ珈琲

롯폰마쓰역과 베후역 중간에 위치한
작은 카페이다. 커피 메뉴 중에서는 초
코 시럽을 동그랗게 뿌린 카페 모카가
가장 인기 있다. 산미가 느껴지는 커피
와 달콤한 초코 시럽이 아주 잘 어울린
다. 디저트는 사과를 통으로 구워 그
사이에 바닐라 아이스크림을 넣어 먹
는 야키 링고를 추천한다. 여름 시즌에
는 다양한 시럽을 곁들인 빙수 메뉴도
맛볼 수 있다.

주소 福岡市城南区別府1-3-11
운영 목~화요일 13:00~18:00 **휴무** 수요일
요금 커피 500엔~

5 마츠빵 マツパン

좋은 재료로 정성스럽게 구워 내는 빵
집으로 늘 먹는 평범한 빵 종류를 다양
하게 판매하고 있다. 입구에는 간판 대
신 귀여운 일러스트가 그려져 있다. 마
츠빵의 필수 포토존이기도 하다. 아이
들도 먹을 수 있는 부드러운 식감의 빵
부터 달콤하고 촉촉한 쿠키, 후쿠오카
명물인 명란을 활용한 빵도 있다. 가
장 인기 있는 메뉴는 쫀득한 식감의
리치식빵으로 가장 먼저 품절되는 빵
이기도 하다.

주소 福岡市中央区六本松4-5-23
운영 수~일요일 08:00~18:00 **휴무** 월·화요일
요금 빵 130엔~

스테레오 커피 STEREO COFFEE

텐진 중심과는 살짝 떨어진 한적한 주택가 골목에 위치하고 있지만 SNS에서 인기를 끌면서 점차 사람들이 늘어나기 시작했다. 내부에는 스테레오 커피라는 이름에 걸맞게 턴테이블부터 수많은 LP판들이 빼곡하게 진열되어 있다. 에스프레소 머신계의 벤츠라 불리는 라마르조코^{La Marzocco} 머신을 사용해 커피를 추출한다.

이곳의 시그니처 메뉴는 두유가 들어간 소이 바닐라 라테. 1층과 2층 모두 따로 의자가 없이 테이블만 갖춰져 있으며 갤러리로 꾸며진 2층은 낮 12시부터 오픈한다. 건물 외벽에 놓인 파란색 벤치가 스테레오 커피의 포토 스폿. 거의 대부분의 사람들이 이곳에서 커피를 들고 인증 사진을 찍는다.

위치 지하철 텐진역과 연결된 텐진 지하상점가 동12C번 출구로 나와 230m 직진 후 좌회전, 오른쪽 두 번째 골목으로 60m 직진.
주소 福岡市中央区渡辺通3-8-3
운영 평일 10:00~21:00(금 22:00까지), 주말 09:00~21:00(토 22:00까지)
요금 커피 500엔~, 소이 바닐라 라테 650엔
전화 092-231-8854

커넥트 커피 Connect Coffee

텐진에서 도보 10분 거리에 있는 작고 소박한 카페로 각종 라테 아트 대회에서 수상한 경력을 가진 라테 아티스트이자 바리스타가 운영하고 있다. 덕분에 카페 라테를 주문하면 다른 카페에서는 쉽게 접할 수 없는 화려한 라테 아트를 만날 수 있다. 시즌에 따라 벚꽃, 오렌지 등이 들어간 특별한 라테 아트 메뉴를 선보이기도 한다. 가게 내부에서 직접 로스팅까지 겸하고 있어 향긋한 커피 향이 가득한 것도 이곳의 장점이다. 커넥트 커피의 로고 속 동그라미는 사람 사이의 연결을 뜻하고 + 표시는 커피와 사람을 연결한다는 의미를 담고 있다.

위치 지하철 텐진역 동1a 출구로 나와 직진, 오른쪽 세 번째 골목에서 우회전. 출구에서 나와 오른쪽으로 190m 직진, 왼쪽의 큰길을 건넌 후 정면의 좁은 골목으로 110m 직진 후 우회전.
주소 福岡市中央区天神5-6-13
운영 월·수~토요일 12:00~20:00, 일요일 11:00~18:00
휴무 화요일
요금 커피 500엔~
전화 092-791-7213

호시노커피 후쿠오카 솔라리아점 星乃珈琲店福岡ソラリア店

고풍스러운 클래식 인테리어를 자랑하는 핸드 드립 커피 전문점으로 다양한 원두를 이용한 커피를 즐길 수 있다. 사실 호시노커피는 커피도 커피지만 촉촉하고 부드러운 수플레 케이크 スフレパンケーキ로 더 인기 있는 곳이다. 달걀 흰자의 거품을 이용해 부드럽고 폭신한 식감을 자랑하는 수플레 팬케이크는 주문 즉시 만들기 때문에 20분 정도 기다려야 맛볼 수 있다. 향긋한 팬케이크 향기를 맡으며 기다리는 시간은 지루하고 힘들겠지만 메이플 시럽 가득 올려 맛보는 수플레 팬케이크의 맛은 엄지 척! 커피와 함께 즐기면 여행의 피로를 말끔하게 풀 수 있을 것이다.

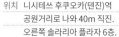

위치 니시테쓰 후쿠오카(텐진)역
공원거리로 나와 40m 직진.
오른쪽 솔라리아 플라자 6층.
주소 福岡市中央区天神2-2-43
ソラリアプラザ6F
운영 11:00~22:00
요금 커피 550엔~,
수플레 팬케이크 580엔~
전화 092-406-4761

카페 델 솔 Cafe del SOL

북적거리는 텐진의 작은 골목에 자리한 카페로 귀여운 라테 아트와 인생 팬케이크로 유명한 곳이다. 두툼한 팬케이크와 과일, 아이스크림, 휩 크림이 함께 나와 두 명이 나눠 먹어도 충분할 만한 양이지만 이곳에선 대부분 1인 1팬케이크를 주문한다. 팬케이크에 330엔을 추가하면 커피와 함께 즐길 수 있다. 골목에 위치하고 있으니 지도를 잘 보고 찾아가야 한다.

위치 니시테쓰 후쿠오카(텐진)역
공원거리로 나와 한 블록 이동 후
좌회전, 오른쪽 첫 번째 골목으로
180m 직진, 다시 오른쪽으로
한 블록 이동.
주소 福岡市中央区大名1-14-45
운영 10:00~17:30
요금 커피 450엔~, 팬케이크 1,320엔~
전화 092-725-3773

키르훼봉 キルフェボン

유럽 뒷골목의 작은 카페를 연상시키는 인테리어로 일본 전역에 여러 체인점을 가지고 있다. 봄, 여름, 가을, 겨울 각 계절에 맞게 수확한 제철 과일을 사용해서 만드는 타르트를 맛볼 수 있다. 쇼케이스 안에 진열된 화려한 비주얼의 타르트 중에서도 블루베리와 복숭아, 딸기 타르트 등이 특히 인기 있다. 시즌 한정 메뉴가 보인다면 주저 말고 주문하자. 인기 있는 디저트는 금세 솔드아웃 되니 말이다.

위치 니시테쓰 후쿠오카(텐진)역 중앙
　　　출구로 나와 케고 공원을 통과한 후
　　　왼쪽 방향, 길 건너편 오른쪽
　　　첫 번째 골목으로 80m 직진.
주소 福岡市中央区天神2-4-11
　　　パシフィーク天神1F
운영 11:00~18:00
요금 타르트 800엔~
전화 092-738-3370

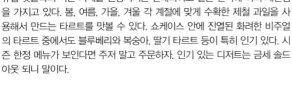

토피 파크 TOFFEE park

1595년 사가현에서 시작된 두부 전문점 미하라에서 선보이는 카페이다. 미하라 두부점에서 만들어 낸 신선하고 진한 두유에 에스프레소를 더한 소이 라테가 대표 메뉴이다. 꿀, 캐러멜, 말차 등을 첨가한 시그니처 소이 라테도 주문할 수 있으며 두유로 만든 티라미수, 초콜릿, 도넛 등 디저트 메뉴도 판매하고 있다. 우유가 들어간 커피나 음료는 없으니 두유를 싫어하는 사람들에게는 추천하지 않는다. 나카강이 내려다보이는 테라스 좌석이 인기 있다.

위치 지하철 텐진역 14번 출구로 나와
　　　140m 직진 후 우회전.
주소 福岡市中央区西中洲6-36
운영 화~토요일 10:00~20:00,
　　　일요일 10:00~18:00 휴무 월요일
요금 소이 라테 580엔~
전화 092-791-9839

야키토리 무사시 やきとり六三四

30년 경력의 꼬치구이 장인이 굽는 야키토리를 즐길 수 있는 곳이다. 일반적인 야키토리 전문점과 다른 고급 레스토랑 분위기의 깔끔한 인테리어를 자랑하는데 가격도 합리적인 편이다. 덕분에 미리 예약하지 않으면 자리가 없는 경우가 대부분. 예약을 하지 못했다면 저녁 10시 이후에 방문하는 것을 추천한다. 꼬치구이는 주문 즉시 구워 내기 때문에 다소 시간이 걸리는 편이라 처음에 한꺼번에 주문하는 것이 좋다. 장어를 넣어 만든 장어 계란말이うなぎ入り玉子焼き는 무사시에서만 맛볼 수 있는 특별 메뉴! 1인당 440엔의 자릿세가 포함되어 계산된다.

위치 지하철 텐진미나미역 6번 출구에서 나와 오른쪽으로 80m 직진, 5시 방향으로 우회전 후 70m 직진.
주소 福岡市中央区渡辺通5-3-23-1
운영 월~금요일 17:00~24:00, 토요일 16:00~24:00, 일요일 16:00~23:00
요금 꼬치 200엔~, 장어 계란말이 968엔, 생맥주 715엔
전화 092-725-3768

네지케몬 ねじけもん

다양한 야채를 돼지고기로 말아 구운 색다른 꼬치구이로 유명한 곳이다. 자리에 앉으면 여러 종류의 꼬치구이 샘플을 보여 주는데 직접 보고 원하는 재료를 골라 주문하면 된다. 실파가 듬뿍 들어간 실파 돼지고기 말이와 부추와 치즈를 함께 말아 구운 꼬치가 최고 인기 메뉴. 주문과 동시에 바로 레몬을 짜 넣어 만드는 1리터 사이즈의 점보 레몬 사와ジャンボレモンサワー와 함께 즐겨 보자. 워낙 인기 있는 곳이니 예약은 필수.

위치 지하철 아카사카역 5번 출구로 나와 오른쪽 첫 번째 골목으로 170m 직진. 왼쪽 AI빌딩 1층.
주소 福岡市中央区大名2-1-29 AIビルC館1F
운영 월~금요일 17:30~24:00, 토·일요일 16:00~24:00
요금 돼지고기 말이 꼬치 275엔~, 점보 레몬 사와 880엔, 생맥주 550엔~
전화 092-715-4550

More & More 골라 먹는 재미가 있는 야키토리(やきとり)

굽다는 뜻의 야키やき와 닭을 뜻하는 도리とり가 합쳐진 야키토리는 말 그대로 구운 닭고기라는 뜻이지만, 이름처럼 꼭 닭고기만을 사용해 만드는 것은 아니다. 일본에서 처음 야키토리가 탄생했을 당시엔 닭고기가 비싸 상대적으로 저렴한 돼지고기를 말고기를 이용해 만들어 먹었으며, 최근엔 닭고기는 물론이고 소고기와 돼지고기의 다양한 부위로 만들어지기도 한다.

누구에게나 인기 만점! 야키토리 Best 6

네기마ねぎま 닭다리와 파를 번갈아 끼운 꼬치
쓰쿠네つくね 닭고기를 다져 어묵처럼 만든 꼬치
데바사키てばさき 닭의 윗날개
도리카와とりかわ 닭 껍질을 구운 꼬치
모모もも 닭다리살 꼬치
부타바라ぶたバラ 돼지고기 삼겹살 꼬치

Night Life
❸
센고쿠 야키토리 이에야스 텐진점 戦国焼鳥家康天神店

하카타역과 텐진역 주변에만 9개의 지점이 있을 정도로 대중적인 야키토리 전문점이다. 꼬치 하나의 가격은 158엔부터 시작되는데 가격 부담이 없어 젊은 층도 많이 찾는다. 기본으로 제공되는 양배추는 톡 쏘는 특제 소스와 맛보자. 그저 생양배추일 뿐인데 달콤하고 상큼한 것이 꼬치를 먹는 중간 한 조각씩 입에 넣으면 입 안이 깨끗하게 정리되는 느낌이다. 게다가 무한 리필! 한국어 메뉴판이 준비돼 있어 주문하기도 어렵지 않다.

위치 지하철 텐진역과 연결된 텐진
　　지하상점가 서1번 출구로 나오자마자
　　바로 오른쪽 골목으로 들어간 후
　　다시 좌회전해 120m 직진.
주소 福岡市中央区天神3-5-1
운영 월~토요일 17:00~23:30,
　　일요일 16:00~23:00
요금 꼬치 158엔~, 마스터 추천 세트
　　1,120엔~, 생맥주 585엔
전화 092-716-0496
홈피 www.yakitori-ieyasu.co.jp

야스베 安兵衛

1961년 오픈한 오뎅가게로 오픈 이후부터 지금까지 한결같은 맛을 유지하고 있는 것으로 유명하다. 덕분에 좁은 골목에 위치한 작고 허름한 가게지만 사람들의 발걸음이 끊이지 않는다. 주방 한쪽에 자리 잡은 커다란 사이즈의 냄비에선 특제 간장으로 맛을 낸 다양한 오뎅을 볼 수 있는데 그중에서도 4일 동안 푹 삶아 진한 국물이 밴 달걀玉子이 이곳의 베스트 메뉴! 달걀과 양배추 말이キャベツ巻, 몇 가지 오뎅이 함께 나오는 오뎅 모둠おでん盛을 주문하면 실패 확률 제로다. 입 안에서 순식간에 녹아 없어지는 부드러운 무와 쫄깃한 곤약도 추천 메뉴. 계산은 현금만 가능하다.

위치	지하철 텐진미나미역 6번 출구에서 나와 오른쪽으로 190m 직진, 왼쪽의 큰길을 건넌 후 정면의 좁은 골목으로 110m 직진 후 우회전.
주소	福岡市中央区西中洲2-17
운영	월~토요일 18:00~23:00 **휴무** 일요일
요금	오뎅 모둠 1,600엔~, 맥주 600엔~
전화	092-741-9295

스미게키쿄 무사시자 すみ劇場むさし坐

가게 중앙에 놓인 커다란 화로에 구워 내는 생선구이가 SNS에 인기 게시물로 소개되면서 후쿠오카에서 가장 핫한 로바타야키로 자리 잡았다. 생선구이를 주문하면 주문 즉시 꼬치에 꽂아 구워 내기 시작한다. 덕분에 30분 정도의 시간이 소요되지만 샐러드나 야키토리 등의 메뉴도 다양해 기다리는 시간이 전혀 지루하지 않다. 화려한 기술로 양념을 뿌리거나 특별한 퍼포먼스를 보여주기도 한다. 예약은 필수이며, 만약 예약하지 못했다면 오픈 시간을 공략해 보자. 1인당 500엔의 자릿세와 10% 세금이 포함되어 계산된다.

위치	지하철 텐진미나미역 6번 출구에서 도보 2분.
주소	福岡市中央区渡辺通5-5-12
운영	월~금요일 16:00~24:00, 토요일 15:00~23:00, 일요일 15:00~24:00
요금	정어리구이 1,280엔, 생맥주 650엔
전화	092-791-4866

19세기 유럽 거리로의 타임 슬립
텐진 지하상점가(天神地下街)

지하철 텐진역天神駅과 이어진 길이 590m의 대규모 상점가로 다채로운 숍과 레스토랑 등 150개의 상점들이 빼곡하게 들어서 있다. 1번가부터 12번가로 이어지는 길 전체를 19세기 유럽 거리 콘셉트로 만들어 놓았는데 지하공간이라고는 상상이 안 될 정도의 화려한 스테인드글라스와 기하학적 패턴의 천장이 이어진다. 계단을 내려오는 순간 전혀 다른 여행지로 여행을 떠나온 것 같은 기분이 드는 곳. 그저 텐진 지하상점가를 걷는 것만으로도 특별한 여행을 즐길 수 있을 것이다.

위치 지하철 텐진역과 연결.
주소 福岡市中央区天神2-11
운영 숍 10:00~20:00,
　　　레스토랑 10:00~21:00
　　　(점포별 상이)
전화 092-711-1903
홈피 www.tenchika.com

Tip
와이파이 이용
텐진 지하상점가에서는 무료로 와이파이를 이용할 수 있다.
와이파이 아이디 tenchika_wi-fi
이용 시간 05:30~00:30

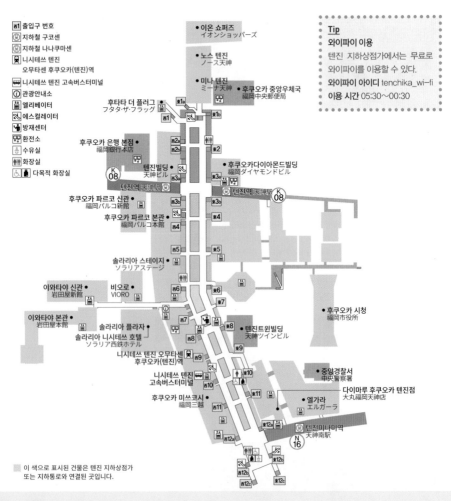

■1 출입구 번호
◎ 지하철 구코센
◎ 지하철 나나쿠마센
🚍 니시테쓰 텐진
　　오무타센 후쿠오카(텐진)역
🚌 니시테쓰 텐진 고속버스터미널
ⓘ 관광안내소
🛗 엘리베이터
↗ 에스컬레이터
🛠 방재센터
💱 환전소
👶 수유실
🚻 화장실
♿ 다목적 화장실

• 이온 쇼퍼즈
　イオンショッパーズ
• 노스 텐진
　ノース天神
• 미나 텐진
　ミーナ天神
• 후쿠오카 중앙우체국
　福岡中央郵便局
• 후타타 더 플래그
　フタタ・ザ・フラッグ
• 후쿠오카 은행 본점
　福岡銀行本店
• 텐진빌딩
　天神ビル
• 후쿠오카다이아몬드빌딩
　福岡ダイアモンドビル
후쿠오카 파르코 신관 •
福岡パルコ新館
후쿠오카 파르코 본관 •
福岡パルコ本館
솔라리아 스테이지 •
ソラリアステージ
이와타야 신관 •　비오로 •
岩田屋新館　　VIORO
이와타야 본관 •
岩田屋本館
솔라리아 플라자 •
니시테쓰 텐진 오무타센
후쿠오카(텐진)역
솔라리아 니시테쓰 호텔 •
ソラリア西鉄ホテル
니시테쓰 텐진
고속버스터미널
후쿠오카 미쓰코시 •
福岡三越
• 후쿠오카 시청
　福岡市役所
• 텐진트윈빌딩
　天神ツインビル
• 중앙경찰서
　中央警察署
• 엘가라
　エルガーラ
다이마루 후쿠오카 텐진점
大丸福岡天神店

K 08 텐진역 天神駅
K 08 텐진역 天神駅
N 16 텐진미나미역
天神南駅

■ 이 색으로 표시된 건물은 텐진 지하상점가
또는 지하통로와 연결된 곳입니다.

More & More
텐진 지하상점가 추천 숍

내추럴 키친 Natural Kitchen

여심을 흔드는 취향 저격 인테리어 소품과 생활 잡화가 가득한 곳으로 믿기 어렵겠지만 내추럴 키친에서 파는 대부분의 물건들은 110엔이라는 매력적인 가격을 자랑한다. 덕분에 텐진 지하상점가에서 필수로 방문해야 하는 상점. 최신 트렌드에 맞춰 매달 150여 개의 새로운 아이템들이 등장하며 핼러윈, 크리스마스, 밸런타인데이 등 다양한 시즌 아이템들도 가득하다. 소장 욕구 100%!

위치	서1번가 342호.
운영	10:00~20:00
전화	092-712-4005

러쉬 LUSH

유기농 과일과 채소로 만드는 영국의 코스메틱 브랜드로 한국에도 이미 마니아들이 있을 정도로 인기를 끌고 있다. 한국에도 매장이 있지만 굳이 일본에서 러쉬를 방문해야 하는 이유는 바로 한국보다 훨씬 저렴한 가격! 게다가 일본 러쉬에서 판매하는 고체 치약은 한국에 정식 수입되지 않아 더욱 인기 있다. 휴대하기 편해 여행용으로 좋으며 직접 매장에서 사용해 볼 수도 있다.

위치	동4번가 220호.
운영	10:00~20:00
요금	고체 치약 1,400엔
전화	092-717-3220

베이크 치즈 타르트 BAKE Cheese Tart

일본 홋카이도의 장인이 만드는 치즈 타르트 전문점. 홋카이도의 질 좋은 치즈를 이용해 만든 타르트를 매장으로 직접 공수해 온 다음 숍에서 바로 굽는다. 덕분에 홋카이도에서 먹는 것과 똑같은 맛을 느낄 수 있다. 베이크 매장 주변은 늘 갓 구운 치즈 타르트 향으로 가득해 도저히 그냥 지나칠 수 없는 곳이기도 하다. 쇼핑 중간 간식으로 즐기기 좋다.

위치	동4번가 225호.	운영	09:00~21:00
요금	250엔(1개)	전화	092-791-1383

• Special Shopping 2 •

텐진 주변 백화점 & 쇼핑몰 완전 정복

지하철역을 중심으로 대규모의 백화점과 쇼핑몰이 빼곡하게 들어서 있는 텐진은 쇼핑을 위해 후쿠오카를 찾은 여행자라면 반드시 거쳐 가야 하는 곳이다. 얼핏 보면 다 똑같은 브랜드를 판매하는 것처럼 보이지만 자세히 들여다보면 각 백화점과 쇼핑몰마다 분위기도 다르고 입점돼 있는 브랜드도 각양각색. 아무 계획 없이 돌아다니다간 금쪽같은 여행지에서의 시간은 물론이고 소중한 체력까지 허투루 써 버릴지도 모르는 일. 미리 자신의 쇼핑 스타일과 관심 있는 브랜드들을 파악해 여행 동선을 결정하자. 지금은 선택과 집중이 필요한 순간!

Tip
면세 혜택
텐진의 주요 백화점에서는 5,000엔(세금 제외) 이상 제품을 구입한 경우 10%의 면세 혜택을 제공하고 있다. 여권과 영수증은 필수로 지참해야 하며 신용카드의 경우 본인의 신용카드로 결제한 경우만 가능하다. 세금은 바로 현금으로 환급받을 수 있으며 백화점에 따라 별도의 면세 수수료가 발생하기도 한다.

명품 브랜드가 한곳에!
이와타야 본점 岩田屋本店

규슈 최초의 백화점. 지하 2층부터 지상 7층까지의 본관과 지하 2층부터 지상 8층까지의 신관이 구름다리로 연결돼 있으며 텐진에 있는 백화점 중 가장 큰 규모를 자랑한다. 명품 브랜드 쇼핑이 목적인 여행자에게 추천한다. 신관 7층 면세 카운터에서 게스트 카드를 발급받으면 쇼핑 시 5% 할인 혜택을 받을 수 있다.
추천 매장 : 바오 바오 이세이 미야케BAO BAO ISSEY MIYAKE(신관 2층), 꼼 데 가르송COMME des GARÇONS(본관 1층), 면세 카운터(신관 7층, 면세 수수료 1.55%)

위치 지하철 텐진역과 연결된 텐진 지하상점가 서6번 출구로 나온 후 오른쪽 길로 200m 직진.
주소 福岡市中央区天神2-5-35
운영 10:00~20:00
전화 092-721-1111
홈피 www.iwataya-mitsukoshi.
    mistore.jp/iwataya.html

후쿠오카 유일의 샤넬 부티크 매장
다이마루 후쿠오카 텐진점 大丸福岡天神店

남녀노소 누구에게나 사랑받는 텐진을 대표하는 백화점이다. 젊은 층들을 겨냥한 패션 브랜드와 해외 유명 브랜드가 들어선 동관이 특히 인기 있으며, 후쿠오카에서는 유일하게 샤넬 부티크 매장을 가지고 있다. 단 게스트 카드 할인 혜택이 없으니 타 백화점에도 있는 브랜드라면 게스트 카드로 할인받을 수 있는 다른 백화점에서의 쇼핑을 추천한다.

추천 매장 : 샤넬 부티크CHANEL Boutique(본관 1층), 갸또 페스타 하라다GATEAU FESTA HARADA(본관 지하 2층), 면세 카운터(본관 지하 1층. 면세 수수료 1.55%)

위치 지하철 텐진역과 연결된 텐진 지하상점가 동9번 출구와 연결.
주소 福岡市中央区天神1-4-1
운영 10:00~20:00
전화 092-712-8181
홈피 www.daimaru-fukuoka.jp

식품관에서 즐기는 미식의 향연!
후쿠오카 미쓰코시 福岡三越

니시테쓰 후쿠오카(텐진)역과 연결돼 있는 백화점으로 고급 브랜드보다는 중저가 브랜드들이 주를 이룬다. 특히 지하 2층에 마련된 식품관에서는 수시로 홋카이도, 교토 등 일본 각지의 특산품들을 모아 판매하는 특별한 이벤트가 열리는 것으로 유명하다. 시간 여유가 된다면 9층 미쓰코시 갤러리를 둘러보는 것도 추천. 지하 2층 면세 카운터에서 5% 할인 가능한 게스트 카드를 발급받을 수 있다.

추천 매장 : 갭Gap(3층), 명품 손수건Select boutiques Handkerchiefs(1층), 면세 카운터(지하 2층. 면세 수수료 1.55%)

위치 니시테쓰 후쿠오카(텐진)역과 연결.
주소 福岡市中央区天神2-1-1
운영 10:00~20:00
전화 092-724-3111
홈피 www.iwataya-mitsukoshi. mistore.jp/mitsukoshi. html

귀여운 캐릭터 쇼핑!
후쿠오카 파르코 福岡パルコ

180여 개의 매장을 갖추고 있는 대형 쇼핑몰로 일본에서 인기 있는 로컬 패션 브랜드는 물론 부담 없는 가격대의 인테리어 잡화, 화장품 매장까지 갖추고 있다. 스누피, 리락쿠마, 헬로키티 등 유명 캐릭터가 한곳에 모여 있는 캐릭터 파크, 애니메이션 원피스 공식 스토어도 자리 잡고 있다.
추천 매장 : 마가렛 호웰MARGARET HOWELL(본관 2층), 텐진 캐릭터 파크天神キャラパーク(본관 8층)

위치 지하철 텐진역과 연결된
    텐진 지하상점가 서4번 출구
    옆에 위치한 에스컬레이터
    이용.
주소 福岡市中央区天神2-11-1
운영 10:00~20:30
전화 092-235-7000
홈피 fukuoka.parco.jp

일본 로컬 브랜드들이 모인
솔라리아 스테이지 ソラリアステージ

니시테쓰 후쿠오카(텐진)역에 자리 잡은 쇼핑몰로 독특한 콘셉트의 매장이 주를 이룬다. 핸즈, 로프트와 비슷한 대규모 잡화점인 인큐브가 있어 아이디어 넘치는 생활용품과 패션잡화 쇼핑을 즐기고 싶은 여행자에게 추천! 지하 2층 레스토랑 거리에는 후쿠오카의 유명 맛집들이 다 모여 있다.
추천 매장 : 인큐브Incube(M3층~5층), 레가넷 텐진Reganet Tenjin(슈퍼마켓. 지하 1층)

위치 지하철 텐진역과 연결된
    텐진 지하상점가 서6번
    출구와 연결.
주소 福岡市中央区天神2-11-3
운영 10:00~20:30
    지하 2층 레스토랑
    11:00~22:00
전화 092-733-7111
홈피 www.solariastage.com

일본의 최신 트렌드가 궁금하다면!
솔라리아 플라자 ソラリアプラザ

가장 최근에 리뉴얼하면서 새로운 브랜드들이 대거 들어선 쇼핑몰. 자연친화적인 인테리어로 곳곳에 나무와 함께 휴식을 취할 수 있는 공간이 마련돼 있다. 내부 공간이 많아 복잡하지 않으며 여유롭게 쇼핑을 즐길 수 있다.
추천 매장 : 핀토Finto(4층), 딘 & 델루카Dean & Deluca(지하 2층)

위치 니시테쓰 후쿠오카(텐진)역
    공원거리로 나와 40m 직진.
주소 福岡市中央区天神2-2-43
운영 월~금요일 11:00~20:00,
    토·일요일 10:00~20:00
전화 092-733-7777
홈피 www.solariaplaza.com

①

텐진 로프트 天神ロフト

핸즈와 함께 일본 잡화점을 대표하는 양대산맥으로 한번 들어가면 쉽사리 나올 수 없는 매력으로 똘똘 뭉쳐 있다. 특히 텐진 로프트는 로프트의 새로운 도시형 점포 1호점으로 화장품 & 뷰티, 라이프스타일 잡화와 인테리어 소품까지 한곳에서 다양한 제품을 구입할 수 있다. 특별한 콜라보 제품을 수시로 출시하기도 한다.

위치	텐진역 동1a출구로 나와 정면에 보이는 미나 텐진 4층.
주소	福岡市中央区天神4-3-8 ミーナ天神4F
운영	10:00~20:00
전화	092-724-6210
홈피	www.loft.co.jp/shop_list/detail.php?shop_id=29

②

쓰리 코인즈 플러스 3COINS+plus

모든 제품이 100엔인 100엔 스토어에서 한 단계 업그레이드된 300엔 스토어 쓰리 코인즈. 거기에서 또 한 단계 업그레이드된 곳이 바로 쓰리 코인즈 플러스이다. 대부분의 제품은 동전 세 개로 구입 가능한 300엔(세금 포함 330엔)이며 1,000엔(세금 포함 1,100엔)에 판매되는 제품들도 다양하다. 독특한 디자인의 그릇과 화려한 색감의 주방용품이 특히 인기 있으며 가격 대비 실용적인 제품들이 여럿 준비돼 있다.

위치	텐진역 동1a출구로 나와 정면에 보이는 미나 텐진 지하 1층.
주소	福岡市中央区天神4-3-8 ミーナ天神B1F
운영	10:00~21:00
전화	092--707-0668

돈키호테 텐진 본점 ドン・キホーテ福岡天神本店

후쿠오카에서 가장 큰 규모의 드러그스토어로 지하 1층부터 5층까지 후쿠오카에서 구입할 수 있는 거의 모든 품목을 판매 중이다. 모든 층을 꼼꼼하게 돌아보기에는 시간이 너무 많이 소요되니 식품이 있는 지하 1층과 의약품이 있는 5층을 집중적으로 둘러본다면 시간을 절약할 수 있다. 후쿠오카를 방문한 대부분의 관광객이 들르는 곳이라 늦은 오후부터 밤까지는 쇼핑은 물론 면세 수속에도 1시간 이상 소요되는 경우가 많다. 여유 있게 쇼핑하고 싶다면 이른 오전 시간에 방문하는 것을 추천한다. 면세 카운터는 5층에 있다.

위치 지하철 텐진역 14번 출구로 나와
140m 직진 후 우회전.
주소 福岡市中央区今泉1-20-17
운영 24시간
전화 057-007-9711

앨리스 온 웬즈데이 Alice on Wednesday

가장 지루하기 쉬운 한 주의 중간인 수요일이 가장 멋진 하루로 바뀌길 바라는 마음으로 지어진 이름인 앨리스 온 웬즈데이. 건물 외벽에 만들어진 수많은 문 중에서 입구를 찾는 것부터 특별한 즐거움을 자아낸다. 안쪽으로 들어서면 실제 동화 『이상한 나라의 앨리스』 속으로 들어온 것 같은 착각을 느끼게 해 주는 감각적인 인테리어가 엿보인다. 먹기 아까울 정도로 예쁜 쿠키들과 화려한 액세서리들 덕분에 구경만 해도 행복해지는 곳.

위치 니시테쓰 후쿠오카(텐진)역
중앙 출구로 나와 케고 공원을
통과한 후 왼쪽 방향, 길 건너편
오른쪽 첫 번째 골목으로 400m
직진 후 왼쪽 골목으로 진입.
도보 9분.
주소 福岡市中央区大名1-3-3
NEO大名Ⅱ 1F
운영 11:00~19:00
전화 092-406-8038
홈피 www.aliceonwednesday.jp

후쿠타로 福太郎

후쿠오카의 명물 중 하나인 멘타이코(명란)로 만든 다양한 제품을 판매하는 곳이다. 가장 인기 있는 제품은 명란으로 만든 과자인 멘베이ⁿⁿ⁻ⁱ. 명란의 감칠맛 덕분에 먹으면 먹을수록 중독되는 맛을 자랑하는데 가장 기본적인 플레인부터 매운맛, 마요네즈 맛, 양파 맛 등 다양하게 준비돼 있다. 종류별로 시식도 가능해 직접 먹어 보고 구입할 수 있는 것도 장점. 선물용으로도 인기 만점이다. 매장 한쪽에서는 명란젓과 함께 따뜻한 한 끼 식사를 즐길 수 있으며 식사 메뉴를 주문하면 명란젓이 무제한 제공된다.

위치 지하철 텐진미나미역 6번 출구에서 나오면 바로 오른쪽 건물.
주소 福岡市中央区渡辺通5-25-18
운영 11:00~19:00
전화 092-713-4441

비쿠카메라 텐진 1호점 ビックカメラ天神1号館

원래는 카메라와 가전제품을 주로 파는 상점이지만 한국인 여행자들은 주로 일회용 콘택트렌즈와 일본의 위스키를 구입하기 위해 이곳을 방문한다. 덕분에 콘택트렌즈 상담 카운터에는 한국어로 된 안내문과 가격표가 준비돼 있다. 여러 개를 구입할 경우 추가 할인도 가능하다. 5,000엔 이상 구입할 경우 면세 혜택도 받을 수 있다. 전자제품은 한국과 전압이 맞지 않아 사용할 수 없는 경우가 많으니 프리 볼트 상품인지 확인 후 구입하는 것을 추천한다. 위스키와 콘택트렌즈는 C블록에 있다.

위치 니시테쓰 후쿠오카(텐진)역 중앙 출구로 나와 왼쪽 방향, 길 건너편.
주소 福岡市中央区今泉1-25-1
운영 10:00~21:00
전화 092-732-1112

Yakuin 야쿠인

● 종합병원

와타나베도리역
渡辺通駅

Ⓢ 슈퍼마켓

Ⓗ 호텔 뉴 오타니 하카타
ホテルニューオータニ博多

야쿠인메모리얼 공원

● 후쿠오카은행

Ⓗ 플라자 후요 호텔
プラザ芙蓉ホテル

스미요시거리 住吉通り

와타나베도리잇초메
渡辺通一丁目

와타나베도리잇초메
渡辺通一丁目

Ⓢ 슈퍼마켓

니테쓰 야쿠인역
薬院駅

Ⓜ

야쿠인에키마에
薬院駅前

야쿠인역
薬院駅

Ⓡ 렉 커피
REC COFFEE

슈퍼마켓 Ⓢ

야쿠인에키마에
薬院駅前

베니키아 칼튼 호텔 후쿠오카 텐진 Ⓗ
ベニキアカルトンホテル福岡天神

Ⓡ 커피 카운티
COFFEE COUNTY

Ⓗ 호텔 뉴 가이아 야쿠인
ホテルニューガイア薬院

Ⓡ 아카마차야 아사고
赤間茶屋あ三五

Ⓝ 카와야
かわ屋

● 다카사고 공원

디그 인
Ⓡ DIG INN

Ⓢ 하이타이드 스토어
HIGHTIDE STORE

Ⓢ 굿 업 커피
Good up Coffee

Ⓡ 시로가네사보
白金茶房

아레아 커피 Ⓡ
アレア・コーヒー

● 시로가네 공원

● 초등학교

Ⓡ 쿠라스코토
くらすこと

● 잇폰기 공원

N

야쿠인

새롭게 뜨는 감성 자극 핫 플레이스!
야쿠인(藥院)

최근 후쿠오카에서 가장 핫한 지역이다. 원래는 작은 주택가일 뿐이었으나 SNS를 통해 몇 곳의 카페가 큰 인기를 끌면서 일부러 이 지역을 찾아오는 여행자들이 급속도로 늘어나고 있다. 하지만 오랜 시간 한곳에 자리 잡고 영업하는 가게가 많은 일본 대부분의 지역과 다르게 수시로 문을 열었다가 한순간 문을 닫는 곳도 적지 않다. 정해진 휴무일이 있지만 별다른 공지 없이 문을 열지 않는 곳도 있다. 그럼에도 불구하고 골목을 걷다 보면 의외의 곳에서 취향 저격 카페나 숍을 만날 수도 있는 곳.
남들 다 가는 레스토랑이나 카페 말고 잘 알려지지 않은 이색적인 숍이나 후쿠오카의 최신 트렌드를 알고 싶은 여행자들에겐 야쿠인이 딱이다!

드나들기

❶ 후쿠오카공항에서 야쿠인으로 이동

지하철
후쿠오카공항 국제선 터미널 1층 1번 정류장에서 무료셔틀버스를 이용
해 후쿠오카공항 국내선으로 이동. 국내선 터미널 앞쪽에 위치한 후쿠
오카 공항역에서 지하철 구코센空港線 탑승 후 하카타역에서 나나쿠마
센七隈線으로 환승, 네 정거장 이동해 야쿠인역 하차. 요금 260엔, 소요
시간 35분.

❷ 하카타항에서 야쿠인으로 이동
하카타항 바로 앞 버스정류장에서 11번, 19번, 50번 버스 탑승, 야쿠인에
키마에 정류장 하차. 요금 260엔, 소요시간 25분.

❸ 하카타역에서 야쿠인으로 이동
하카타역B 버스정류장에서 9번, 11번, 15번, 16번, 17번, 58번 버스 탑승,
야쿠인에키마에 정류장 하차. 요금 150엔, 소요시간 12분.

❹ 텐진역에서 야쿠인으로 이동
니시테쓰 후쿠오카(텐진)역에서 니시테쓰 텐진 오무타센天神大牟田線 탑승
후 한 정거장 이동. 요금 170엔, 소요시간 3분.

여행방법

지하철 야쿠인역과 야쿠인오도리역 주변 지역으로, 도보로 10여 분이면
모두 둘러볼 수 있을 정도로 작은 곳이다. 예쁜 카페에 앉아 달콤한 디저
트와 커피를 맛보고 고즈넉한 분위기의 골목을 거닐며 여유로운 여행을
즐겨 보자. 텐진역에서 멀지 않은 거리에 있어 텐진과 묶어 하루 코스로
여행하는 것도 좋은 방법.

하카타역 주변이나 텐진처럼 유명 관광지나 쇼핑몰 등의 많은 볼거리가
있는 곳은 아니니 큰 기대는 금물. 누구나 다 아는 흔한 관광지 말고 나만
의 특별한 여행을 떠나 보고 싶은 여행자들에게 추천한다.

아카마차야 아사고 赤間茶屋あ三五

관광객들에게 많이 알려진 맛집은 아니지만 후쿠오카 전 지역에서 가장 유명한 소바 전문점이다. 흔하게 잘 알려진 쓰유에 담가 먹는 모리소바^{もりそば} 외에도 따뜻한 국물에 메밀 면이 담겨 나오는 가케소바^{かけそば}와 오리고기를 넣은 국물과 함께 즐기는 가모난반^{鴨南ばん} 등의 다양한 소바 메뉴를 갖추고 있다. 또한 메밀 함유량에 따라 면의 종류도 선택해 주문할 수 있다. 특히 메밀 껍질을 완전히 벗겨 만든 면을 사용한 사라시나^{さらしな}는 우리가 흔하게 보던 메밀 면과 다른 뽀얀 면발을 자랑하는데 껍질을 벗겨 내서 거친 느낌이 없으면서도 메밀의 향을 그대로 느낄 수 있다. 어떤 메뉴를 주문할지 고민된다면 주방장 특선 소바 오마카세^{おまかせそば懷石} 메뉴를 추천한다. 코스별로 다양한 소바를 즐길 수 있다.

위치	지하철 야쿠인역 2번 출구로 나와 오른쪽 두 번째 골목으로 240m 직진.
주소	福岡市中央区白金1-4-14
운영	월·수~금요일 11:30~15:00, 17:00~20:00, 토·일요일 11:30~20:00 **휴무** 화요일
요금	소바 1,100엔~, 소바 오마카세 8,800엔
전화	092-526-4582

니쿠이치 야쿠인 肉いち薬院店

일본 소고기 중에서도 최고급에 속하는 흑우를 전문적으로 취급하는 일본식 숯불구이 야키니쿠 전문점이다. 다른 야키니쿠 전문점에 비해 고기를 구울 때 발생하는 연기가 거의 없어 쾌적한 분위기에서 식사를 즐길 수 있는 것이 장점이다. 가장 인기 있는 메뉴는 니쿠이치 명품 흑소 특선 모둠으로 소고기의 가장 질 좋은 부위들만 고른 소금구이 4종과 특제 양념을 입힌 양념구이 3종이 제공된다. 가격은 4,378엔(2~3인 기준). 고기 부위별로 소금이나 마늘 칩, 와사비 등과 함께 즐길 수 있으며 고기를 다 먹고 난 뒤에 시원한 국물이 일품인 일본식 냉면으로 마무리하는 것도 잊지 말자. 한국인의 입맛에도 잘 맞는 돌솥비빔밥도 추천.

위치	지하철 야쿠인오도리역 2번 출구로 나와 오른쪽으로 180m 이동.
주소	福岡市中央区薬院3-16-34 ヤマトビル1F
운영	16:00~24:00
요금	갈비 858엔~, 돌솥비빔밥 968엔, 모리오카 냉면 858엔
전화	050-3623-5406
홈피	www.yakiniku-nikuichi.com

멘도우 하나모코시 麺道はなもこし

누가 뭐라 해도 후쿠오카를 대표하는 라멘은 진한 돼지 뼈 육수를 우려낸 돈코쓰 라멘이지만, 멘도우 하나모코시는 닭 육수를 사용해 만든 라멘으로 일본 라멘 어워드에서 여러 번 수상할 정도로 뛰어난 맛을 자랑하는 곳이다. 돈코쓰 라멘과 비슷하면서도 다른 깔끔한 국물 맛을 자랑한다. 현지인들에게 워낙 인기 있는 곳이기도 하고 내부가 그리 넓은 편이 아니라 식사 시간엔 긴 기다림을 감수해야 한다. 비정기적으로 쉬는 날도 많으니 미리 공식 트위터를 확인하는 것은 필수. 마감 시간이 아니더라도 재료 소진 시 문을 닫는다.

위치	지하철 야쿠인오도리역 1번 출구로 나와 오른쪽 첫 번째 골목으로 120m 직진.
주소	福岡市中央区薬院2-4-35
운영	월·화·목~토요일 11:45~13:30 **휴무** 수·일요일
요금	라멘 900엔~
홈피	mendohanamokoshi.jimdofree.com

멘게키죠 겐에이 麺劇場玄瑛

후쿠오카에 자리 잡은 수많은 라멘 전문점 중에서 가장 특별한 콘셉트를 가진 곳으로 소극장과 비슷하게 꾸며진 내부 인테리어 덕분에 인기를 끌고 있다. 모든 테이블은 중앙 무대인 주방을 바라보게 놓여 있으며 손님들이 자리에 앉으면 한꺼번에 주문을 받는다. 리멘이 만들어지는 과정 전체를 중앙 무대인 주방을 통해 실시간으로 볼 수 있는 것도 특징. 다양한 퍼포먼스가 추가돼 실제 공연을 관람하는 느낌이다. 덕분에 메뉴를 기다리는 중에도 지루할 틈이 없다. 이곳의 라멘은 하카타 라멘의 기본인 돼지 뼈 육수에 해산물 육수를 추가해 일반적인 돈코쓰 라멘보다 시원하고 깔끔한 맛을 자랑한다. 얼큰하고 고소한 맛의 탄탄면도 인기.

위치	지하철 야쿠인오도리역 1번 출구로 나와 오른쪽 첫 번째 골목으로 우회전, 280m 직진 후 좌회전.
주소	福岡市中央区薬院2-16-3
운영	월요일 11:30~14:30, 수~토요일 11:30~14:30, 18:00~21:00, 일요일 11:30~15:30, 18:00~22:00 **휴무** 화요일
요금	라멘 990엔~
전화	092-732-6100

Food
⑤
시로노 프라이팬 白のフライパン

하얀색 프라이팬이라는 이름의 오므라이스 전문점. 메뉴를 주문하면 미니 사이즈 프라이팬에 담아 제공되는데 덕분에 마지막까지 따뜻하게 즐길 수 있는 것이 특징이다. 대표적인 메뉴는 공주들의 풍성한 치마 라인을 닮은 프린세스 오므라이스로 샐러드와 수프가 함께 제공되며 부드러운 오므라이스와 특제 소스의 조화가 예사롭지 않은 맛을 뽐낸다. 직접 반죽한 면으로 만든 생면 파스타 역시 인기 메뉴이다.

위치 니시테쓰 야쿠인역 3번 출구로 나와
야쿠인오도리역 방향으로 80m 직진
후 우회전, 한 블록 이동 후 좌회전.
주소 福岡市中央区薬院1-6-5
운영 화~토요일 11:00~16:00,
17:00~22:00, 일요일 11:00~21:00
휴무 월요일
요금 프린세스 오므라이스 1,540엔
전화 092-791-7906
홈피 shiro-no-fraipan.owst.jp

Food
⑥
쿠라스코토 くらすこと

브런치와 커피, 생활 잡화를 구입할 수 있는 숍이 함께 있는 카페로 일본 특유의 감성을 느낄 수 있는 공간으로 꾸며져 있다. 규슈에서 나는 야채를 듬뿍 사용한 런치 플레이트를 즐겨 보는 것도 좋고 달콤한 푸딩과 함께 커피 한 잔의 여유를 느껴보는 것도 추천한다. 아이들과 함께 방문한다면 고양이 모양의 접시를 활용한 어린이 메뉴를 주문해 보자. 매장 한쪽에는 여러 가지 주방용품이 전시되어 있어 구경하는 재미도 있다. 1층 대기 의자에서 기다리면 순서대로 2층으로 안내를 받는다. 영어나 한국어 메뉴판은 없지만 메뉴 사진이 있어 일본어를 못해도 안심.

위치 지하철 야쿠인오도리역 2번 출구로
나와 오른쪽 첫 번째 골목으로
600m 직진.
주소 福岡市中央区平尾1-11-21
운영 목~화요일 11:30~19:00
휴무 수요일
요금 커피 디저트 세트 1,265엔,
런치 플레이트 1,380엔
전화 092-791-9696

아베키 Abeki

간판도 제대로 없는 작은 카페지만 인생 치즈케이크라는 극찬을 받으며 인기를 끌고 있다. 클래식 음악이 흘러나오는 가게 안은 옆 사람들의 대화 소리가 거의 안 들릴 정도로 조용한 분위기. 에스프레소 머신을 사용해 커피를 뽑아내는 다른 카페들과는 다르게 핸드드립 방식의 커피를 고집하고 있는데 주문이 들어오면 사장님이 직접 한 잔 한 잔 정성스럽게 커피를 내린다. 진한 커피와 찰떡궁합을 이루는 아베키의 치즈케이크チーズケーキ는 늦은 시간 방문할 경우 당일 판매량 소진으로 맛보지 못할 수도 있으니 인생 치즈케이크를 맛보고 싶은 여행자라면 서두르는 것을 추천한다.

위치 지하철 야쿠인오도리역 2번 출구로 나와 오른쪽 첫 번째 골목으로 510m 직진, 길 건너편에 위치. 도보 7분.
주소 福岡市中央区薬院3-7-13
운영 월~토요일 12:00~17:30
휴무 일요일, 첫째·셋째 주 월요일
요금 커피 600엔~, 치즈케이크 500엔
전화 092-531-0005

노 커피 No Coffee

'삶은 좋은 커피와 함께'라는 슬로건을 내건 트렌디한 카페. 찾아가는 내내 과연 이곳에 카페가 있긴 한 건가 의심이 들 정도로 한적한 주택가 골목에 자리 잡고 있다. 내부로 들어서면 노 커피의 심플한 로고를 활용한 텀블러, 컵, 에코백, 티셔츠 등의 굿즈가 가득하다. 노 커피를 대표하는 커피는 아이스 라테에 대나무 숯가루를 넣은 블랙 라테이다. 맛은 일반적인 라테이지만 노 커피의 로고와 잘 어울리는 검은색 커피와 인증 사진을 찍어 보는 것은 필수.

위치 지하철 야쿠인오도리역 2번 출구로 나와 오른쪽 첫 번째 골목으로 510m 직진 후 오른쪽 길로 직진. 도보 8분.
주소 福岡市中央区平尾3-17-12
운영 10:00~18:00
요금 커피 450엔~, 블랙 라테 600엔
전화 092-791-4515

렉 커피 REC COFFEE

일본 바리스타 챔피언십에서 2년 연속 1등 타이틀을 거머쥔 바리스타의 커피를 맛볼 수 있는 곳으로 이곳 야쿠인에서 처음 시작해 후쿠오카 곳곳에 지점을 오픈했다. 매일 다른 원두를 사용한 스페셜 커피를 선보이며 직접 원두를 맛보고 주문할 수 있도록 시음도 가능하다. 한가한 시간에 라테를 주문할 경우 바리스타가 주문한 손님 자리로 직접 찾아와 즉석에서 라테 아트를 선보이기도 한다. 커피와 궁합이 잘 맞는 샌드위치와 토스트 등도 주문 가능해 가벼운 브런치를 즐기고 싶은 여행자들에게도 추천한다.

위치 지하철 야쿠인역 2번 출구로 나와 오른쪽으로 150m 이동.
주소 福岡市中央区白金1-1-26
운영 월~목요일 08:00~24:00,
　　금요일 08:00~01:00,
　　토요일 10:00~01:00,
　　일요일 10:00~24:00
요금 커피 490엔~, 토스트 350엔~
전화 092-524-2280

시로가네사보 白金茶房

일본어로는 시로가네사보로 읽지만 한국인들에겐 한자를 그대로 읽은 백금다방으로 많이 알려져 있다. 가게 이름이 새겨진 보름달 모양의 클래식 팬케이크クラシックパンケーキ는 버터와 함께 제공되는데 군더더기 없는 깔끔한 맛으로 마니아들이 많은 편. 깊고 진한 향의 원두를 사용한 오리지널 블렌드 커피와 함께 즐기면 그 맛은 배가 된다. 시간대별로 아침, 브런치, 애프터눈 티, 저녁까지 조금씩 메뉴가 바뀌며 기본 팬케이크에 과일이나 샐러드, 수프 등을 추가한 여러 가지 메뉴들을 선보인다.

위치 지하철 야쿠인역 2번 출구로 나와 오른쪽 두 번째 골목으로 450m 직진. 도보 7분.
주소 福岡市中央区白金1-11-7
운영 월~금요일 08:00~17:00,
　　토·일요일 08:00~18:00
요금 팬케이크 750엔~, 커피 700엔~
전화 092-534-2200
홈피 s-sabo.com

굿 업 커피 Good up Coffee

제대로 된 간판 하나 없지만 SNS를 통해 빠르게 입소문이 나면서 현지인들은 물론 관광객들의 발걸음이 끊이지 않는 곳이다. 아담한 사이즈의 내부 탓에 자리를 잡기는 쉽지 않지만 고소한 우유와 진한 커피가 조화를 이루는 훌륭한 맛의 라테는 꼭 경험해 보는 것을 추천한다. 두툼하게 썰어낸 빵 위에 팥과 버터가 넉넉하게 올라간 팥 토스트 Toast with Bean Jam (690엔) 역시 굿 업 커피에서 꼭 맛봐야 하는 메뉴이다. 계절에 따라 다양한 과일이 올라간 스페셜 메뉴가 출시되기도 한다. 굿 업 커피 로고를 활용한 다양한 굿즈를 판매하고 있으며 원두 구입도 가능하다. 정해진 시간보다 빨리 문을 닫거나 급작스럽게 문을 열지 않는 경우가 종종 있으니 방문할 예정이라면 당일에 공식 SNS를 체크해 보는 것을 추천한다.

위치 지하철 야쿠인역 2번 출구로 나와 오른쪽으로 200m 이동 후 우회전, 길을 따라 450m 직진. 도보 8분.
주소 福岡市中央区高砂1-15-18
운영 월·수·금·토요일 09:00~19:00, 일요일 09:00~18:00
휴무 목요일
요금 커피 520엔~, 토스트 570엔~
홈피 www.instagram.com /good_up_coffee

프랑스 과자 16구 フランス菓子16区

프랑스에서 제빵·제과를 공부한 파티시에 미시마 타카오상이 1981년에 오픈한 베이커리로 2층 카페와 같이 운영하고 있다. 대표적인 메뉴는 달걀 흰자를 거품 낸 머랭에 아몬드 가루를 넣어 만든 고소하고 폭신한 식감의 다쿠아즈 ダックワーズ. 프랑스의 작은 마을에서 처음 탄생한 다쿠아즈는 1979년까지만 해도 지금과 같은 모양이 아니었다고 한다. 1979년 처음으로 다쿠아즈 사이에 필링을 넣어 특별한 식감의 다쿠아즈를 만들었는데, 이렇게 탄생된 미시마 타카오상의 다쿠아즈는 프랑스의 유명 파티시에가 직접 후쿠오카로 날아와 비법을 배워 갔을 정도. 이후 미시마 타카오상이 만든 모습으로 프랑스에서도 다쿠아즈가 만들어지기 시작했다고 한다. 잘 따져 보면 다쿠아즈의 원조라고 해도 무방할 정도. 파삭하면서 폭신한 원조 다쿠아즈를 맛보고 싶은 여행자들에게 추천한다.

위치 지하철 야쿠인오도리역 2번 출구로 나와 왼쪽 두 번째 골목으로 진입해 180m 직진 후 우회전, 다시 140m 직진.
주소 福岡市中央区薬院4-20-10
운영 화~일요일 10:00~18:00
휴무 월요일
요금 다쿠아즈(2개) 486엔
전화 092-531-3011
홈피 www.16ku.jp

Night Life
1
하카타 토리카와야키 구 博多とりかわやき ぐう

맛은 물론이고 눈이 즐거워지는 일본식 꼬치구이 전문점이다. 사장님은 물론이고 직원 모두가 친절해 다녀온 사람들이 대부분 만족하는 곳이기도 하다. 가장 추천하는 메뉴는 닭 껍질 구이인 도리카와. 후쿠오카의 다른 전문점들과 마찬가지로 일주일간 숙성과 구이를 반복해 만들어진다. 원조격이라 할 수 있는 가게에서 직원으로 근무했던 사장님께서 오픈한 곳으로 그 맛 그대로를 느낄 수 있다. 오픈된 주방에서는 쉴 새 없이 구워지는 꼬치들을 볼 수 있는데 화려한 소금 뿌리기 퍼포먼스는 이곳만의 자랑이기도 하다. 자릿세가 추가되며 기본으로 나오는 양배추는 다시마 절임과 함께 먹어보는 것을 추천한다. 예약은 필수.

위치	지하철 야쿠인오도리역 2번 출구로 나와 뒤쪽으로 길을 건넌 뒤 300m 직진.
주소	福岡市中央区今泉2-3-23 ARTK'S上人橋 1F
운영	월·화·목·금요일 17:00~23:00, 토·일요일 16:00~23:00 **휴무** 수요일
요금	꼬치 180엔~, 맥주 500엔~
전화	092-707-0147

Night Life
2
카와야 かわ屋

일본 현지인들에게 인기 있는 작고 허름한 야키토리 전문점. 이곳의 대표적인 메뉴는 닭 껍질 꼬치인 도리카와とり皮(143엔)이다. 닭의 부드러운 껍질 부위를 꼬치에 감아 6일 동안 무려 7~8번을 반복해 구워 완성시키는데 덕분에 겉은 바삭하고 안쪽은 촉촉한, 도저히 닭 껍질이라고 믿기지 않는 식감과 맛을 선사한다. 가격도 저렴한 편이라 1인 10꼬치는 기본. 한국어 메뉴판이 마련돼 있어 주문도 어렵지 않다. 단, 예약은 필수다.

위치	지하철 야쿠인역 2번 출구로 나와 오른쪽 첫 번째 골목으로 진입 후 210m 이동. 막다른 길이 나오면 왼쪽 방향으로 한 블록 이동 후 다시 오른쪽으로 90m.
주소	福岡市中央区白金1-15-7 ダイヤパレス 1F
운영	수~월요일 17:00~24:00 **휴무** 화요일
요금	꼬치 143엔~, 맥주 495엔~
전화	092-522-0739

코야마 파킹 コヤマパーキング

야쿠인과 텐진 사이에 자리 잡은 트렌디한 이자카야로 틀에 박힌 메뉴가 아닌 다양한 창작 요리들을 선보인다. 추천 메뉴는 매번 바뀌는 제철 재료들을 활용한 요리와 시그니처 메뉴가 함께 제공되는 오마카세 코스 요리이다. 술 안주로 좋은 메뉴들이 줄지어 나오는데 중앙 키친을 중심으로 셰프의 요리하는 모습을 눈으로 확인할 수 있다는 장점도 있다. 일본 소주, 사케, 하이볼, 맥주, 위스키까지 보유하고 있는 술 종류도 다양하다. 워낙 인기 있는 곳으로 사전 예약은 필수이다.

위치 지하철 야쿠인오도리역 2번 출구로 나와 뒤쪽으로 길을 건넌 뒤 600m 직진 후 좌회전.
주소 福岡市中央区警固1-6-4
운영 13:00~23:00
요금 오마카세 코스 6,500엔~
전화 092-753-8358

B · B · B 포터스 B·B·B Potters

감각적인 인테리어 소품과 주방용품 등을 판매하는 잡화점으로 유명 브랜드와 최신 트렌드의 상품이 수시로 업데이트되는 편집숍이다. 가게 이름인 B · B · B에 숨어 있는 뜻은 차를 끓이거나(Brew) 빵을 굽거나(Bake) 야채를 삶는(Boil) 등의 주방에서 사용하는 도구뿐만 아니라 일상생활에서 자연스럽게 사용하는 것들을 판매한다는 의미를 가지고 있다. 1991년 처음 오픈해 2014년 지금의 자리로 옮겨 왔으며 무려 30년이 넘는 역사를 가지고 있다. 오랜 시간 동안 공들여 구성한 라인들은 매장 1층과 2층 구석구석에 자리 잡고 있으며 전면에 디스플레이 되어 있는 제품들 외에도 꼼꼼하게 둘러보면 재미있는 상품들을 많이 발견할 수 있다.

위치 니시테쓰 야쿠인역 3번 출구로 나와 야쿠인오도리역 방향으로 240m 직진 후 오른쪽 1시 방향 골목으로 진입, 90m 이동.
주소 福岡市中央区薬院1-8-8
운영 11:00~19:00
전화 092-739-2080
홈피 www.bbbpotters.com

Sea-side momochi 시사이드 모모치 일대

시사이드 모모치 일대

• 아타고하마 중앙공원

ⓢ 슈퍼마켓

마리나거리 マリナ通り

아카짱 혼포 ⓢ
アカチャンホンポ

이온 마리나타운점 ⓢ Ⓜ
イオンマリナタウン店

• 도요하마 공원

🚌 아타고진자이리구치
愛宕神社入口

아타고진자이리구치 🚌
愛宕神社入口

마리나거리 マリナ通り

메이사거리 明治通り

ⓢ 슈퍼마켓

메이노하마역
姫浜駅

ⓘ

• 메이노하마 중앙공원

무로미역
室見駅

팀랩 포레스트 후쿠오카
teamLab Forest Fukuoka

오 사다하루 야구 박물관
王貞治ベースボールミュージアム

미즈호 페이페이돔 후쿠오카
みずほPayPayドーム福岡

보스 이조 후쿠오카
BOSS E·ZO FUKUOKA

맘마미아
マンマミーア

더 비치
THE BEACH

마리존 •
マリゾン

시사이드 모모치 해변공원
シーサイドももち海浜公園

힐튼 후쿠오카 시 호크 ⒣
ヒルトン福岡シーホーク

지교 중앙공원

페이페이돔
PayPayドーム

기타키쓰네노 다이코부쓰 ⓡ
北キツネの大好物福岡タワー店

후쿠오카 타워
福岡タワー

마크이즈 후쿠오카 모모치 Ⓢ
MARK IS 福岡ももち

•초등학교

후쿠오카타워
福岡タワー

페이페이돔
PayPayドーム

시사이드 호텔 트윈스 모모치 ⒣
シーサイドホテルツインズももち

후쿠오카타워미나미구치
福岡タワー南口

후쿠오카타워미나미구치
福岡タワー南口

후쿠오카시 종합도서관
•병원

더 레지던스 스위트 후쿠오카 ⒣
ザ・レジデンシャルスイート・福岡

후쿠오카시 박물관
福岡市博物館

•모모치
중앙공원

요카토피아거리 よかトピア通り

사자에신거리 サザエさん通り

니시진역
西新駅

돈키호테 Ⓢ
ドン・キホーテ

마쓰모토 기요시 Ⓢ
후지사키역
藤崎駅

Ⓢ 드러그일레븐

•경찰서

지하철 구코센

니욜 커피 ⓡ
NIYOL COFFEE

ⓡ 시로 커피
Siro Coffee

복잡한 도시여행 속 쉼표 하나
시사이드 모모치 일대(シーサイドももちエリア)

북적거리는 도심 속 후쿠오카와는 다른 여유로움 속에 다채로운 즐거움이 가득한 곳이다. 한적한 해변을 산책하며 힐링 여행을 즐기고 싶다면 시사이드 모모치 해변공원으로, 아찔하게 높은 전망대에 올라 360도로 펼쳐지는 환상적인 뷰를 감상하고 싶다면 후쿠오카 타워로, 다양한 즐거움을 체험하고 싶다면 보스 이조 후쿠오카로, 후쿠오카의 역사와 과거 사람들의 생활상이 궁금하다면 후쿠오카시 박물관으로, 쇼핑이 목적이라면 마크이즈 후쿠오카 모모치로 향하자.
팔색조 매력으로 여행자들을 유혹하는 시사이드 모모치 일대는 복잡한 도심에서 벗어나 특별한 여유를 즐기고 싶은 여행자들에게 풍성한 즐거움을 선사해 줄 것이다.

드나들기

❶ 후쿠오카공항에서 시사이드 모모치로 이동

후쿠오카공항 국제선 터미널 1층 1번 정류장에서 무료셔틀버스를 이용해 후쿠오카공항 국내선으로 이동. 국내선 터미널 앞쪽에 위치한 후쿠오카공항역에서 지하철 구코센空港線 탑승 후 니시진역 하차 후 도보 20분. 요금 300엔, 소요시간 54분.

❷ 하카타역에서 시사이드 모모치로 이동

하카타역A 버스정류장에서 302번 버스 탑승, 후쿠오카타워미나미구치 정류장 하차. 혹은 하카타 버스터미널 1층에서 306번 버스 탑승 후 후쿠오카타워미나미구치 정류장 하차. 요금 260엔, 소요시간 35분.

❸ 텐진역에서 시사이드 모모치로 이동

텐진고소크바스터미나루마에 1A번 버스정류장에서 W1번, 302번 버스 탑승 후 후쿠오카타워미나미구치 정류장 하차. 요금 260엔, 소요시간 25분.

여행방법

봄, 여름, 가을, 겨울 언제 가더라도 좋지만 특히 여름철엔 스릴 넘치는 해양스포츠와 바다 수영을 즐길 수 있어 휴양 여행을 즐기고 싶은 여행자들이라면 빼먹지 말아야 할 필수 스폿이다. 오전 시간엔 마크이즈 후쿠오카 모모치에서 쇼핑을 즐기고 시사이드 모모치 해변공원과 마리존을 가볍게 산책하는 것도 좋은 코스.

시사이드 모모치 일대의 하이라이트는 온통 파랗던 하늘과 바다가 붉은색으로 물들어 갈 즈음이다. 매일 밤마다 각기 다른 빛깔을 뽐내며 위풍당당하게 서 있는 후쿠오카 타워에 올라 환상적인 야경을 감상하고 해변가에 자리 잡은 비치 레스토랑에서 로맨틱한 일몰과 함께 맥주 한잔 즐기는 여유도 잊지 말자.

하루 동안 시사이드 모모치 해변공원, 후쿠오카 타워, 보스 이조 후쿠오카와 마크이즈 후쿠오카 모모치까지 모두 둘러볼 생각이라면 아침 일찍 서두르는 것이 좋다. 버스 이동이 많을 수밖에 없는 일정이므로 후쿠오카 도심은 물론 시사이드 모모치 구간이 포함된 버스 무제한 패스, 후쿠오카 시내 1일 프리 승차권(성인 1,200엔, 6~12세 600엔) 구입을 추천한다.

❶

시사이드 모모치 해변공원 シーサイドももち海浜公園

하카타역에서 버스로 30여 분이면 도착하는 바닷가로 도심과는 다른 분위기에서 몸과 마음을 힐링할 수 있는 여행지다. 언뜻 보면 일반적인 해변공원들과 다를 게 없어 보이지만 사실 이곳은 자연적으로 생겨난 것이 아닌 인공적으로 만들어 놓은 인공 모래사장. 여름이면 해수욕은 물론이고 다양한 해양스포츠를 즐길 수 있어 후쿠오카 사람들의 주말 나들이 장소로 사랑받고 있다. 아름다운 해변 풍경을 바라보며 모래사장을 산책하는 것도 좋지만, 무료 샤워시설은 물론이고 탈의실과 화장실도 잘 갖춰져 있으니 날씨만 허락한다면 즐거운 해수욕을 즐겨 보는 것도 추천한다. 단. 온수 샤워는 유료(1회 3분. 100엔).

위치	하카타역A 버스정류장에서 302번 버스 탑승, 후쿠오카타워미나미구치 정류장 하차.
주소	福岡市早良区百道浜2-902-1

❷

후쿠오카 타워 福岡タワー

1988년 후쿠오카시 제정 100주년을 기념하기 위해 세워진 후쿠오카 타워는 총 높이가 234m로 해변가에 자리 잡은 일본의 타워 중 최고 높이를 자랑한다. 8천 장의 반투명 거울로 만들어진 외벽은 푸르른 하늘과 구름이 그대로 반영돼 날씨에 따라, 해의 위치에 따라 시시각각 다른 모습을 보여 준다. 밤에는 건물 전체에 조명을 밝혀 색다른 분위기를 자아내는데 시즌에 따라 각기 다른 콘셉트를 선보인다. 타워의 입구로 들어서면 머리 위 100m 높이로 투명하게 뚫려 있는 천장을 만날 수 있으며 이 또한 놓치면 안 되는 특별한 볼거리! 고속 엘리베이터를 타고 123m 높이에 자리 잡은 전망대에 오르면 환상적인 파노라마 뷰를 감상할 수 있다. 날씨만 좋다면 하카타항은 물론이고 후쿠오카 도심까지 한눈에 내려다보인다. 해가 질 무렵 타워에 올라 낮 풍경과 함께 반짝반짝 빛나는 야경을 연달아 감상하는 것도 추천.

위치	하카타역A 버스정류장에서 302번 버스 탑승, 후쿠오카타워미나미구치 정류장 하차.
주소	福岡市早良区百道浜2-3-26
운영	09:30~22:00
요금	성인 800엔, 초등·중학생 500엔, 4세 이상 200엔
전화	092-823-0234
홈피	www.fukuokatower.co.jp

마리존 マリゾン

시사이드 모모치 해변공원과 이어진 인공 섬으로 지중해풍의 로맨틱한 건물들이 모여 있어 이국적인 분위기를 자아낸다. 직선으로 뻗은 다리를 건너 마리존으로 들어가는 길은 흡사 동화 속으로 빨려 들어가는 듯한 느낌. 한 가지 안타까운 점은 마리존 중앙에 자리 잡은 메인 건물에는 실제로 들어가 볼 수 없다는 것. 주말이면 현지인들의 로맨틱한 결혼식장으로 사용되고 있기 때문이다. 결혼식장 주변으로 같은 분위기의 레스토랑과 카페, 바가 자리 잡고 있다. 늦은 밤 조명이 들어오면 더 로맨틱해지는 곳으로 연인과 함께 시사이드 모모치를 방문한다면 필수로 들러 보자.

위치 시사이드 모모치 해변공원 내.
주소 福岡市早良区百道浜2-902-1
전화 092-845-1400
홈피 www.marizon.co.jp

후쿠오카시 박물관 福岡市博物館

후쿠오카의 시작부터 지금까지의 역사를 한눈에 볼 수 있는 박물관이다. 1년 365일 관람 가능한 상설전시와 일정 기간에만 열리는 기획전시, 그리고 특별전으로 구성돼 있다. 상설전시 공간에서는 'FUKUOKA 아시아에 살았던 도시와 사람들'이라는 주제로 후쿠오카의 역사와 사람들의 생활에 대해 관람할 수 있다. 가장 인기 있는 공간은 지금까지도 후쿠오카에서 가장 유명한 축제인 '하카타기온야마카사'에 관한 전시 공간이다. 아시아 각국의 악기와 장난감을 직접 만져 보고 놀 수 있는 체험 학습실도 인기.

위치 후쿠오카 타워에서 시사이드 모모치 해변공원 반대쪽으로 260m 이동.
주소 福岡市早良区百道浜3-1-1
운영 화~일요일 09:30~17:30
　　 휴관 월요일(휴일인 경우 그 다음 날)
요금 성인 200엔, 고등·대학생 150엔
전화 092-845-5011
홈피 museum.city.fukuoka.jp

보스 이조 후쿠오카 BOSS E·ZO FUKUOKA

미즈호 페이페이 돔 후쿠오카 옆에 새롭게 오픈한 관광 명소로 아찔한 스릴을 즐길 수 있는 놀이 기구와 미디어 아트 체험 전시인 팀랩 포레스트 후쿠오카, 오 사다하루 야구 박물관, 다양한 기획전시실까지 다채로운 즐거움을 한꺼번에 누릴 수 있는 시설이다. 원하는 체험 시설마다 별도의 티켓을 구입해 이용하면 된다. 7층에는 산리오 드리밍 파크가, 3층에는 후쿠오카의 유명 맛집들이 모여 있는 푸드홀이 있다.

위치	하카타역 A 버스정류장에서 301번 버스 탑승. 혹은 하카타 버스터미널 1층에서 306번 버스 탑승 후 페이페이돔 정류장 하차 (요금 260엔, 소요시간 20분).
주소	福岡市中央区地行浜2-2-6
운영	월~금요일 11:00~22:00, 토·일요일 10:00~22:00
요금	1,000엔~(시설별 상이)
전화	092-400-0515
홈피	e-zofukuoka.com

아찔한 절경 3형제 絶景3兄弟
건물 옥상에 마련된 체험 공간에는 건물 벽면을 따라 만든 100m 길이의 튜브형 미끄럼틀, 레일을 따라 신나게 날아 움직이는 롤러코스터, 아찔한 높이로 절벽을 올라가는 클라이밍으로 구성되어 있다.

팀랩 포레스트 후쿠오카 teamLab Forest Fukuoka
숲을 테마로 만들어진 미디어 아트 전시로 단순히 보는 것에 그치지 않고 직접 체험하며 즐기는 체험형 전시 공간이다. 전용 앱을 설치하면 전시관 내에서 동물을 사냥해 보는 경험도 가능하다. 공간마다 포토존이 다양해 이색적인 사진을 담을 수 있다. 하이힐이나 굽이 높은 신발, 슬리퍼를 신은 경우 입장이 불가한 구역이 있다.

오 사다하루 야구 박물관 王貞治ベースボールミュージアム
한국에는 왕정치라는 이름으로 알려진 일본 프로야구의 전설 오 사다하루 선수의 이야기를 중심으로 일본 야구에 대한 다양한 정보를 얻을 수 있는 박물관이다. 직접 투수 혹은 타자가 되어 다양한 기록을 측정해 볼 수도 있다.

①

맘마미아 マンマミーア

커다란 화덕에 구워 주는 정통 나폴리 피자를 맛볼 수 있는 퓨전 이탈리안 레스토랑이다. 전혀 일본 같지 않은 느낌의 이국적인 건물 안으로 들어서면 이탈리아 소도시의 작은 레스토랑으로 순간 이동한 것 같은 느낌이 든다. 맘마미아의 명당은 커다란 창 바로 앞 좌석으로 이곳에 앉으면 환상적인 바다 풍경을 그대로 바라볼 수 있다. 아쉽게도 맘마미아는 중간에 자리를 바꾸는 것이 금지돼 있으니 무조건 처음부터 창가 자리를 사수하도록. 귀엽고 아기자기한 소품들이 가득하며 식사 메뉴 외에도 커피, 케이크 등 간단하게 즐길 수 있는 디저트 메뉴가 다양하게 준비돼 있다.

위치	시사이드 모모치 해변공원 내 마리존.
주소	福岡市早良区百道浜2-902-1 마리존内
운영	수~월요일 11:30~21:00 **휴무** 화요일
요금	맥주 680엔~, 칵테일 1,050엔~, 피자 1,500엔~
전화	092-832-3353

더 비치 THE BEACH

시사이드 모모치 해변공원과 연결된 테라스 자리 덕분에 항상 사람들로 붐비는 곳이다. 샐러드부터 피자, 파스타 등의 메인 메뉴는 물론 가볍게 즐기기 좋은 맥주나 칵테일 메뉴도 갖추고 있다. 유명 관광지 중심인 데다가 해변을 바라보고 있는 위치 덕분에 가격이 비쌀 것 같지만 꼭 그렇지만은 않다는 것이 더 비치의 큰 장점. 다만 맛은 크게 기대하지 않는 것이 좋다. 맛보다는 멋진 분위기에서 식사를 즐기고 싶은 여행자들에게 추천한다. 미리 예약할 경우 비치에서 바비큐 파티를 즐길 수도 있다.

위치	시사이드 모모치 해변공원 내 마리존.
주소	福岡市早良区百道浜2-902-1 마리존内
운영	금~화요일 11:00~21:00 **휴무** 수·목요일
요금	맥주 700엔~, 파스타 1,100엔~, 피자 1,280엔~
전화	092-845-6636
홈피	thebeach-marizon.com

기타키쓰네노 다이코부쓰 北キツネの大好物福岡タワー店

'북쪽 여우가 가장 좋아하는 음식'이라는 다소 신기한 이름의 아이스크림 · 크레이프 전문점. 후쿠오카 타워 바로 옆에 자리하고 있어 후쿠오카 타워를 방문하는 대부분의 사람들이 들르는 곳이기도 하다. 다양한 과일과 아이스크림을 이용해 부드러운 크레이프와 아이스크림을 만드는데 메뉴가 많아 골라 먹는 재미가 있다. 이곳의 베스트 메뉴는 딸기와 연유, 부드러운 아이스크림이 올라간 딸기 우유^{いちごミルク}라는 이름의 소프트 아이스크림. 달콤한 디저트를 좋아하는 여행자들에게 추천한다.

위치 후쿠오카 타워 옆.
주소 福岡市早良区百道浜2-3-26
운영 수~월 12:00~19:00
　　　휴무 화요일
요금 크레이프 480엔~, 아이스크림 420엔~
전화 092-823-1770

마크이즈 후쿠오카 모모치 MARK IS 福岡ももち

유니클로, 토이저러스, GU 등 한국인들이 좋아하는 브랜드가 대거 입점해 있는 쇼핑몰이다. 2층 ABC 마트에는 한국에서 구하기 힘든 특별한 디자인의 한정판 운동화를 발견할 가능성도 높은 편이다. 시사이드 모모치 해변공원, 후쿠오카 타워, 보스 이조 후쿠오카 등을 관광하고 마지막 코스로 쇼핑을 즐기기 좋은 위치에 있다. 텐진이나 하카타역 주변보다 유동인구가 적은 편이라 여유로운 쇼핑이 가능한 것도 장점이다. 3층 푸드코트에는 후쿠오카에서 유명한 맛집들이 자리 잡고 있어 쇼핑과 맛집 탐방까지 한방에 가능하다.

위치 하카타역 A 버스정류장에서 301,
　　　333번 버스 탑승. 혹은 하카타
　　　버스터미널 1층에서 306번 버스
　　　탑승 후 페이페이돔 정류장 하차.
주소 福岡市中央区地行浜2-2-1
운영 10:00~20:00
전화 092-407-1345
홈피 www.mec-markis.jp
　　　/fukuoka-momochi

아카짱 혼포 후쿠오카 마리나타운점 アカチャンホンポ福岡マリナタウン店

일본 전역에 매장을 가지고 있는 유아, 어린이, 임신 · 출산용품 전문점이다. 아이와 함께 후쿠오카를 찾은 가족 여행객이라면 필수로 들러야 하는 쇼핑 코스이다. 최근엔 라라포트에도 매장이 오픈해서 마리나타운점은 여유로워진 편이다. 출산 준비물부터 젖병, 기저귀, 옷, 장난감까지 각종 캐릭터가 그려진 수십 아니 수천 개의 물건이 주인을 기다리고 있다. 같은 상품이지만 한국에서 구입하는 것보다 저렴하고 수시로 세일이 진행되기도 한다. 소모품과 일반물품 각각 세금을 제외하고 5,000엔 이상 구입했을 경우 10%의 세금 환급을 받을 수 있다.

위치 하카타역A 버스정류장에서 301번, 302번, 333번 버스 탑승. 혹은 하카타 버스터미널 1층에서 312번 버스 탑승 후 아타고진자이리구치 정류장 하차. 이온 마리나타운 내 2층 (요금 470엔, 소요시간 43분).
주소 福岡市西区豊浜3-1-10 イオンマリナタウン店内
운영 10:00~20:00
전화 092-894-2380
홈피 stores.akachan.jp/132

More & More
이건 꼭 사야 해! 아카짱 혼포 추천 아이템

귀여운 미키마우스 캐릭터가 그려진 **젖병** (240ml 2,550엔)

아이가 쥐기 편한 모양과 사이즈의 **기린 치발기** (800엔)

자극 없이 순한 유아 전용 입욕제 **스키나베브** (500ml 1,864엔)

외출 시 사용하기 편한 **일회용 턱받이** (5개 365엔)

위생적으로 낱개 포장된 오일 첨가 **면봉** (50개 292엔)

아이 이마에 딱 맞는 미니 사이즈 **해열패치** (12개 508엔)

우미노나카미치 Uminonakamichi

후쿠오카 현지인들의 주말 나들이 장소
우미노나카미치(海の中道)

후쿠오카 북쪽의 작은 섬 시카노시마志賀島와 후쿠오카를 연결하고 있는 모래 언덕 모양의 지형이다. 약 3㎢ 규모의 거대한 해변공원과 규슈에서 가장 큰 규모의 아쿠아리움이 자리 잡고 있다. 덕분에 주말이면 후쿠오카 현지인들의 가족 나들이 장소로 인기 만점. 단점이라면 하카타역에서 한 번에 가는 교통수단이 없어 다소 번거로운 환승은 필수라는 것이다. 하지만 다녀온 대부분의 여행자들이 입을 모아 다시 찾고 싶다 말하고 있으니 시간과 노력을 들여 방문할 만한 매력 넘치는 여행지임은 확실하다.

드나들기

❶ 후쿠오카공항에서 우미노나카미치로 이동

후쿠오카공항 국제선 터미널 1층 1번 정류장에서 무료셔틀버스를 이용해 후쿠오카공항 국내선으로 이동. 국내선 터미널 앞쪽에 위치한 후쿠오카공항역에서 구코센空港線 탑승 후 하카타역 하차. JR 하카타역으로 이동 후 JR 가고시마 혼센을 타고 가시이역香椎駅 하차. 플랫폼을 이동해 JR 가시이센 사이토자키西戸崎행 기차로 환승 후 우미노나카미치역海の中道駅에서 하차. 요금 740엔, 소요시간 50분.

우미노나카미치

❷ 하카타역에서 우미노나카미치로 이동

JR 하카타역에서 JR 가고시마 혼센을 타고 가시이역 하차. 플랫폼을 이동해 JR 가시이센 사이토자키행 기차로 환승 후 우미노나카미치역에서 하차. 요금 480엔, 소요시간 40분.

❸ 텐진역에서 우미노나카미치로 이동

텐진 중앙우체국 앞 18A번 버스정류장에서 25A번 버스 탑승. 마린월드 우미노나카미치역 하차. 요금 680엔, 소요시간 60분(토 · 일 · 공휴일은 35분 소요).

여행방법

이른 아침부터 늦은 오후까지 우미노나카미치 해변공원과 마린월드를 함께 둘러보는 코스가 가장 좋다. 드넓은 잔디 광장과 놀이터, 동물원과 아쿠아리움까지 모두 한곳에서 경험할 수 있으니 아이들과 함께 후쿠오카를 찾은 가족 여행자들이라면 필수로 방문하는 것을 추천한다. 3박 이상 후쿠오카 여행을 계획하고 있다면 리조트형 호텔인 더 루이간스 스파 & 리조트에 머무르며 휴양 여행을 즐겨 보자. 호텔 앞에는 푸르른 바다가 펼쳐지며 여름철엔 야외 수영장까지 오픈하니 후쿠오카 시내에서 느껴보지 못한 특별한 여유를 만끽할 수 있을 것이다.

Tip
호텔 셔틀버스
더 루이간스 스파 & 리조트에서 1박 이상 숙박한다면 호텔에서 무료로 제공하는 셔틀버스를 이용할 수 있다. 하카타역에서 도보 5분 거리 하츠버스터미널하카타HEARTSバスステーション博多에서 출발하며 오전 10시 30분부터 하루 5회 운행한다. 자세한 시간표는 호텔 홈페이지에서 확인 가능하다. 소요시간은 35~45분 정도. 호텔 체크아웃 후 하카타역으로 돌아가는 교통편도 이용할 수 있다.

우미노나카미치 해변공원 海の中道海浜公園

1~2월에는 유채꽃과 수선화, 3~4월에는 벚꽃과 튤립, 5~6월엔 장미와 수국, 9~10월엔 코스모스까지, 한겨울을 제외하면 1년 365일 계절마다 아름다운 꽃들이 피어나고 귀여운 동물들이 뛰어노는 자연친화적 공원이다. 우미노나카미치 지역 대부분이 해변공원으로 운영되고 있어 규모가 상당하지만 구석구석 다양한 볼거리가 가득해 지루함 없이 시간을 보낼 수 있다. 공원 내부가 워낙 커서 도보로 모든 시설을 둘러보기엔 어려움이 있다. 우미노나카미치역 입구에서부터 반시계 방향으로 자전거를 타고 내달리며 공원 주요 스폿들을 둘러보는 코스가 가장 이상적이다. 공원 입구에 마련된 자전거 대여소에서 1인용 자전거부터 2인용, 어린이용 자전거까지 모두 대여 가능하다. 3~6월과 9~11월에 방문한다면 공원 버스를 이용할 수도 있다. 한국어 안내 지도가 마련되어 있다.

위치	JR 우미노나카미치역 바로 앞.
주소	福岡市東区大字西戸崎18-25
운영	3~10월 09:30~17:30
	11~2월 09:30~17:00
요금	**입장료**(선샤인 풀장 요금 별도)
	성인 450엔, 65세 이상 210엔,
	15세 미만 무료
	자전거 대여 3시간(3~5월, 9~10월)
	성인 600엔, 어린이 400엔
	1일권(6~8월, 11~2월)
	성인 500엔, 어린이 300엔
	공원 버스(3세 미만 무료)
	1일권 500엔, 1회권 300엔
전화	092-603-1111
홈피	uminaka-park.jp

More & More 후쿠오카의 유일무이 대형 워터파크! 선샤인 풀장

우미노나카미치 해변공원 내 여름에만 한정으로 오픈하는 워터파크로 폭 7m, 길이 300m의 서일본 최대 규모의 유수 풀을 갖추었다. 아이들이 마음껏 뛰어놀 수 있는 대형 워터 정글과 다양한 크기의 워터 슬라이드는 물론이고 유아들을 위한 유아 풀과 함께 수유실, 족탕, 온수 노천탕도 마련되어 있어 남녀노소 누구나 즐거운 시간을 보낼 수 있다. 수시로 특별한 공연이 펼쳐지기도 한다. 우미노나카미치 해변공원 입장료 외 별도로 추가 요금을 지불해야 하지만 일단 입장하면 대부분의 시설을 무료로 이용할 수 있으니 뜨거운 여름을 시원하게 보내고 싶다면 선샤인 풀장을 추천한다.

운영	7월 중순~9월 중순 토·일요일
	09:00~18:00(매년 변동,
	정확한 날짜는 홈페이지 참고)
요금	**우미노나카미치 해변공원 입장료**
	+선샤인 풀장 이용권
	성인 2,200엔, 초등·중학생
	1,200엔, 3~5세 400엔
홈피	uminonakamichi-sunshine
	pool.com

우미노나카미치 해변공원 필수 코스

우미노나카미치역 입구를 중심으로 시계 반대 방향으로 이동하며 관람하는 코스이다. 여유롭게 둘러본다면 3~4 시간 정도 소요된다.

❶ 어린이 광장 子供の広場

대형 트램펄린과 문어 모양의 미끄럼틀. 모래놀이터와 신나는 놀이기구들이 있는 말 그대로 어린이를 위한 공간이다. 광장 곳곳엔 어른들을 위한 벤치도 마련되어 있다. 우미노나카미치 해변공원의 유일한 레스토랑이 자리 잡고 있어 별도의 도시락을 준비하지 못했다면 이곳에서 식사가 가능하다. 물론 여느 공원의 푸드코트와 비슷한 공간으로 맛은 크게 기대하지 않는 것이 좋다. 여름 시즌엔 첨벙첨벙 연못이라는 이름의 얕은 물놀이터가 오픈한다. 공원 입장객들은 무료로 이용할 수 있다.

❷ 꽃의 언덕 花の丘

잔디밭 광장 안에 자리 잡은 야트막한 언덕으로 계절마다 아름다운 꽃들이 가득 심어져 장관을 이룬다. 봄에는 푸른빛의 네모필라, 가을에는 분홍빛의 코스모스가 화려하게 펼쳐진다. 넓게 펼쳐진 잔디 광장에 매트를 깔고 아름다운 꽃을 배경으로 피크닉을 즐겨 보자. 하늘을 향해 힘껏 점프하는 돌고래 모양의 놀이기구도 있어 아이와 함께 시간을 보내기도 좋다.

❸ 동물의 숲 動物の森

동물들과 더 가깝게 소통할 수 있는 개방형 동물원이다. 카피바라, 캥거루, 플라밍고, 기니피그 등 약 50종의 동물 500마리가 생활하고 있다. 위험한 동물들이 거의 없기 때문에 높다란 철창과 굳게 닫힌 우리가 없는 것이 특징이다. 덕분에 아이들의 눈높이에서 동물들의 자연스러운 모습을 관찰할 수 있다. 염소, 양, 오리 등에게 직접 먹이를 주는 것도 가능하다. 기니피그를 무릎 위에 앉히고 쓰다듬어 줄 수 있는 체험은 동물의 숲에서 놓치면 안 되는 필수 체험이다.

❹ 플라워 뮤지엄 & 장미정원
フラワーミュージアム & バラ園

지붕 없는 꽃 박물관이라는 콘셉트로 구역을 나누어 다양한 테마의 꽃들로 꾸며 놓은 플라워 뮤지엄에서는 계절에 따라 변화하는 아름다운 꽃들을 한곳에서 만나볼 수 있다. 덕분에 우미노나카미치 해변공원 최고의 포토 스폿으로 사랑받고 있다. 플라워 뮤지엄 옆으로는 4,000㎡ 규모의 장미들이 모여 있는 장미정원이 있다. 장미정원이 가장 아름다워지는 시기는 5~6월 그리고 10~11월이다. 이 시기에 우미노나카미치를 찾는다면 장미정원 방문은 선택이 아닌 필수이다.

❷
마린월드 우미노나카미치 マリンワールド海の中道

1989년 4월 개관한 규슈 최대 규모의 수족관으로 몇 번의 증축을 거쳐 지금의 모습이 되었다. 거대한 조개껍데기 모양의 건물 안에는 1층부터 3층까지 350여 종의 다양한 물고기들의 생활 모습을 자유롭게 관람할 수 있다. 특히 1층과 2층에 걸쳐 마련된 수심 7m의 거대한 대형 수조에는 상어 20종과 가오리를 포함해 총 80종의 다양한 물고기가 살아가고 있으며 시간대별로 다양한 공연이 펼쳐지기도 한다. 돌고래와 펭귄, 해달 등 귀여운 바다생물들의 공연도 관람 가능하다. 입구와 연결된 2층 전시공간에는 하카타만에서 발견된 세계 최초 암컷 메가마우스 상어의 실제 표본이 전시되어 있다. 시즌에 따라 다양한 특별전시가 열리기도 한다. 특별전시와 다양한 공연 정보는 홈페이지에서 미리 확인할 수 있다.

위치 JR 우미노나카미치역에서 하차 후 이정표를 따라 도보 8분.
주소 福岡市東区大字西戸崎18-28
운영 3~11월 09:30~17:30, 12~2월 10:00~17:00
요금 고등학생 이상 2,500엔, 초등·중학생 1,200엔, 3세~초등학생 미만 700엔
전화 092-603-0400
홈피 marine-world.jp

❶
레일리 Reilly

마린월드 1층에 있는 레스토랑으로 육즙 가득한 햄버그스테이크, 돌고래 모양의 어묵이 함께 나오는 우동 등 여러 가지 식사 메뉴와 함께 디저트, 음료 등을 맛볼 수 있다. 레일리에서 가장 추천하는 메뉴는 뜨거운 플레이트에 제공되는 스테이크 메뉴로 마지막까지 따뜻하게 식사를 즐길 수 있다. 레스토랑 바로 옆에는 쇼 풀과 연결된 거대 수조가 있다. 멋진 공연을 펼치는 돌고래들의 물속 풍경을 감상할 수 있다.

위치 마린월드 1층.
요금 햄버그스테이크 1,350엔~, 돌핀 키즈 플레이트 840엔, 돌핀 파르페 900엔

마린월드에서 놓치면 안 되는 필수 공연

각 공연 시간은 시즌에 따라 수시로 변동된다. 방문 전 미리 홈페이지에 들어가 확인하는 것을 추천한다.

돌고래 · 바다사자 공연 イルカ・アシカショー

바다사자의 귀여운 재롱으로 공연이 시작되며 곧이어 4~5마리의 돌고래가 등장해 분위기를 고조시킨다. 특히 마린월드의 돌고래 공연에는 일반 돌고래들과 다른 육중한 몸집의 큰코돌고래가 등장해 다양한 볼거리를 자랑한다. 1층으로 내려가면 공연이 펼쳐지는 물 위의 모습뿐만 아니라 물속 모습까지 볼 수 있다. 공연 중간 관객들과의 소통 시간도 있으며 앞 좌석은 물이 튈 수 있으니 주의하자.

위치 2~3층 쇼룸.
운영 소요시간 30분

외양대수조 다이버 공연 外洋大水槽ショー

규슈 남부의 온난한 바다를 그대로 옮겨 놓은 수심 7m, 폭 24m의 거대한 수조 안에서 다이버들과 물고기들의 특별한 공연이 펼쳐진다. 다이버들이 수조 안으로 직접 들어가 상어는 물론 다양한 종류의 물고기에게 직접 먹이를 주는 진풍경을 관람할 수 있다. 가장 짜릿한 순간은 날카로운 상어의 입속으로 물고기가 들어가는 순간, 그리고 2만 마리의 정어리가 한꺼번에 헤엄치며 움직이는 순간이다.

위치 1~2층 외양대수조.
운영 소요시간 10분

해달 먹이 주는 시간 ラッコの食事タイム

자그마한 발로 물고기를 꼭 쥐고 먹는 귀염둥이 해달의 모습을 엿볼 수 있다. 아이들은 물론 어른들에게도 인기가 많다. 물론 해달의 식사 시간을 놓쳤다고 해서 아쉬워할 필요는 없다. 자유롭게 헤엄치며 재롱을 부리는 해달을 보는 것만으로도 충분히 즐거운 시간이 될 것이다.

위치 2층 해달 풀.
운영 소요시간 10분

Dazaifu 다자이후

녹나무 ─
大楠
(천연기념물)

주차장 ●

스타벅스 다자이후 R
텐만구 오모테산도점
スターバックス太宰府
天満宮表参道店

카자미도리 R 치쿠시안 본점
風見鶏 筑紫庵本店

단보라멘 R i
ラーメン暖暮

● 다자이후 텐만구 참배길 太宰府天満宮参道

텐잔 본점 카사노야 R
天山本店 かさの家 사보 키쿠치 R
茶房きくち

와규 멘타이 카구라 R
和牛めんたい かぐら

다자이후
太宰府
i

다자이후역 R 이치란 다자이후점
太宰府駅 一蘭太宰府参道店

주차장 ● 고묘젠지 ●
光明禅寺

● 주차장

● 병원

R 란칸
自家焙煎珈琲蘭館

- 관공역사관
  菅公歴史館

- 다자이후 텐만구
  太宰府天満宮

- 도비우메
  飛梅

- 다자이후 유원지
  だざいふ遊園地

- 다자이후 텐만구 보물전
  太宰府天満宮宝物殿

- 교쿠스이 정원
  曲水の宴

- 시가샤
  志賀社

- 규슈 국립박물관 입구

- 다이코 다리
  太鼓橋

- 신지이케
  心字池

- 고신규
  御神牛

- 규슈 국립박물관
  九州国立博物館

N

다자이후

• Information •

6천 그루의 매화나무가 반기는
다자이후(太宰府)

1,300년 전, 규슈 지방 전체를 다스리던 관청이 500년간이나 자리 잡고 있던 곳이다. 지금은 학문의 신을 모시는 다자이후 텐만구를 방문하기 위해 매년 600만 명이 이곳을 찾고 있으며 실제 다자이후시에는 규슈를 대표하는 대학과 고등학교가 많아 교육도시로도 이름을 알리고 있다. 관광객들은 물론이고 합격을 기원하기 위한 일본 현지 참배객들로 1년 365일 북적거린다. 1월 1일이면 새해의 운을 점치고 복을 기원하기 위한 행사가 진행되기도 한다. 2~3월엔 다자이후 지역을 둘러싸고 있는 6천 그루의 매화나무에서 아름다운 꽃이 피어나 환상적인 꽃놀이를 즐길 수 있다.

드나들기

❶ 후쿠오카공항에서 다자이후로 이동
후쿠오카공항 국제선 터미널 1층 2번 정류장에서 다자이후행 버스 탑승, 다자이후역 하차. 요금 600엔, 소요시간 25분.
평일 첫차 08:45, 막차 16:45 **주말 · 공휴일** 첫차 08:32, 막차 17:27

❷ 하카타에서 다자이후로 이동
하카타 버스터미널 1층 11번 승강장에서 다자이후행 버스 탑승, 종점인 다자이후 정류장 하차. 요금 700엔, 소요시간 40분.
첫차 08:00 **막차** 평일 16:30, 주말 · 공휴일 17:10

❸ 텐진역에서 다자이후로 이동
니시테쓰 후쿠오카(텐진)역에서 니시테쓰 텐진 오무타센西鉄天神大牟田線 탑승 후 후쓰카이치역에서 내려 다자이후센西鉄太宰府線으로 환승. 두 번째 정류장인 다자이후역에서 하차. 요금 420엔, 소요시간 26~36분.

Tip 1
다자이후 관광열차 타비토
하루 한 번, 오전 9시 48분에 니시테쓰 후쿠오카(텐진)역에서 출발하는 다자이후 관광열차 '타비토Tabito'를 탑승하면 후쓰카이치역에서 환승할 필요 없이 다자이후역까지 한 번에 이동 가능하다. 요금 420엔, 소요시간 27분.

Tip 2
후쿠오카 투어리스트 시티패스 + 다자이후 티켓
하루 동안 후쿠오카 도심의 지하철과 JR, 니시테쓰 버스, 쇼와 버스 탑승은 물론이고 니시테쓰 전철을 이용한 다자이후 왕복 노선 탑승이 가능하다. 성인 2,800엔, 6~12세 1,400엔.

Tip 3
다자이후 산책 티켓
太宰府散策きっぷ
니시테쓰 후쿠오카(텐진)역에서 다자이후역까지 왕복 티켓과 우메가에모찌(매화떡) 두 개를 교환할 수 있는 티켓이 포함돼 있다. 니시테쓰 후쿠오카(텐진)역 2층 창구에서 구입할 수 있다. 성인 1,060엔, 6~12세 680엔.

여행방법

니시테쓰 후쿠오카(텐진)역에서 26~36분이면 도착하는 가까운 거리에 위치하고 있으며 지역이 넓지 않아 반나절 정도만 투자하면 충분히 둘러볼 수 있다. 이른 오전부터 단체 관광객들은 물론이고 참배객들이 많이 몰리는 곳이니 여유롭게 둘러보고 싶은 여행자라면 서둘러 방문하는 것을 추천한다.

유명 맛집이나 카페 역시 식사 시간이면 엄청난 줄이 늘어서기 때문에 식사 시간보다 조금 이른 혹은 조금 늦은 시간을 공략하는 것이 좋다. 당일 다자이후 왕복 외에 다른 교통수단을 이용할 계획이 없다면 우메가에모찌가 포함된 다자이후 산책 티켓을 구입해 여행하는 것이 현명한 선택.

• Special Story •

아는 만큼 보이는
다자이후

'다자이후는 어쩌다 합격을 기원하는 사람들의 필수 코스가 된 것일까?' '학문의 신은 누구라는 거지?' '정말 이곳을 다녀가면 공부를 잘하게 되는 거야?' 숱한 물음표들이 가득한 여행 말고, 제대로 둘러보고 제대로 여행하고 싶은 여행자들을 위한 다자이후의 숨겨진 이야기!

다자이후 텐만구의 '학문의 신'
스가와라노 미치자네(菅原道真)

전 일본 역사에서도 인간을 넘어선 위대한 신으로 추앙받고 있는 중요한 인물이다. 어려서부터 학문에 능했던 미치자네는 천황의 신임을 받으며 나라의 요직을 역임했다. 하지만 귀족들의 반발로 죄를 얻어 다자이후 지역으로 좌천됐고 이후 다자이후에서 쓸쓸하게 생을 마감했다.

하지만 그가 죽은 이후 미치자네를 모함했던 세력들이 갑자기 벼락을 맞아 죽게 되고 그 충격으로 천황마저 생을 마감하게 되면서 사람들은 미치자네의 원령이 저주를 내린 것이라고 믿게 됐다. 이를 두려워한 사람들은 그의 원령을 달래기 위해 인간이 아닌 텐진(천신)天神으로 추앙했고, 미치자네가 학자이자 시인이었던 것에 따라 온화한 학문의 신으로 여기며 받들게 됐다.

미치자네가 다자이후로 향하는 길에 읊은 '봄바람이 불거든 향기를 보내다오, 매화꽃이여 주인이 없다 해도 봄을 잊지 말거나(東風吹かば 匂ひおこせよ 梅の花 主なしとて 春な忘れそ)'라는 시를 듣고 하루아침에 교토에서 다자이후로 매화나무가 날아왔다는 전설이 전해진다. 실제로 본전 옆에는 날아온 매화나무라는 뜻의 도비우메飛梅가 오랜 세월 그 자리를 지키고 있다.

다자이후를 즐기는 세 가지 방법!

1 곳곳에 숨어 있는 고신규를 모두 찾아보는 재미

고신규御神牛는 다자이후 텐만구에 자리 잡은 커다란 황소 동상으로 이 소의 머리를 쓰다듬고 자신의 머리를 쓰다듬으면 머리가 좋아진다는 속설이 있다. 덕분에 황소의 머리는 수많은 참배객들의 손길이 닿아 반질반질 광이 난다. 관광객들은 주로 다자이후 텐만구 신사로 들어가는 입구에 마련된 고신규와 본전 앞에 있는 고신규만을 발견하고 돌아가는 경우가 대부분이지만 사실 다자이후 텐만구 곳곳에는 무려 11개의 고신규가 자리 잡고 있다. 어떤 것이 진짜인지, 어떤 소를 쓰다듬어야 진짜로 머리가 좋아지는 건지 궁금한 여행자라면 11개의 고신규를 모두 찾아보는 것은 어떨까?

2 다자이후에 가면 꼭 먹어 봐야 하는 우메가에모찌

매화 가지 떡이라는 뜻을 가진 다자이후 지역 필수 먹거리로 다자이후 참배길을 걷는 내내 매화꽃 모양이 찍힌 우메가에모찌梅ヶ枝餅를 파는 가게들을 여럿 만날 수 있다. 쫄깃한 찹쌀떡 안에 팥소를 듬뿍 넣은 우메가에모찌는 다자이후로 좌천됐던 스가와라노 미치자네를 안타깝게 여긴 한 노인이 매화나무 가지에 떡을 꽂아 미치자네에게 건네준 것에서 유래됐다. 이후 우메가에모찌를 먹으면 병을 물리치고 정신이 맑아진다는 이야기가 전해졌고 많은 사람들이 찾게 됐다고 한다.

스가와라노 미치자네의 생일과 기일이 둘 다 25일이라는 점 때문에 매월 25일은 천신님의 날天神さまの日로 기념하며 쑥이 들어간 우메가에모찌를 판매하기도 한다(130엔).

3 재미로 보는 나의 운세

다자이후 텐만구 본전 한쪽에는 200엔으로 나의 운세를 확인할 수 있는 운세 뽑기가 마련돼 있다. 동전 투입구에 200엔을 넣고 아래 손잡이를 당겨 나의 운을 점쳐 보자. 내용은 모두 일본어로 쓰여 있으니 번역기 앱을 이용하는 것을 추천. 번역기가 제대로 작동하지 않는다면 대길大吉이라는 한자를 찾아보도록. 아무리 찾아도 보이지 않는다면 옆쪽에 마련된 줄에 뽑은 운세를 묶어 두자. 좋지 않은 운세를 신사에 묶어 두고 오면 액운을 막아 준다는 속설이 있다. 물론 믿거나 말거나.

Sightseeing ★★★

다자이후 텐만구 太宰府天満宮

학문의 신 스가와라노 미치자네菅原道眞를 모시는 신사다. 스가와라노 미치자네를 모시는 텐만구는 일본 전역에 자리 잡고 있지만 실제 미치자네의 묘가 있는 이곳 다자이후 텐만구가 가장 유명하다. 덕분에 입시는 물론 합격, 학업 성취 등을 기원하는 참배객들과 관광객들의 발걸음이 끊이지 않는다. 1591년 세워진 본전은 일본의 중요문화재로 지정돼 있으며 본전 바로 옆 커다란 매화나무는 스가와라노 미치자네가 다자이후로 좌천됐을 당시 그의 시조 한 구절을 듣고 교토에서부터 다자이후로 날아왔다는 전설을 가지고 있다. 일본 전 지역에서 가장 먼저 매화가 피는 곳으로도 유명한데 매년 2~3월이면 6천여 그루의 매화나무에서 아름다운 꽃이 피어난다.

위치 다자이후역에서 나와 오른쪽의 다자이후 텐만구 참배길을 따라 250m 이동, 길 끝에서 왼쪽으로 200m. 도보 7분.
주소 福岡県太宰府市宰府4-7-1
운영 12~3월 06:30~18:30,
　　 4·5·9~11월 06:00~19:00,
　　 6~8월 06:30~19:30
전화 092-922-8225
홈피 www.dazaifutenmangu.or.jp

Sightseeing ★★★

다자이후 텐만구 참배길 太宰府天満宮参道

다자이후역에서부터 다자이후 텐만구로 이어진 약 200m의 거리다. 거리 중간엔 세월의 흔적을 고스란히 담고 있는 커다란 도리이鳥居가 줄지어 서 있으며 양쪽으론 기념품을 판매하는 상점과 식당이 가득하다. 유명 관광지이다 보니 기념품 가격은 비싼 편이지만 다자이후에서만 구입 가능한 아이템들이 많아 늘 관광객들로 가득하다. 합격이나 취업, 건강을 기원하는 다양한 용도의 부적은 다자이후 텐만구 본전 옆에서 구입할 수 있다.

위치 다자이후역에서 나와 오른쪽 길로 진입.

고묘젠지 | 光明禅寺

1272년 창건된 신사로 잘 꾸며진 정원과 어울리는 수많은 종류의 나무들 덕분에 봄, 여름, 가을, 겨울 사시사철 다른 매력을 뽐내며 관광객들을 맞이하고 있다. 특히 단풍이 물드는 11월경 가장 아름다운 풍경을 자랑한다. 고묘젠지 정원의 또 다른 아름다움은 이끼를 육지로, 하얀 모래를 바다로 표현한 바닥에서 발견할 수 있다. 조화로운 색감은 물론이고 파도가 치는 굴곡까지 표현한 디테일을 자랑한다. 대부분의 관광객들이 다자이후 텐만구로 향하는 덕분에 여유롭게 관람이 가능한 것도 큰 장점. 조용하고 고즈넉한 신사에서 여유를 누리고 싶은 여행객들에게 추천한다. **내부 공사로 인해 임시 운영 중단.**

위치	다자이후역에서 나와 오른쪽의 다자이후 텐만구 참배길을 따라 250m 이동, 길 끝에서 오른쪽으로 130m. 도보 7분.
주소	福岡県太宰府市宰府2-16-1
운영	08:00~17:00
요금	200엔
전화	092-921-2121

규슈 국립박물관 九州国立博物館

'일본 문화의 형성을 아시아의 역사적 관점에서 조명하기'라는 콘셉트로 운영되고 있는 박물관이다. 4층 상설전시실에서는 다섯 개의 테마로 나누어진 일본의 과거를 만나 볼 수 있다. 3층 특별전시실에서는 수시로 다양한 기획전시가 열리는데 별도의 관람권을 구입한 후 입장한다. 박물관 1층에는 '아시아의 들판'이라는 뜻의 체험형 전시실 아지빠가 운영되고 있다. 아시아의 민속 의상이나 전통 악기 등을 실제로 만들거나 체험해 볼 수 있으며 무료로 운영된다. 한국어 무료 음성 가이드는 4층 전시실 입구에서 대여할 수 있다.

위치	다자이후역에서 나와 오른쪽의 다자이후 텐만구 참배길을 따라 250m 이동, 길 끝에서 좌회전해 다이코 다리를 건넌 후 오른쪽 방향. 규슈 국립박물관 터널을 이용한다. 도보 12분.
주소	福岡県太宰府市石坂4-7-2
운영	화~목·일요일 09:30~17:00, 금·토요일 09:30~20:00 **휴무 월요일**
요금	성인 700엔, 대학생 350엔, 고등학생 이하 무료
전화	050-5542-8600
홈피	www.kyuhaku.jp

스타벅스 다자이후 텐만구 오모테산도점 スターバックス太宰府天満宮表参道店

일본에서도 몇 곳 없는 특별한 콘셉트 스타벅스다. 유명 건축가 구마 겐고^{隈研吾}의 설계로 만들어진 내부는 수많은 나무들을 겹치고 겹쳐 만든 인테리어로 모던하면서도 자연친화적인 분위기를 자아낸다. 내부는 기다란 복도형으로 만들어졌는데 생각보다 좁은 편이라 자리를 잡기란 하늘의 별 따기. 게다가 먼저 앉은 사람이 임자인 다른 스타벅스들과 다르게 자리에 앉고 싶은 사람들을 위한 줄이 따로 마련돼 있다. 물론 테이크아웃을 원한다면 별도의 줄에 서서 빠르게 이용할 수 있다. 콘셉트 스타벅스라고 해서 커피나 머그컵 가격이 다른 지점보다 비싼 것은 아니다. 이곳에서만 구입할 수 있는 다자이후 한정 머그컵도 있다.

위치 다자이후역에서 나와 오른쪽의 다자이후 텐만구 참배길을 따라 190m 이동, 왼쪽에 위치.
주소 福岡県太宰府市宰府3-2-43
운영 08:00~20:00
요금 커피 445엔~
전화 092-919-5690

이치란 다자이후점 一蘭太宰府参道店

후쿠오카 시내에서 어렵지 않게 만날 수 있는 이치란 라멘을 굳이 다자이후까지 와서 맛봐야 하는 건가 싶을 수도 있겠다. 하지만 이곳은 학문의 신을 모시는 다자이후 텐만구 인근에 자리 잡은 지점답게 가게 곳곳에서 합격과 행운을 기원하는 다양한 메시지를 받을 수 있어 일부러 이 지점을 찾는 사람들도 많다. 합격^{合格}의 일본어 발음인 고카쿠와 비슷한 발음의 오각^{五かく} 모양의 그릇에 담겨 나오는 합격 라멘^{合格ラーメン}이 이치란 다자이후점 베스트 메뉴. 일반 면 길이의 2배 이상인 무려 59cm 길이를 자랑하는 라멘 면발은 영원한 행복을 기원해 준다고 한다.

위치 다자이후역에서 나와 오른쪽으로 유턴.
주소 福岡県太宰府市宰府2-6-2
운영 09:30~18:30
요금 합격 라멘 980엔, 달걀 140엔
전화 092-921-5117

사보 키쿠치 茶房きくち

늘 관광객들과 참배객들로 북적거리는 다자이후의 명물 우메가에모찌 전문점이다. 우메가에모찌 속에 들어가는 팥소는 홋카이도산 팥만을 사용해 정성스럽게 만드는데 단맛은 줄이고 팥 본래의 맛을 유지해 만드는 것에 대한 자부심이 대단하다. 1층에선 우메가에모찌가 쉴 새 없이 만들어지고 있으며 낱개 구매는 물론 선물용 제품도 다양하게 준비돼 있다. 우메가에모찌와 찰떡궁합을 이루는 말차 카푸치노는 사보 키쿠치에서 꼭 먹어 봐야 하는 필수 메뉴! 2층으로 올라가면 부드러운 말차 카푸치노와 함께 갓 구운 우메가에모찌를 맛볼 수 있다.

위치 다자이후역에서 나와 오른쪽의 다자이후 텐만구 참배길을 따라 210m 이동, 오른쪽에 위치.
주소 福岡県太宰府市宰府2-7-28
운영 월~수·금요일 09:00~17:00, 토·일요일 09:00~17:30
휴무 목요일
요금 우메가에모찌(1개) 150엔, 말차 카푸치노+우메가에모찌 세트 650엔
전화 092-923-3792
홈피 umegae-kikuchi.com

카사노야 かさの家

1922년 여관을 오픈하면서 우메가에모찌를 함께 판매한 것을 시작으로 지금은 우메가에모찌는 물론 다양한 식사 메뉴까지 즐길 수 있는 식당의 모습으로 자리 잡았다. 찹쌀과 맵쌀을 섞어 만든 반죽에 팥소를 넣어 만드는 우메가에모찌는 오픈 초기부터 지금까지 변함없는 맛으로 관광객들을 유혹하고 있다. 안쪽으로 들어서면 좌석에 앉아 여유롭게 시간을 보낼 수 있는 공간이 나타난다. 잘 정돈된 일본식 정원이 한눈에 보이는 고즈넉한 분위기의 카페로 영어 메뉴판이 있어 주문하기도 어렵지 않다. 커피 혹은 말차와 함께 우메가에모찌를 맛볼 수 있다.

위치 다자이후역에서 나와 오른쪽의 다자이후 텐만구 참배길을 따라 200m 이동, 오른쪽에 위치.
주소 福岡県太宰府市宰府2-7-24
운영 09:00~18:00
요금 말차와 모찌 세트 650엔
전화 092-922-1010
홈피 www.kasanoya.com

와규 멘타이 카구라 和牛めんたいかぐら

오픈 직후부터 화려한 비주얼과 맛으로 관광객들을 사로잡은 레스토랑이다. 최고급 소고기와 후쿠오카 명란을 함께 즐길 수 있는 와규 멘타이 덮밥이 시그니처 메뉴이며 도시락으로도 주문 가능하다. 후쿠오카 명란을 듬뿍 넣은 크림우동도 추천한다. 커다란 나무 상자를 테이블 위에서 열어주는 이색적인 퍼포먼스도 재미있다.

위치 다자이후역에서 나와 오른쪽의
　　 다자이후 텐만구 참배길을 따라
　　 250m 이동, 오른쪽에 위치.
주소 福岡県太宰府市宰府2-7-31
운영 10:00~17:00
요금 와규 명란 덮밥 2,200엔,
　　 명란 크림우동 1,500엔
전화 092-233-5173

치쿠시안 본점 筑紫庵本店

바삭하게 튀긴 치킨 가라아게 전문점으로 현지인들의 발걸음이 끊이지 않는 진정한 맛집이다. 주문 즉시 튀겨 내는 가라아게는 위에 뿌려지는 소스의 종류에 따라 여섯 가지 메뉴 중에 골라 주문할 수 있다. 가장 인기 있는 메뉴는 매콤 달콤 칠리 소스를 곁들인 치쿠시안가라아게筑紫庵からあげ. 식사 대용으로 가라아게를 즐기고 싶다면 햄버거에 패티 대신 치킨 가라아게를 넣은 버거가 딱이다!

위치 다자이후역에서 나와 오른쪽의
　　 다자이후 텐만구 참배길로 진입,
　　 왼쪽의 첫 번째 골목으로 들어가면
　　 오른쪽에 위치.
주소 福岡県太宰府市宰府3-2-2
운영 10:00~18:00
요금 버거 600엔~
전화 092-921-8781
홈피 www.chikushi-an.com

텐잔 본점 天山本店

찹쌀을 이용해 얇게 구워 낸 과자 사이에 달콤한 팥소를 듬뿍 넣어 먹는 화과자인 모나카 전문점이다. 가장 기본이라고 할 수 있는 팥을 넣은 모나카부터 녹차 모나카, 하얀 앙금을 넣은 모나카 등 다양한 재료를 조합해 특별한 맛을 선사한다. 생딸기가 나오는 시즌에만 판매하는 기간 한정 딸기 모나카는 비주얼은 물론이고 맛도 환상적.

위치 다자이후역에서 나와 오른쪽의
　　 다자이후 텐만구 참배길을 따라
　　 80m 이동, 오른쪽에 위치.
주소 福岡県太宰府市宰府2-7-12
운영 10:00~17:00
요금 모나카 230엔~
전화 092-918-2230

카자미도리 風見鶏

100년이 훌쩍 넘은 료칸 건물을 활용해 커피 전문점으로 재탄생한 공간이다. 기분 좋은 삐그덕 소리와 함께 문을 열고 들어서면 오랜 세월을 함께한 듯 손때 묻은 고풍스러운 가구들이 제일 먼저 눈에 들어온다. 공간마다 빼곡하게 들어찬 앤티크 찻잔과 오르골, 다양한 소품들 덕분에 빈티지숍에 들어온 듯한 착각이 들 정도. 북적거리는 다자이후 거리에서 잠시 벗어나 잔잔한 오르골 소리와 함께 여유를 누리고 싶은 여행자들에게 추천한다. 커피와 함께 즐기기 좋은 홈메이드 케이크와 샌드위치 등의 메뉴도 충실하게 갖추고 있다.

위치 다자이후역에서 나와 오른쪽의 다자이후 텐만구 참배길을 따라 50m 이동, 왼쪽에 위치.
주소 福岡県太宰府市宰府3-1-23
운영 10:00~17:30
요금 커피 650엔~, 케이크 600엔~
전화 092-928-8685

란칸 自家焙煎珈琲蘭館

다자이후역을 중심으로 다자이후 참배길 반대쪽에 위치하고 있어 찾아가는 길이 다소 번거롭지만, 직접 로스팅한 원두를 사용하는 것에 엄청난 자부심을 가지고 있는 사장님이 운영하는 특별한 커피 전문점이다. 이름이 잘 알려진 산지의 원두부터 란칸만의 특별한 비율로 블렌딩한 마일드 블렌드, 진한 커피 맛을 느낄 수 있는 합격 커피까지. 다양한 타이틀을 가진 메뉴가 준비돼 있어 취향에 따라 주문할 수 있는 것이 큰 장점이다. 다른 커피 전문점에 비해 가격은 다소 비싼 편이지만 다자이후에서 가장 맛있는 커피를 맛볼 수 있는 곳으로 알려져 있으니 커피를 좋아하는 여행자라면 꼭 들러 보자. 부드러운 달걀을 두툼하게 구워 넣은 달걀샌드위치도 인기 메뉴.

위치 다자이후역에서 나와 왼쪽으로 유턴 후 350m 직진. 도보 5분.
주소 福岡県太宰府市五条1-15-10
운영 월·화·금요일 10:00~17:30, 토·일요일 10:00~17:00
  휴무 수·목요일
요금 커피 680엔~, 달걀샌드위치 880엔
전화 092-925-7503
홈피 rankan.jp

Around
Fukuoka

후쿠오카 근교를 즐기는 가장 완벽한 방법

고쿠라 Kokura

고쿠라

N

더 아웃렛 기타큐슈 방향
THE OUTLETS KITAKYUSHU

니시고쿠라역
西小倉駅

가쓰야마거리 勝山通り

세이초거리 清張通り

리버워크 기타큐슈
リバーウォーク北九州

야사카 신사
八坂神社

스테이크 뱅큇
ステーキとハンバーグのお店バンケット

마쓰모토 세이초 기념관
北九州市立松本清張記念館

고쿠라성 정원
小倉城庭園

고쿠라성
小倉城

오가이 다리
鷗外橋

코메다 커피 기타큐슈
コメダ珈琲店北九州

기타큐슈 시청

툴리스 커피 고쿠라점
TULLY'S COFFEE Kokura

초등학교

가쓰야마 공원

크라운 팰리스 고쿠라 호텔
ホテルクラウンパレス小倉

세이초거리 清張通り

무라사키거리사쿠라거리 紫川さくら通り

병원

H 리가 로열 호텔 고쿠라
リーガロイヤルホテル小倉

S 아루아루시티
あるあるCity

기타큐슈 만화박물관
北九州市漫画ミュージアム

텐진 호르몬 고쿠라역점 R
鉄板焼天神ホルモンアミュプラザ小倉店

나나스 그린티 R
nana's green tea

아뮤 플라자 고쿠라 S
アミュプラザ小倉店

고쿠라역
小倉駅

H 스테이션 호텔 고쿠라
ステーションホテル小倉

R 시로야 베이커리
シロヤ　ベカリー

H 고쿠라역 버스센터
小倉駅バスセンター

다이소 S
ダイソー

R 코게츠도 본점
湖月堂本店

이치란 고쿠라점 R
一蘭 小倉店

S 이즈츠야 백화점
小倉井筒屋

H 니시테츠 인 고쿠라
西鉄イン小倉

다이소 S
ダイソー

차차타운 고쿠라 S
チャチャタウン小倉

숍 & 바 데이지
Shop & Bar DAISY

R 스케상 우동
資さんうどん

야키니쿠 류엔 R
焼肉の龍園

스나츠
砂津

고쿠라 테츠나베 총본점
小倉鉄なべ総本店

헤이와도리역
平和通駅

리버스 R
EVERSE

탄가시장
旦過市場

탄가역
旦過駅

고모지거리 小文字通り

소도시의 매력과 도시의 편의성을 동시에
고쿠라(小倉)

일본 규슈의 북쪽 끝 기타큐슈北九州를 구성하고 있는 다섯 개의 도시 중 하나인 고쿠라는 기타큐슈에서 가장 번화한 도시이다. 후쿠오카 하카타역에서 출발해 오사카까지 이어지는 산요 신칸센이 지나가는 주요 정차역이 바로 이곳 고쿠라역이기 때문이다. 고쿠라역 주변으로는 대형 쇼핑몰과 백화점 등 다양한 편의시설은 물론 유명 레스토랑들이 모여 있다. 역에서 조금만 발걸음을 옮기면 일본의 여느 소도시와 비슷한 느낌의 작은 골목길과 고즈넉한 거리, 아름다운 정원이 함께하는 고쿠라성을 만날 수 있다. 고쿠라는 소도시의 매력과 도시의 편의성을 동시에 경험할 수 있는 매력적인 여행지이다.

드나들기

❶ 기타큐슈공항에서 고쿠라로 이동
기타큐슈공항 1번 정류장에서 고쿠라역小倉駅행 버스 탑승. 급행과 보통의 두 가지 버스가 운행하지만 요금은 동일하다. 공항 내 티켓 판매기에서 미리 버스 티켓을 구입하거나 IC 교통카드, 산큐패스 등을 이용해 탑승할 수 있다.
요금 710엔. 소요시간 급행 40분, 보통 50분.

❷ 하카타역에서 고쿠라로 이동
어떤 열차를 타느냐에 따라 요금과 소요시간이 달라진다. 예산과 일정에 맞는 기차를 선택해 탑승하자.
신칸센(자유석) 요금 2,160엔, 소요시간 16분
특급 소닉(자유석) 요금 1,910엔, 소요시간 41분

❸ 모지코에서 고쿠라로 이동
모지코역에서 JR 가고시마센을 타고 고쿠라역 하차.
요금 280엔, 소요시간 13분.

Tip 1
기타큐슈 도시권 1일 자유 승차권
北九州都市圏1日フリー乗車券
기타큐슈의 시내버스를 1일 동안 무제한 탑승할 수 있는 교통패스이다. 고쿠라역 주변은 물론이고 모지코행 버스도 포함된다. 성인 1인당 어린이(11세 이하) 1명은 무료로 탑승할 수 있다(공항버스 제외). 성인 1,200엔, 어린이 600엔. 디지털 승차권도 구입할 수 있으며 가격은 24시간 기준 1,000엔이다.

Tip 2
JR 규슈 모바일 패스(후쿠오카 와이드) (2일권) JR Kyushu Mobile Pass
하카타역에서 고쿠라역까지의 구간은 물론이고 모지코와 시모노세키, 우미노나카미치 등 후쿠오카 근교 여행지로 향하는 특급열차와 쾌속열차, 보통열차를 모두 이용할 수 있다(자유석). 이틀간 이용 가능한 패스이지만 당일 일정으로 고쿠라역을 왕복하더라도 특급열차를 이용한다면 무조건 JR 규슈 모바일 패스가 이득이다. 단 신칸센은 포함되지 않는다. 하카타역, 고쿠라역 등에서 구입 가능하다. 성인 3,500원, 어린이(6~11세) 1,750엔.

여행방법

하카타역에서 신칸센을 타고 16분, 첫 번째 정류장인 고쿠라역에 도착한다. 일본의 유명 애니메이션 〈은하철도 999〉를 그린 만화가 마쓰모토 레이지가 거주했던 곳으로 알려진 고쿠라에는 역 주변은 물론이고 도시 곳곳에서 〈은하철도 999〉의 흔적을 엿볼 수 있다. 고쿠라 여행의 핵심이라고 할 수 있는 고쿠라성과 탄가시장을 둘러보고 역 주변에서 맛있는 음식을 맛보며 여유로운 쇼핑을 즐겨 보자. 아름다운 항구 모지코, 칸몬 해협 건너 시모노세키와 함께 묶어 하루 코스로 여행하는 것도 좋다. 골목 사이사이 작고 트렌디한 카페들이 줄지어 오픈하고 있어 특별한 카페 투어를 즐기는 여행자들에게도 추천한다.

추천코스

후쿠오카에서 출발하는 고쿠라 당일 여행

조금 빠듯하긴 하겠지만 부지런히 움직인다면 하루 동안 고쿠라 주요 관광지를 꼼꼼하게 둘러볼 수 있다. 이른 아침 하카타역에서 출발하는 특급 소닉을 타고 고쿠라역으로 이동하자. 첫 번째 목적지는 고쿠라성과 정원이다. 고쿠라성으로 이동하는 길목에 자리 잡은 커피공장 코메다 커피에서 간단하게 모닝커피와 토스트를 맛보는 것도 추천한다. 고쿠라성과 정원에서 짧은 힐링의 시간을 가지고 탄가시장, 고쿠라 중앙 상점가를 여유롭게 산책하자. 마지막으로 기타큐슈 만화박물관을 둘러보고 쇼핑으로 마무리하는 코스가 이상적이다. 시간 여유가 된다면 이즈츠야 백화점, 차차타운까지 다녀오는 것도 추천한다.

추천 교통패스 JR 규슈 모바일 패스(후쿠오카 와이드) 2일권

고쿠라역 ⋯▶ 도보 11분 ⋯▶ **코메다 커피 기타큐슈** ⋯▶ 도보 3분 ⋯▶ **고쿠라성** ⋯▶ 도보 2분 ⋯▶ **고쿠라성 정원** ⋯▶ 도보 10분 ⋯▶ **탄가시장** ⋯▶ 도보 5분 ⋯▶ **스케상 우동** ⋯▶ 도보 13분 ⋯▶ **기타큐슈 만화박물관** ⋯▶ 도보 3분 ⋯▶ **아뮤 플라자 고쿠라** ⋯▶ **텐진 호르몬 고쿠라역점**

Tip 3
편안한 신발은 필수
고쿠라 주요 관광지들은 대부분 도보로 이동해야 하므로 편안한 신발은 필수. 전날 미리 체력을 비축해 두는 것도 잊지 말자.

Tip 4
고쿠라와 모지코
한 번에 둘러보기
고쿠라와 모지코 지역을 묶어 1박 2일 여행을 즐길 수도 있다. 고쿠라역 주변 숙소를 예약한다면 기차를 이용해 모지코와 시모노세키까지 어렵지 않게 이동할 수 있다.

고쿠라성 小倉城

일본 전국시대부터 에도시대를 거친 무장이자 영주인 호소카와 다다오키細川忠興가 1602년부터 7년에 걸쳐 완성시킨 성이다. 몇 번의 화재와 전쟁으로 여러 번 성 전체가 불타버렸지만 1959년 최종적으로 지금의 모습으로 재건되었다. 1990년에는 성 내부가 일반 사람들에게 전면 공개되었다. 고쿠라성의 가장 큰 특징은 4층과 5층 사이에 처마가 없다는 것이다. 층수가 높아질수록 작아지는 구조의 다른 성들과 다르게 4층보다 5층이 더 큰 구조이다. 안으로 들어서면 1층부터 역사존, 성내체험존, 영상체험존, 기획전시존, 전망존까지 총 다섯 개의 층에 다양한 자료들이 전시되어 있다. 4층 기획전시존에서는 시즌별로 다양한 기획전이 열리며 5층에 올라서면 고쿠라 시내를 한눈에 담을 수 있다. 입구에서 한국어로 된 가이드를 받아 둘러보는 것을 추천한다.

위치 JR 고쿠라역 남쪽 출구로 나와 고쿠라 중앙 상점가를 따라 직진, 오른쪽 네 번째 골목에서 우회전 후 길을 따라 직진 후 다리를 건넌다. 도보 13분 소요.
주소 北九州市小倉北区城内2-1
운영 4~10월 09:00~20:00, 11~3월 09:00~19:00
요금 성인 350엔, 중·고등학생 200엔, 초등학생 100엔
전화 093-561-1210
홈피 www.kokura-castle.jp

Tip 공통 입장권

고쿠라성과 고쿠라성 정원을 함께 둘러볼 예정이라면 2곳의 입장권이 통합된 공통 입장권을 추천한다. 성인 기준 140엔 정도를 절약할 수 있다.
요금 성인 560엔, 중·고등학생 320엔, 초등학생 160엔

고쿠라성 정원 小倉城庭園

고쿠라성을 세운 호소카와 가문의 뒤를 이어 234년 동안 고쿠라의 영주를 지낸 오가사와라 가문의 별장이었던 곳으로 에도시대 분위기를 느낄 수 있는 고즈넉한 정원이다. 정원 중앙에는 연못이 자리 잡고 있는데 연못 주변으로 아름다운 꽃들이 계절마다 새롭게 피어난다. 일본의 전통적인 건축 양식으로 만들어진 목조건물 서원 툇마루에 앉아 연못을 바라보는 뷰가 가장 아름답다. 시간 여유가 된다면 말차와 화과자 세트를 맛보며 잠깐의 여유를 즐겨 보자. 정원 입구의 오른쪽으로는 상설전시실과 함께 기획전시실을 운영하고 있다. 이곳에서는 일본의 전통적인 예법의 역사를 확인할 수 있다.

위치 JR 고쿠라역 남쪽 출구로 나와 고쿠라 중앙 상점가를 따라 직진, 오른쪽 네 번째 골목에서 우회전 후 길을 따라 직진 후 다리를 건넌다. 도보 12분 소요.
주소 北九州市小倉北区城内1-2
운영 4~10월 09:00~20:00 (7·8월의 금·토요일 09:00~21:00), 11~3월 09:00~19:00
요금 성인 350엔, 중·고등학생 200엔, 초등학생 100엔, 말차 세트(10:00~16:00) 1,200엔
전화 093-582-2747
홈피 www.kokura-castle.jp/kokura-garden

탄가시장 旦過市場

기타큐슈의 부엌이라는 별칭을 가진 현지인들이 주로 찾는 재래시장이다. 여타 다른 곳에 있는 유명 시장들보다 훨씬 작은 규모지만 좁은 골목 안에 오밀조밀 다양한 점포들이 자리 잡고 있다. 질 좋고 신선한 육류나 생선, 야채, 과일 등과 함께 주전부리하기 좋은 갖가지 간식들을 판매하고 있어 구경하는 재미가 있었지만 2022년 4월과 8월에 연달아 화재가 발생하면서 많은 상점이 피해를 입었다. 탄가시장을 대표하는 대학당 역시 문을 닫았다. 하지만 너무 실망하지는 말 것. 화재로부터 피해를 입지 않은 상점들은 계속 영업을 하고 있어 완전히 문을 닫은 것은 아니다. 화재로 문을 닫은 구역은 현대식 건물로 복구 공사가 진행되고 있다.

위치	JR 고쿠라역 남쪽 출구로 나와 고쿠라 중앙 상점가를 따라 600m 직진. 도보 10분 소요.
주소	北九州市小倉北区魚町4-2-18
운영	월~토요일 10:00~17:00 (점포별 상이) **휴무** 일요일
전화	093-513-1555
홈피	www.tangaichiba.jp

기타큐슈 만화박물관 北九州市漫画ミュージアム

기타큐슈에서 활동하던 만화가들을 중심으로 그들의 작품과 만화의 역사, 제작 과정 등 만화와 관련된 다양한 자료가 전시되어 있다. 특히 〈은하철도 999〉를 만들어 낸 유명 만화가 마쓰모토 레이지의 성장 과정과 그의 작품들을 상세히 관람할 수 있다. 대표작에 등장하는 주인공인 캡틴 하록과 메텔의 실물 크기 피규어도 놓치면 안 되는 필수 볼거리. 약 5만 권이 넘는 유명 만화책들을 보유하고 있으며 편안한 의자에 앉아 자유롭게 읽어 볼 수 있다. 일본에서 뽑은 '찾아가고 싶은 일본 애니메이션 성지 88'에도 이름을 올렸다. 5층은 기획전시실로 상설전시관과 별도로 운영되며 시즌별로 특별전시가 열린다. 자세한 전시 일정은 홈페이지에서 확인할 수 있다.

위치	JR 고쿠라역 신칸센 출구와 연결된 아루아루시티 5·6층.
주소	北九州市小倉北区浅野2-14-5 아루아루City
운영	수~월요일 11:00~19:00 **휴무** 화요일(공휴일인 경우 그 다음 날)
요금	성인 480엔, 중·고등학생 240엔, 초등학생 120엔 (기획전시실 별도)
전화	093-512-5077
홈피	www.ktqmm.jp

스케상 우동 資さんうどん

1976년 기타큐슈 지역에 처음 오픈해 지금까지 47년이 넘는 전통을 이어가고 있는 우동 전문점이다. 우동뿐만 아니라 덮밥과 주먹밥, 어묵 등 다양한 메뉴가 준비되어 있다. 하지만 스케상 우동에 방문했다면 꼭 먹어 봐야 하는 메뉴는 바로 우동! 그중에서도 부드러운 고기와 바삭한 우엉튀김이 올라간 니쿠고보텐우동肉&ゴボ天うどん(760엔)이 인기 메뉴이다. 고기가 들어가 있어 자칫 느끼해 보일 수도 있지만 실제로 먹어 보면 진한 국물 맛이 일품이다. 얇지만 탱탱함이 살아있는 면발은 스케상 우동만의 자랑이기도 하다. 우동과 함께 주먹밥おにぎり(250엔)을 추가해 주문해 보자. 든든한 한 끼로 손색없다. 새벽 5시부터 오전 10시까지만 판매하는 저렴한 가격의 아침 메뉴도 추천한다. 420~560엔 정도 가격에 밥과 반찬이 포함된 푸짐한 아침 식사를 즐길 수 있다.

위치 JR 고쿠라역 남쪽 출구로 나와
　　 고쿠라 중앙 상점가를 따라 400m
　　 직진. 도보 5분 소요.
주소 北九州市小倉北区魚町2-6-1
운영 24시간
요금 니쿠고보텐우동 760엔,
　　 고보텐우동 490엔, 주먹밥 250엔,
　　 아침 정식 420엔~
전화 093-513-1110
홈피 www.sukesanudon.com

스테이크 뱅큇 ステーキとハンバーグのお店バンケット

일본의 소고기 중에서도 부드럽고 맛있기로 소문난 흑소 쿠로게와규로 만든 스테이크와 햄버그를 판매한다. 뜨거운 철판에 제공되는 다양한 부위의 스테이크가 준비되어 있다. 가장 인기 있는 메뉴는 동그랗게 만든 햄버그스테이크와 밥, 샐러드, 국이 함께 나오는 세트로 점심시간에 방문하면 할인된 가격으로 맛볼 수 있다. 함께 제공되는 밥은 오이타현의 브랜드 쌀을 이용해 가마솥에 지어 제공된다. 달걀 역시 오이타현 브랜드. 여덟 가지 특제 소스가 제공되어 한 가지 메뉴이지만 다양한 맛을 느낄 수 있다는 것도 장점이다. 테라스 좌석에 앉으면 유유히 흐르는 무라사키강과 고쿠라성을 한눈에 담을 수 있으며 저녁 시간에 방문하면 아름다운 고쿠라성의 야경을 바라볼 수 있다. 하지만 저녁에 방문하는 것보다는 합리적인 가격의 런치 메뉴를 추천한다.

위치 JR 고쿠라역 남쪽 출구로 나와
　　 롯데리아 골목으로 우회전,
　　 길을 따라 끝까지 직진한 뒤
　　 왼쪽 방향, 도보 8분 소요.
주소 北九州市小倉北区船場町1-2
　　 紫江'S 2F
운영 11:30~15:00, 17:30~23:00
요금 점심 햄버그 세트 1,980엔~,
　　 스테이크 2,420엔~
전화 093-533-0029

Food
③
야키니쿠 류엔 焼肉の龍園

고급스러운 외관에 걸맞은 최고급 소고기를 다양하게 골라 즐길 수 있어 현지인들은 물론 관광객들에게도 인기를 끌고 있다. 가격대는 조금 비싼 편이지만 제휴된 목장에서 직송되는 미야자키산 소고기를 사용하며 일본 소고기 중에서도 최고라고 알려진 고베규를 맛볼 수 있는 곳이기도 하다. 고기 본래의 맛을 최상으로 끌어 올리기 위해 영하 2도의 전용 숙성고에서 72시간 숙성해 손님에게 제공된다. 등심, 갈빗살, 안창살 등 소고기의 다양한 부위와 함께 든든한 식사 메뉴가 포함된 코스 요리가 가장 인기 있다. 야키니쿠와 찰떡궁합인 김치 또한 류엔에서 꼭 맛봐야 하는 필수 메뉴이다. 한국의 맛이 그리운 여행자들에게도 추천한다. 맥주, 사케는 물론 와인 리스트도 다양하게 갖추고 있다.

위치	JR 고쿠라역 남쪽 출구로 나와 고쿠라 중앙 상점가를 따라 직진, 왼쪽 네번째 골목에서 좌회전 후 230m 직진. 도보 8분 소요.
주소	北九州市小倉北区鍛冶町1-8-15
운영	월~금요일 11:30~14:30, 17:00~22:30, 토요일 12:00~14:30, 17:00~22:30, 일요일 12:00~14:30, 17:00~21:30
요금	평일 점심 정식 1,980엔~, 저녁 코스 5,500엔~
전화	093-531-1129
홈피	ryuen.biz

Food
④
텐진 호르몬 고쿠라역점 鉄板焼天神ホルモンアミュプラザ小倉店

후쿠오카 하카타역과 연결된 하카타1번가에서 큰 인기를 끌고 있는 유명 맛집으로 고쿠라역과 연결된 아뮤 플라자 6층에 지점이 있다. 아직은 관광객들에게 많이 알려지지 않아 현지인들의 비율이 월등히 높다. 덕분에 하카타1번가 지점에 비해 대기 시간이 짧다는 것이 고쿠라역 지점의 가장 큰 장점. 고쿠라 여행이 예정되어 있다면 엄청난 기다림을 감수해야 하는 하카타1번가 지점은 패스하고 아뮤 플라자 6층으로 향하자. 가장 인기 있는 메뉴는 부챗살과 곱창을 함께 맛볼 수 있는 부챗살 & 믹스 호르몬 정식. 소고기의 희소부위와 곱창을 함께 맛볼 수 있으며 양도 넉넉한 편이다. 정식 메뉴에는 밥과 된장국, 그리고 숙주나물 볶음이 함께 제공되며 밥과 된장국은 리필도 가능하다. 철판 바로 앞 좌석에 앉으면 철판 가장자리에 포일을 펼쳐 놓고 그 위에 구운 고기를 올려 주는데 철판의 열기 덕분에 마지막까지 따뜻한 식사가 가능하다.

위치	JR 고쿠라역과 연결된 아뮤 플라자 6층.
주소	北九州市小倉北区浅野1-1-1 アミュプラザ小倉6F
운영	11:00~21:00
요금	부챗살 & 믹스 호르몬 정식 1,680엔
전화	093-967-1526

시로야 베이커리 シロヤベーカリー

1950년에 오픈한 무려 70년이 넘는 역사를 가진 빵집이다. 고쿠라역에서 나와 고소한 빵 향기를 따라가다 보면 시로야 베이커리에 자연스럽게 도착할 정도로 고쿠라역과 가깝고 찾아가기도 어렵지 않다. 오픈 시간부터 마감 시간까지 양손 가득 빵을 구입해 가는 사람들로 늘 북적거린다. 가장 인기 있는 빵은 달콤한 연유가 듬뿍 든 샤니빵サニーパン. 저렴한 가격 덕분에 한꺼번에 열 개 이상 대량 구입하는 사람들도 많다. 부드러운 크림을 감싸고 있는 오믈렛オムレット은 디저트로 좋다. 쇼케이스에 인기 순위가 부착되어 있어 높은 순위의 빵들 위주로 구입한다면 실패 확률은 없다. 마감 시간이 다가오면 인기 있는 빵들은 품절되는 경우도 있다.

위치 JR 고쿠라역 남쪽 출구로 나오면 보이는 고쿠라 중앙 상점가 입구. 도보 2분 소요.
주소 北九州市小倉北区京町2-6-13
운영 10:00~18:00
요금 빵 110엔~
전화 093-521-4688

코게츠도 본점 湖月堂本店

1895년에 시작한 전통 있는 화과자 전문점으로 팥 앙금과 밤을 넣은 밤 만주가 인기를 끌면서 지금까지 그 명성이 이어지고 있다. 고쿠라 상점가에 자리 잡은 지점은 코게츠도 본점으로 식사 메뉴는 물론이고 차와 함께 화과자를 즐길 수 있는 공간이 있어 식사와 디저트까지 한 번에 해결할 수 있다. 차와 달콤한 디저트 세 가지를 즐길 수 있는 세트 메뉴도 인기. 하지만 코게츠도에서 꼭 먹어 봐야 하는 디저트는 일본의 국민 화과자로 불릴 정도로 인기 있는 밤 만주이다. 묵직하고 달콤한 밤 만주는 쌉싸름한 말차와의 궁합도 환상적. 선물하기 좋은 패키지도 다양하게 준비되어 있다.

위치 JR 고쿠라역 남쪽 출구로 나오면 보이는 고쿠라 중앙 상점가를 따라 직진 후 우회전. 도보 3분 소요.
주소 北九州市小倉北区魚町1-3-11
운영 09:00~19:00
요금 밤 만주 6개 972엔, 디저트 세트 800엔~
전화 093-521-0753

고쿠라 테츠나베 총본점 小倉鉄なべ総本店

철판에 구운 교자 전문점으로 겉은 바삭하고 속은 촉촉한 '겉바속촉'의 진수를 느낄 수 있다. 관광객들보다는 현지인들에게 인기 있는 곳인데 특히 퇴근 후 직장인들의 회식 장소로 큰 사랑을 받고 있다. 가장 유명한 교자 메뉴 외에도 모츠나베, 생선회, 야키우동 등 든든한 식사 메뉴도 갖추고 있어 선택의 폭이 넓다. 테츠나베에서 교자를 주문할 때는 방문 인원에 맞게(1인당 1인분) 주문 하는 것을 추천한다. 하나씩 집어 먹다 보면 어느새 바닥난 교자에 추가 주문 이 필요해질 테니 말이다. 뜨겁게 달궈진 철판에 제공되는 덕분에 마지막 한 조각까지 따뜻하게 먹을 수 있는 것도 장점.

위치 JR 고쿠라역 남쪽 출구로 나와 고쿠라 중앙 상점가를 따라 직진. 도보 5분 소요.
주소 北九州市小倉北区魚町2-3-12
운영 11:00~23:00
요금 교자 1인분(8개) 680엔, 모츠나베(1인분) 1,350엔
전화 093-513-8033
홈피 tetsunabe-g.com

나나스 그린티 nana's green tea

일반적으로 커피를 메인으로 판매하는 카페와 다르게 쌉싸름하면서 향기로운 말차를 메인으로 판매하는 카페이다. 2006년 요코하마에서 처음 시작되었으 며 고쿠라는 물론이고 일본 전역에 지점이 있다. 기본 말차에 꿀, 팥, 당고 등 다양한 토핑을 넣은 음료가 준비되어 있으며 기간 한정으로 이색적인 메뉴를 선보이기도 한다. 말차와 함께 먹으면 좋은 롤케이크, 치즈케이크도 인기 메 뉴. 음료에 들어가는 우유는 두유로 변경도 가능하다. 커피 혹은 호지차 베이 스의 음료 메뉴도 갖추고 있다.

위치 JR 고쿠라역과 연결된 아뮤 플라자 6층.
주소 北九州市小倉北区浅野1-1-1 アミュプラザ小倉西館6F
운영 10:00~21:00
요금 말차 라테 550엔~
전화 093-383-7728
홈피 www.nanasgreentea.com

코메다 커피 기타큐슈 コメダ珈琲店北九州

세계 각지에서 엄선된 원두로 블렌딩한 오리지널 블렌드 커피를 제공하는 커피 전문점이다. 커피, 특히 원두에 대한 자신감이 가득하다. 오리지널 코메다 커피는 한결같은 맛을 유지하기 위해 매일 정성스럽게 추출하며 오랜 시간 따뜻한 커피를 즐길 수 있도록 85도 물에 데워진 두툼한 전용 커피잔에 제공된다. 11시 전에 커피를 주문하면 따뜻하게 구운 토스트와 사이드 메뉴(삶은 달걀, 달걀 샐러드, 팥 중 선택)를 무료로 제공하는 것도 코메다 커피만의 특별한 장점이다. 이른 아침부터 오픈하는 카페로, 모닝커피로 하루를 시작하는 여행자들에게 강력하게 추천한다. 별도의 흡연석도 갖추고 있다.

위치 JR 고쿠라역 남쪽 출구로 나와
　　　고쿠라 중앙 상점가를 따라 직진,
　　　오른쪽 네 번째 골목에서 우회전 후
　　　길을 따라 직진하다가 다리 건너
　　　왼쪽 방향. 도보 11분 소요.
주소 北九州市小倉北区城内1-2
운영 07:00~22:00
요금 커피 560엔~, 샌드위치 680엔~
전화 093-967-0636
홈피 www.komeda.co.jp

리버스 REVERSE

아주 작은 골목에 자리 잡은 데다가 간판까지 없어 찾아가기 힘들지만 일본 소도시의 한적함을 느낄 수 있어 추천하는 카페이다. 카페 구석구석 사장님의 안목이 그대로 담긴 예술 작품들이 전시되어 있어 둘러보는 재미가 있다. 에스프레소 머신으로 추출한 커피는 물론 드립 커피도 주문할 수 있다. 리버스 카페의 시그니처 디저트는 레어 치즈케이크, 많이 달지 않으면서도 진한 치즈의 향과 맛을 느낄 수 있다. 치즈케이크를 주문하면 포도 주스가 함께 제공되는데 케이크 한 입, 주스 한 입, 이렇게 함께 먹고 마시면 그 맛은 배가 된다. 오후 6시까지는 카페로, 오후 7시부터는 주류를 판매하는 바로 변신한다. 저녁 시간은 부정기적으로 휴무가 잦은 편이다.

위치 JR 고쿠라역 남쪽 출구로 나와
　　　고쿠라 중앙 상점가를 따라 직진,
　　　오른쪽 다섯 번째 골목에서
　　　우회전 후 130m 직진, 왼쪽 방향.
　　　도보 9분 소요.
주소 北九州市小倉北区船場町7-8
운영 11:30~01:00 휴무 부정기적
요금 커피 530엔~, 치즈케이크 605엔
전화 093-512-6710

Food
⑪

툴리스 커피 고쿠라점 TULLY'S COFFEE Kokura

미국에서 시작된 스페셜티 커피숍이지만 일본 전역에서 쉽게 찾아볼 수 있을
정도로 대중화된 커피 전문점이다. 커피 맛이나 분위기는 특별할 것 없는 평
범한 카페지만 고쿠라점은 무라사키강 강변에 자리 잡은 덕분에 테라스에 앉
으면 고쿠라성과 함께 무라사키강을 바라보며 여유로운 시간을 보낼 수 있
다. 에스프레소 머신을 이용한 커피는 물론이고 드립 커피를 주문할 수도 있
으며 디카페인 원두도 있다. 기간 한정으로 진행되는 스페셜 이벤트로 〈해리
포터〉, 〈톰과 제리〉 등 여러 캐릭터와 콜라보한 다양한 한정 음료와 굿즈를 출
시하기도 한다.

위치 JR 고쿠라역 남쪽 출구로 나와
　　 롯데리아 골목으로 우회전,
　　 길을 따라 끝까지 직진한 뒤
　　 왼쪽 방향. 도보 9분 소요.
주소 北九州市小倉北区船場町4-25
운영 09:00~21:00
요금 커피 345엔~
전화 093-533-1755

Food
⑫

숍 & 바 데이지 Shop & Bar DAISY

드라이플라워를 주로 판매하는 플라워숍 안쪽에 자리 잡은 작은 카페로 유리
병 위에 다양한 토핑을 올린 특별한 우유를 맛볼 수 있다. 워낙 예쁜 비주얼
로 SNS를 타고 엄청난 인기몰이 중이다. 초코 도넛이 올라간 초코 우유, 생딸
기를 통으로 올린 딸기 우유, 쫄깃한 당고가 올라간 녹차 우유 등 기본 메뉴
들 외에 시즌에 따라 수박이나 복숭아를 주재료로 만든 다양한 신메뉴를 출
시하고 있다. 유리병에 담긴 우유는 가게 내부에서만 먹을 수 있으며 가지고
가는 것은 금지. 음료나 디저트 비주얼이 워낙 예쁜 카페로 맛은 크게 기대하
지 않는 것이 좋다.

위치 JR 고쿠라역 남쪽 출구로 나와
　　 고쿠라 중앙 상점가를 따라 직진,
　　 오른쪽 네 번째 골목에서 우회전 후
　　 길 끝에서 왼쪽 방향.
　　 퍼스트B 빌딩 2층. 도보 7분 소요.
주소 北九州市小倉北区魚町 2-2-17
　　 ファーストBビル2F
운영 수~월요일 12:00~03:00
　　 휴무 화요일
요금 커피 470엔~, 밀크 보틀 700엔~
전화 093-551-8586

규슈 최대 규모의 아웃렛
더 아웃렛 기타큐슈(THE OUTLETS KITAKYUSHU)

2022년 오픈한 아웃렛으로 300여 개의 다양한 브랜드가 입점해 있다. 거의 모든 매장이 1층에 있어서 한번 지나치면 다시 돌아가기 힘들 수 있으니 입구에서 원하는 브랜드의 위치를 파악한 후 이동하는 것을 추천한다. 중앙에는 잔디 광장이 있으며 곳곳에 휴식 공간도 많다. 아이들을 위한 놀이기구와 체험시설, 기타큐슈시 과학관이 있어 주말이면 가족과 함께 방문하는 현지인들도 많다. 고쿠라역에서 JR을 타고 네 정거장, 12분 정도만 이동하면 도착하는 아웃렛으로 시간 여유가 된다면 꼭 방문해 보는 것을 추천한다. 별도의 면세 카운터는 없으며 쇼핑 시 각 매장에서 면세 여부를 확인하는 것은 필수.

위치 JR 고쿠라역에서 가고시마센을 타고 스페이스 월드Space-World역 하차 후 도보 2분 (요금 280엔, 소요시간 12분).
주소 北九州市八幡東区東田4-1-1
운영 10:00~20:00, 레스토랑 10:00~21:00
전화 093-663-7251
홈피 the-outlets-kitakyushu. aeonmall.com

더 아웃렛 기타큐슈 추천 레스토랑

1 키와미야 極味や
후쿠오카 시내에서 가장 유명한 맛집으로 부드러운 소고기의 맛이 일품이다. 뜨거운 철판 위에 제공되어 마지막까지 따뜻하게 즐길 수 있으며 원하는 굽기에 따라 구워 먹을 수 있는 것도 장점이다. 고기 양을 선택해 주문할 수 있고 세트 메뉴를 주문하면 밥과 국이 함께 제공된다.

2 카라멘야 마쓰모토 辛麺屋桝元
미야자키현에서 시작된 매운 라멘 전문점으로 0부터 30까지 맵기를 선택해 주문할 수 있다. 8~10 정도가 우리나라 신라면 정도의 맵기로 섣불리 30까지는 도전하지 않는 것이 좋다. 라멘에 제공되는 면은 메밀가루가 주원료인 곤약 면으로 독특한 식감을 자랑한다.

더 아웃렛 기타큐슈 추천 숍

1 갭 아웃렛 GAP OUTLET

한국의 가격과 비교하면 30% 이상 저렴하게 쇼핑을 즐길 수 있다. 할인된 가격에서 추가 할인이 진행되는 프로모션도 자주 진행된다. 남성과 여성은 물론이고 어린이 옷도 다양하게 갖추었다. 유행을 타지 않는 디자인이 대부분인 것도 갭 아웃렛의 장점이다.

2 캘빈클라인 Calvin Klein

무난한 디자인의 속옷과 의류들을 구입할 수 있다. 매년 비슷한 디자인이 출시되는 브랜드의 특성상 한두 시즌 지난 의류들이 대부분인 아웃렛 매장에서 특히 인기가 있다. 할인율이 높은 편이라 부담 없는 가격으로 구입하기 좋다.

3 띠어리 Theory

화려한 디자인보다는 고급스럽고 간결한 디자인의 의류들이 많다. 특히 소재가 좋아 마니아들도 많은 편. 아웃렛의 특성상 디자인이나 사이즈의 종류가 많지 않다는 것은 단점이지만 운이 좋다면 스테디셀러를 합리적인 가격으로 구입할 수 있다.

4 아디다스 골프 팩토리 아웃렛
Adidas Golf Factory Outlet

일반적인 아디다스 아웃렛과 다르게 골프 전문 아웃렛으로 골프용품을 한자리에서 구입할 수 있다. 특히 골프화 종류가 다양하며 직접 신어보고 구입할 수 있다는 장점이 있다. 여러 가지 디자인의 기능성 골프웨어 역시 저렴하게 구입할 수 있다.

5 실바니안 패밀리 Sylvanian Families

1985년 탄생한 귀여운 동물 가족인 실바니안 패밀리의 제품이 모여 있는 매장이다. 한국에서도 구입할 수 있지만 일본 매장이 훨씬 저렴하고 한국에서는 출시되지 않은 디자인들도 많아 실바니안 패밀리 마니아라면 꼭 들러 보는 것을 추천한다.

아뮤 플라자 고쿠라 アミュプラザ小倉店

고쿠라역과 연결된 대형 쇼핑몰로 지하 1층부터 지상 7층까지 유명 브랜드는 물론 로컬 브랜드들과 다양한 기념품 상점 등이 입점해 여유롭게 쇼핑을 즐기기 좋다. 상점마다 면세 혜택을 제공하는 곳들이 있다. 세금 포함 5,500엔 이상 구입한다면 잊지 말고 확인해 보는 것을 추천한다. 6층과 7층에는 호시노 커피, 텐진 호르몬, 신신 라멘 등 후쿠오카에서도 유명한 맛집과 카페들이 자리 잡고 있다. 지하 1층에는 슈퍼마켓과 드러그스토어도 있다. 홈페이지를 방문하면 아뮤 플라자 고쿠라에서 진행되는 다양한 이벤트와 할인 혜택을 확인할 수 있다. 전 층에서 무료 와이파이를 이용할 수 있다.

위치 JR 고쿠라역과 연결.
주소 北九州市小倉北区浅野1-1-1
운영 10:00~20:00,
　　　레스토랑 11:00~22:00(매장별 상이)
전화 093-512-1281
홈피 www.amuplaza.jp

차차타운 고쿠라 チャチャタウン小倉

고쿠라역에서 도보로 10분 정도 걸리는 쇼핑몰로 대형 슈퍼마켓과 다이소, ABC 마트, 드러그스토어 등 패션용품보다는 잡화나 생활 소품 등을 구입할 수 있다. 1층 메인 광장에서는 365일 다양한 공연과 이벤트가 펼쳐지며 3층에는 대형 관람차가 자리 잡고 있다. 다만 고쿠라역에서 버스를 타거나 도보로 10분 정도 이동해야 하기 때문에 시간 여유가 없다면 과감하게 패스하자.

위치 버스 JR 고쿠라역 앞 버스센터 6번
　　　승강장에서 버스를 타고
　　　스나츠砂津 정류장에서 하차.
　　　도보 JR 고쿠라역 남쪽 출구로 나와
　　　왼쪽 방향으로 길을 따라 750m
　　　이동. 도보 10분 소요.
주소 北九州市小倉北区砂津3-1-1
운영 10:00~20:00,
　　　레스토랑 11:00~21:00(매장별 상이)
전화 093-513-6363
홈피 www.chachatown.com

관람차 観覧車

차차타운 3층에 자리 잡은 지름 50m의 대형 관람차로 시간 여유가 된다면 탑승해 보는 것도 좋다. 산큐패스 혹은 니시테츠 버스 1일 승차권을 제시하면 무료로 탑승할 수 있다. 요금은 초등학생 이상 300엔(초등학생 미만 무료). 운영시간은 수~월요일 11:00~21:00(화요일 운휴)이다.

이즈츠야 백화점 小倉井筒屋

고쿠라역과 인접한 대형 백화점으로 샤넬, 조말론, 톰포드, 에스티로더 등의 유명 화장품과 구찌, 루이비통, 티파니 등의 명품 브랜드까지 다양한 매장을 보유하고 있다. 지하 1층에서 지상 9층까지 본관, 신관, 별관에 빼곡하게 들어찬 매장들을 다 둘러보기엔 시간이 허락하지 않을 터이니 미리 원하는 브랜드 매장을 체크해 둘러보는 것을 추천한다. 택스 리펀 카운터는 신관 8층에 있다. 당일 5,000엔(세금 불포함) 이상 구입 시 여권과 구매 영수증, 구매 상품을 제시하면 세금을 돌려받을 수 있다. 본관과 신관을 오가는 다리 위에서 고쿠라성을 바라보는 뷰를 놓치지 말자.

위치	JR 고쿠라역 남쪽 출구로 나와 고쿠라 중앙 상점가를 따라 직진, 오른쪽 네번째 골목에서 우회전 후 길을 따라 직진. 도보 11분 소요.
주소	北九州市小倉北区船場町1-1
운영	10:00~19:00, 레스토랑 11:00~20:00
전화	092-522-3111
홈피	www.izutsuya.co.jp/storelist/kokura

아루아루시티 あるあるCity

지하 1층부터 지상 7층까지 만화박물관과 라이브 극장, 게임센터, 스튜디오 등 다양한 오락시설을 층마다 갖추고 있다. 일본의 유명 애니메이션과 캐릭터들의 정보는 물론 한국에서 구입하기 어려운 만화책과 피규어들이 가득해 일본 애니메이션에 관심이 많다면 한 번쯤 들러 보는 것을 추천한다. 4층에 자리 잡은 만다라케まんだらけ 매장에서는 중고 만화책을 한 권에 50엔부터 판매한다. 꼼꼼하게 둘러보면 엄청난 득템이 가능하다. 특별한 메이드 카페를 경험해 보고 싶다면 1층 메이드리밍めいどりーみん 매장을 추천한다. 고쿠라역에서 아루아루시티까지 가는 길 중간 곳곳에 자리 잡은 〈은하철도 999〉의 흔적을 찾아 보는 것도 특별한 즐거움이다.

위치	JR 고쿠라역 신칸센 출구와 연결.
주소	北九州市小倉北区浅野2-14-5
운영	11:00~20:00
홈피	aruarucity.com

Mojiko 모지코

시모노세키
운동 공원

●병원

●고등학교

🚻

●초등학교

●중학교

카메야마하치만구
亀山八幡宮 ∤

가라토(칸몬교 방면)
唐戸(関門橋方面) 🚌

가라토(시모노세키 방면)
唐戸(下関方面) 🚌

가라토시장
唐戸市場 ▶

칸몬 연락선 승선장(가라토)
関門連絡船乗り場(唐戸) 🚢

🚻

●히요리야마 공원

ℹ️

🚻

부젠다거리 豊前田通り

🚉

🚻

🚇 **시모노세키역**
下関駅

칸몬 해협

모지코

N

칸몬터널인도 입구(시모노세키 쪽)●
関門トンネル人道(下関)

●미모스소가와(가라토 방면)
みもすそがわ

●칸몬터널인도 입구(모지코 쪽)
関門トンネル人道(門司港)

칸몬해협메카리역
関門海峡めかり駅

메카리 공원

●아카마 신궁
赤間神宮

●조선통신사상륙기념비
朝鮮通信使上陸滝留之地の碑

킷사와스레지노
喫茶わすれじの

노포크광장역
ノーフォーク広場駅

●병원

모지코 레트로 전망대
門司港レトロ展望室

후르츠 팩토리 몬 데 레트로
Fruit Factory Mooon de Retro

다렌우호기념관
大連友好記念館

구 모지 세관
旧門司税関

●이데미츠 미술관
出光美術館

블루윙 모지
ブルーウィングもじ

이데미츠미술관역
出光美術館駅

프리미어 호텔 모지코
プレミアホテル門司港

코가네무시
こがねむし

구 오사카 상선
旧大阪商船

바나나맨
バナナマン

콘제 블랑
CONZE BLANC

칸몬 연락선 승선장(모지코)
関門連絡船乗り場(門司港)

안단테+카페 아루토코로니
andante+cafe あるところに

베어 후르츠
BEAR FRUITS

구 모지 미츠이 클럽
旧門司三井倶楽部

모지코 레트로 해협 플라자
海峡プラザ

모지코역
門司港駅

칸몬 해협 박물관●
関門海峡ミュージアム

스타벅스 모지코역점
スターバックスコーヒー門司港駅店

규슈철도기념관역
九州鉄道記念館駅

원조 카와라소바 타카세
元祖瓦そばたかせ

규슈철도기념관
九州鉄道記念館

와즈카
片(わずか)

낭만이 흘러넘치는 항구
모지코(門司港)

1889년 메이지시대에 개항해 130년이 넘는 역사를 가진 항구이다. 과거 모지코는 일본에서 가장 큰 섬인 혼슈와 규슈를 연결하며 일본의 항구 도시로 크게 번창한 지역이었다. 그러나 1942년 칸몬교가 개통되면서 모지코를 거치지 않아도 혼슈와의 왕래가 가능해졌다. 자연스럽게 항구로서의 기능을 점차 잃게 되었고 모지코 지역은 관광지로서의 재도약을 시작하게 된다. 화려했던 과거의 건축물들을 새롭게 정비해 복고풍 분위기를 느낄 수 있는 '모지코 레트로門司港レトロ'라는 이름으로 관광객들에게 사랑받고 있다.

드나들기

❶ 하카타역에서 모지코로 이동

이른 오전이나 늦은 밤 시간을 제외하고는 하카타역에서 출발해 환승 없이 모지코까지 운행하는 특급 소닉은 없다. 신칸센 혹은 특급 소닉을 타고 고쿠라역에서 환승 후 모지코역까지 가는 방법을 추천한다. 환승하는 과정이 번거롭게 느껴진다면 보통열차를 이용하는 방법도 있다. 특급 소닉과 비교해 50분 정도 더 소요된다. 신칸센을 제외하고는 특급 소닉과 보통열차 모두 JR 규슈 레일패스 후쿠오카 와이드로 탑승 가능하다.
신칸센(1회 환승, 자유석) 요금 3,790엔, 소요시간 40분
특급 소닉(1회 환승, 자유석) 요금 2,100엔, 소요시간 55분
보통열차(직통) 요금 1,500엔, 소요시간 1시간 45분

> **Tip 1**
> **기타큐슈공항에서 이동**
> 기타큐슈공항에서 환승 없이 모지코까지 도착하는 교통편은 없다. 기타큐슈공항에서 고쿠라역으로 이동한 후 JR 열차를 타고 모지코로 이동하는 방법을 추천한다.

❷ 고쿠라에서 모지코로 이동

고쿠라역에서 JR 가고시마센을 타고 모지코역 하차. 요금 280엔, 소요시간 14분.

❸ 시모노세키에서 모지코로 이동

기차

시모노세키역에서 JR 산요 혼센을 타고 모지역 하차. 모지역에서 JR 가고시마 혼센으로 환승 후 모지코역까지 이동한다. 요금 280엔, 소요시간 22분.

칸몬 연락선

가라토唐戸 부두에서 칸몬 연락선関門連絡船 탑승. 요금 400엔, 소요시간 5분.

여행방법

반나절 정도면 도보로 주요 관광지와 추천 레스토랑들을 모두 돌아볼 수 있을 정도로 작은 지역이다. 여유롭게 산책하는 기분으로 모지코역 주변을 둘러보고 모지코 레트로를 상징하는 복고풍 건물에서 다양한 콘셉트 사진을 찍어 보자. 일본에서 바나나가 처음 수입된 지역이라는 상징으로 세워진 바나나맨バナナマン과 기념사진을 찍는 것도 필수이다. 관광으로 출출해진 배는 모지코에서 처음 시작된 음식인 야키카레로 든든하게 채울 수 있다. 대부분의 식당과 카페는 현금만 사용 가능한 곳이 많다. 엔화를 넉넉하게 준비하는 것이 좋다. 모지코의 다양한 기념품들은 모지코 레트로 해협 플라자에서 구입할 수 있다.

추천코스

규슈와 혼슈 여행을 한 번에!
모지코 & 시모노세키 당일 여행 코스

규슈의 모지코는 지리적으로 일본 본섬인 혼슈와 가깝게 붙어 있다. 배로 5분이면 바로 시모노세키에 도착할 수 있다. 특히 금요일을 포함한 주말과 공휴일에는 시모노세키 가라토시장에 대규모 초밥시장이 열리는데 주말에 모지코를 여행한다면 시모노세키 방문은 필수! 저렴한 가격으로 신선하고 맛있는 초밥을 배불리 먹을 수 있다. 시간 여유가 없다면 배편을 통해 바로 가라토 부두로 이동해도 되지만 칸몬터널인도를 직접 걷는 방법도 추천한다. 모든 코스를 도보로 이동하기에는 다소 힘들 수도 있다. 칸몬 해협 클로버 티켓을 활용하면 버스와 관광열차, 배편까지 모두 탑승할 수 있다.

추천 교통패스 칸몬 해협 클로버 티켓
총 이동 시간 약 1시간 30분(관광 시간 제외), 별표 표시*는 클로버 티켓 사용 구간(모지코 레트로 관광열차는 주말·공휴일만 운행, 평일 방문은 니시테츠 버스 탑승 추천).

JR 모지코역 ⋯ 도보 1분 ⋯ **모지코 레트로 관광열차 탑승**(규슈철도기념관역 九州鉄道記念館駅)* ⋯ 열차 10분 ⋯ **칸몬해협메카리역**関門海峡めかり駅 ⋯ 도보 7분 ⋯ **칸몬터널인도 입구**(모지코 쪽) ⋯ 도보 15분 ⋯ **칸몬터널인도 입구**(시모노세키 쪽) ⋯ 도보 1분 ⋯ **미모스소가와**みもすそがわ 정류장에서 버스 탑승* ⋯ 버스 5분 ⋯ **가라토시장** ⋯ 도보 6분 ⋯ 가라토 부두에서 칸몬 연락선 탑승* ⋯ 배 5분 ⋯ **모지항 부두** ⋯ 도보 3분 ⋯ **JR 모지코역**

Tip 2
칸몬 해협 클로버 티켓
関門海峡クローバーきっぷ

모지코역에서 칸몬터널인도 입구(모지코 쪽)까지의 관광열차 혹은 니시테츠 버스, 칸몬터널인도 입구(시모노세키 쪽)에서 가라토시장까지의 버스, 가라토 부두에서 모지항까지의 배편까지 총 네 종류의 교통수단을 한 번씩 이용할 수 있는 티켓이다. 혼슈와 규슈를 잇는 칸몬터널인도를 직접 걸어가 보는 특별한 경험을 하고 싶은 여행자들에게 추천한다.
모지코 레트로 관광열차는 주말과 공휴일에만 운행한다. 매년 운행 날짜가 조금씩 변동되니 탑승 전 홈페이지 확인은 필수이다.
위치 **구입처** 규슈철도기념관역, 칸몬해협메카리역, 모지코역 관광안내소, 가라토 부두 매표소 등
요금 성인 800엔, 어린이 400엔

❶
JR 모지코역 JR門司港駅

1914년에 건설되어 100년이 넘는 역사를 지녔다. JR 가고시마 혼센의 종점이
자 시발역으로 매일 수십 편의 열차가 오가며 수많은 관광객을 모지코로 안내
한다. 역사 내부 승강장에는 선로의 끝이 상징적으로 전시되어 있으며 JR 규
슈 기차의 시발역이었던 과거, 모든 열차의 안전운행을 기원하던 안전의 종도
찾아볼 수 있다. 아름다운 네오 르네상스 양식으로 지어진 건물은 1988년 일
본의 중요문화재로 지정되면서 그 가치를 인정받았다. 정면에서 보면 좌우 대
칭 형태의 모양을 하고 있으며 '문門'이라는 글씨를 형상화한 것으로 알려져
있다. 2012년부터 6년이 넘는 시간 동안 대대적인 보존공사가 이루어졌으며
2019년 3월 다이쇼시대의 모습 그대로를 완벽하게 복원해 새롭게 오픈했다.

위치 JR 고쿠라역에서 JR 가고시마센
　　 열차를 타고 JR 모지코역 하차
　　 (요금 280엔, 소요시간 14분).
주소 北九州市門司区西海岸1-5-31
전화 093-321-8843

❷
규슈철도기념관 九州鉄道記念館

1981년 규슈 철도 회사의 본사로 세워진 건물이다. 지금은 규슈 철도의 역사를
볼 수 있는 기념관으로 이용되고 있다. 매표소를 지나 가장 먼저 보이는 풍경
은 과거의 위풍당당함을 그대로 간직하고 있는 다양한 종류의 열차들이다. 기
타큐슈의 마지막 증기 기관차, 지구 62바퀴 거리를 실제 주행했던 기관차, 일
본 최초의 침대 전동차 등 총 아홉 대의 열차 실물이 전시되어 있다. 본관으로
들어서면 규슈 철도 역사의 모든 정보를 한눈에 확인할 수 있다. 아이와 함께
방문한다면 미니열차에 탑승해 직접 운전하며 달릴 수 있는 미니 철도 공원을
추천한다(300엔). 지금은 모지코역으로 자리를 옮겼지만 실제 규슈 철도 노선
의 기점이었던 옛 0마일 표시도 잊지 말고 둘러보자.

위치 JR 모지코역에서 나와 오른쪽으로
　　 이동 후 큰길에서 우회전.
　　 도보 5분 소요.
주소 北九州市門司区清滝2-3-29
운영 09:00~17:00
　　 휴무 부정기적(9일/년)
요금 성인 300엔, 중학생 이하 150엔,
　　 4세 미만 무료
전화 093-322-1006
홈피 www.k-rhm.jp

Sightseeing ★★★

블루윙 모지 ブルーウィングもじ

1993년 선박들의 자유로운 출입을 위해 지어진 개폐식 다리로 매일 하루 여섯 번, 다리가 둘로 나뉘어 오픈된다. 다리가 완전히 위로 열리면 해수면에서 60도 각도까지 올라간다. 열려 있던 다리가 제자리로 돌아왔을 때 커플이 함께 두 손을 잡고 가장 먼저 다리를 건너면 영원한 사랑을 하게 된다는 이야기가 전해지면서 연인들의 성지로 알려지기 시작했다. 연인과 함께 모지코에 방문한다면 다리가 닫히는 순간 가장 먼저 블루윙 모지를 통과하는 미션에 도전해 보자. 다리의 오픈 시간은 10시, 11시, 13시, 14시, 15시, 16시이며 다시 닫히기까지 약 20분의 시간이 소요된다. 늦은 밤에는 아름다운 조명이 불을 밝히며 로맨틱한 공간으로 변신한다. 총길이 108m로 일본에서 가장 긴 보행자 전용 도개교跳開橋로 알려져 있다.

위치	JR 모지코역에서 나와 왼쪽으로 이동 후 길 끝에서 우회전. 도보 5분 소요.
주소	北九州市門司区港町4-1
운영	24시간

Sightseeing ★★☆

모지코 레트로 전망대 門司港レトロ展望室

일본의 유명 건축가인 구로카와 기쇼黒川紀章가 설계한 고층 아파트 건물이다. 고풍스러운 모지코 레트로의 분위기와 다소 어울리지 않는 외관을 하고 있지만 전망대에 오르면 모지코는 물론 칸몬 해협 너머 시모노세키까지 한눈에 들어온다. 전망대의 높이는 103m로 건물의 최상층인 31층에 자리하고 있으며 전용 엘리베이터를 통해 올라갈 수 있다. 푸르른 바다가 한눈에 보이는 낮 풍경도 충분히 멋있지만 해가 질 즈음 방문하면 붉게 물들어 가는 황홀한 일몰을 감상할 수 있다. 전망대 내부에는 카페가 있어 아름다운 풍경을 바라보며 티 타임을 즐길 수 있다. 안개나 구름 없는 맑고 화창한 날에 방문하는 것을 추천한다.

위치	JR 모지코역에서 나와 왼쪽으로 이동 후 길 끝에서 우회전 후 블루윙 모지를 건넌다. 도보 7분 소요.
주소	北九州市門司区東港町1-32
운영	10:00~22:00
요금	성인 300엔, 초등·중학생 150엔
전화	093-321-4151

화려했던 과거로의 여행
모지코 레트로(門司港レトロ)

1889년에 개항해 국제 무역항으로 전성기를 누렸던 모지코 곳곳에는 이국적인 분위기의 건축물들이 세워져 있다. 일본의 중요문화재로 지정된 JR 모지코역, 아인슈타인 박사가 일본에 방문했을 때 숙박했다는 모지 미츠이 클럽, 오렌지색 팔각탑이 아름다운 오사카 상선 건물 등 메이지시대부터 쇼와시대까지 번성했던 모지코의 과거를 온몸으로 느껴 볼 시간이다. 모지코의 화려했던 과거와 만나는 모지코 레트로 여행, 지금 떠나 보자.

모지코 레트로에서 인생 사진 남기기

화려한 색상의 의상보다는 블랙 혹은 화이트, 베이지, 브릭 컬러 등 단조로운 색상의 클래식한 의상을 추천한다. 타임머신을 타고 시간 여행을 하는 듯한 분위기의 배경으로 이색적인 인생 사진을 남겨 보자.

1 JR 모지코역 JR門司港駅

네오 르네상스 양식으로 지어진 기차역으로 일본의 중요문화재로 지정되어 있다. 역 앞 분수대와 모지코역의 모습을 함께 담아내는 것이 포인트. 안쪽 플랫폼으로 들어서면 처음 모지코역이 세워졌던 1914년의 느낌 그대로 레트로한 분위기를 느낄 수 있다. もじこう(모지코) 간판을 배경으로 기념사진을 찍어보는 것도 추천한다. 자세한 정보는 p.234 참고.

2 구 모지 미츠이 클럽 旧門司三井倶楽部

미츠이 물산의 사교클럽으로 사용되던 건물로 유럽의 전통 목조 건축 공법으로 설계되었다. 내부는 고급스럽고 화려함으로 대표되는 아르데코 양식으로 꾸며져 있다. 아인슈타인 박사가 일본에 방문했을 때 이곳에서 숙박했다고 전해진다. 실제 아인슈타인 박사가 숙박했던 방은 침실부터 화장실까지 옛 모습 그대로 재현해 놓았다. 1층엔 레스토랑이 있으며 아인슈타인 메모리얼룸이 있는 2층 공간은 유료로 운영되고 있다(성인 150엔, 초등·중학생 70엔). 외관만큼이나 다양한 볼거리가 있으니 시간 여유가 된다면 2층 공간도 들러 보자. JR 모지코역과 함께 국가중요문화재로 지정되어 있다.

위치 JR 모지코역 앞에서 길을 건넌 뒤 오른쪽. 도보 2분 소요.
주소 北九州市門司区港町7-1   운영 09:00~17:00

3 구 오사카 상선 旧大阪商船

우뚝 솟은 오렌지색의 팔각탑 덕분에 멀리서도 한눈에 알아볼 수 있다. 1917년에 세워진 오사카 상선 모지 지점을 복원한 건물로 화려하고 고풍스러운 외관은 수많은 여객선이 오갔던 과거의 모지코와 닮았다. 1층은 대합실, 2층은 사무실로 사용되었다고 한다. 지금은 갤러리와 디자인 하우스로 활용되고 있다.

위치 JR 모지코역 앞에서 길을 건넌 뒤 왼쪽 첫 번째 길로
      이동. 도보 3분 소요.
주소 北九州市門司区港町7-18
운영 09:00~17:00

4 다롄우호기념관 大連友好記念館

중국에 있는 다롄시와 모지코의 우호 도시 체결 15주년을 기념하여 세운 건물이다. 실제 중국 다롄시에 있는 철도기선회사東清鉄道汽船会社의 건물을 그대로 복제해 건축했다. 모지코 레트로 분위기와 가장 잘 어울리는 건물이기도 하다. 1층엔 중식당이 있으며 2층엔 중국 다롄시를 소개하는 공간도 마련되어 있다.

위치   JR 모지코역에서 나와
      왼쪽으로 이동 후 길 끝에서
      우회전 후 블루윙 모지를
      건넌다. 도보 7분 소요.
주소   北九州市門司区東港町1-12
운영   09:00~17:00

5 구 모지 세관 旧門司税関

빨간 벽돌과 흰색 창이 고풍스러운 분위기를 풍기는 건물로 1912년 세워졌다. 1945년 제2차 세계대전 당시 지붕이 파손되어 창고로 사용되었지만 4년에 걸친 모지코 레트로 복원작업으로 지금의 모습을 갖추었다. 1층은 휴게소와 카페, 홍보전시실로 사용되고 있으며 2층은 갤러리로 활용되고 있다. 3층에 오르면 칸몬 해협이 한눈에 내려다보인다.

위치   JR 모지코역에서 나와 왼쪽으로 이동 후
      길 끝에서 우회전, 블루윙 모지를 건넌다. 도보 7분 소요.
주소   北九州市門司区東港町1-24
운영   09:00~17:00

6 규슈철도기념관 九州鉄道記念館

규슈 철도 회사의 본사 건물이었던 본관은 국가등록 유형문화재로 선정될 만큼 멋스럽지만 규슈철도기념관에서 주목해야 할 또 다른 볼거리는 선로 위에 가지런히 세워진 열차들이다. 오랜 세월 수많은 이들을 실어 나르던 아홉 대의 열차는 저마다 특별한 개성을 뽐내며 위풍당당 세워져 있다. 전시된 아홉 대의 열차 모두 실제 운행했던 열차들이며 이 중 네 대는 직접 안으로 들어가 볼 수 있다. 자세한 정보는 p.234 참고.

More & More

모지코 레트로 관광열차 시오카제호(門司港レトロ観光列車 潮風号)

규슈철도기념관역에서부터 칸몬해협메카리역까지 총 2.1km 구간을 운행하는 관광열차이다. 원래 이 구간은 화물열차가 달리던 노선이었으나 모지코의 운송량이 점차 감소하면서 자연스럽게 폐지되었다. 이후 모지코의 역사를 복원한다는 모지코 레트로 사업의 일환으로 옛 화물열차 노선을 그대로 활용해 관광열차를 탄생시켰다.

시오카제(潮風)라는 이름은 바닷바람이라는 뜻으로 시민 공모를 통해 탄생하였으며 시원한 바닷바람을 느끼며 달리는 관광열차를 상징한다고 한다. 평균 속도는 15km/h. 매년 기타큐슈 지역 캐릭터들과 함께 달리기 시합을 펼치는 이벤트가 열릴 정도로 일본에서 가장 느린 열차로 알려져 있다. 느리게 천천히 관광해야 그 진가를 제대로 느낄 수 있는 모지코와 가장 잘 어울리는 교통수단이다. 약 40분 간격으로 운행하며 지정 좌석이 없는 자유석으로 미리 시간을 확인해 탑승하는 것을 추천한다.

터널을 지나가는 구간엔 모든 조명이 꺼지며 머리 위로 칸몬 해협에 사는 해양생물들이 나타난다. 흡사 바닷속을 달리는 듯한 기분을 느낄 수 있다. 토·일·공휴일만 운행하며 운행 기간은 매년 조금씩 달라진다. 탑승 전 미리 홈페이지를 확인하자.

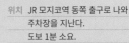

위치 JR 모지코역 동쪽 출구로 나와 주차장을 지난다. 도보 1분 소요.
주소 北九州市門司区清滝2-4
운영 토·일·공휴일 10:00~16:40 (규슈철도기념관역 출발 기준)
요금 1회 성인 300엔, 어린이 150엔
홈피 www.retro-line.net

열차 번호	규슈철도기념관역 (九州鉄道記念館駅) 출발	칸몬해협메카리역 (関門海峡めかり駅) 도착	열차 번호	칸몬해협메카리역 (関門海峡めかり駅) 출발	규슈철도기념관역 (九州鉄道記念館駅) 도착
1	10:00	10:10	2	10:20	10:30
3	10:40	10:50	4	11:00	11:10
5	11:20	11:30	6	11:40	11:50
7	12:00	12:10	8	12:20	12:30
9	12:40	12:50	10	13:00	13:10
11	13:20	13:30	12	13:40	13:50
13	14:00	14:10	14	14:20	14:30
15	14:40	14:50	16	15:00	15:10
17	15:20	15:30	18	15:40	15:50
19	16:00	16:10	20	16:20	16:30
21	16:40	16:50	22	17:00	17:10

※9, 10회 운행 열차는 8월 한정 운행(매년 일정이 조금씩 변동된다. 탑승 전 홈페이지 확인을 추천)

코가네무시 こがねむし

모지코역과는 조금 떨어진 골목에 자리 잡은 작은 가게로 저렴하게 야키카레를 맛볼 수 있는 레스토랑으로 알려지면서 관광객들에게 인기를 끌고 있다. 물론 가격이 저렴하다고 해서 맛까지 저렴한 것은 절대 아니다. 10여 종류의 야채와 고기를 3일 동안 푹 끓여서 만드는 카레는 오픈부터 30년이 넘는 시간 동안 진하고 깊은 맛을 유지하고 있다. 덕분에 오랜 단골손님도 많은 편이다. 카레 위에 반숙 달걀과 치즈를 올려 구워 내는 코가네무시의 야키카레는 마지막으로 양파튀김을 올려 바삭한 식감을 더한다. 10명 정도 들어가면 가게가 가득 찰 정도로 작은 규모의 식당이며 식사 시간에 방문하면 긴 기다림은 필수이다. 늦은 점심 혹은 이른 저녁에 방문하는 것을 추천한다. 브레이크 타임이 있으니 미리 체크하는 것은 필수.

위치 JR 모지코역에서 나와 오른쪽, 왼쪽 모지코 레트로 관광열차 선로를 따라 이동 후 우회전한다. 오거리에서 10시 방향. 도보 8분 소요.

주소 北九州市門司区東本町1-1-24

운영 토~목요일
11:45~14:30, 17:00~21:00
휴무 금요일

요금 야키카레 750엔

전화 093-332-2585

More & More 모지코의 원조 야키카레(焼きカレー)

오사카에서는 오코노미야키를 후쿠오카에서는 모츠나베를 꼭 먹어야 하는 것처럼 모지코 여행에서 꼭 먹어야 하는 음식이 바로 야키카레다. 1955년 모지코의 한 가게에서 처음 탄생한 야키카레는 일반적인 카레라이스 위에 치즈를 얹어 오븐에 구운 요리에 여러 가지 토핑을 올려 다양한 스타일로 맛볼 수 있다. 판매하는 가게 스타일에 따라 밥의 종류, 치즈의 양이나 토핑 리스트가 천차만별이다. 이쯤 되면 원조의 맛이 궁금하겠지만 1955년 처음 야키카레를 판매했던 원조 가게는 이미 문을 닫아 버렸다. 그러나 너무 아쉬워하지는 말자. 따뜻한 밥에 카레와 치즈를 올려 구운 야키카레는 모지코의 어느 레스토랑에서든 특별한 맛을 선사해 줄 것이다. 굳이 특정 레스토랑을 찾아가기보다는 여행 동선에 맞는 곳에서 모지코의 명물을 직접 맛보는 건 어떨까?

칸몬 해협을 사이에 두고 시모노세키와 인접한 덕분에 시모노세키의 명물인 복어튀김을 올린 야키카레도 맛볼 수 있다.

야키카레 전문점을 모아둔
모지코 레트로 야키카레 지도

원조 카와라소바 타카세 元祖瓦そばたかせ

카와라는 한국어로 기와를 뜻한다. 원조 카와라소바 타카세에서는 평범한 그릇 대신 뜨겁게 달군 기왓장 위에 소바를 올려 주는 것이 가장 큰 특징이다. 전쟁 중 병사들이 기왓장을 사용해 고기나 야채를 구워 먹었던 것에서 힌트를 얻어 탄생했다고 전해진다. 뜨겁게 달군 기와는 보온성이 뛰어나 소바를 맛보는 내내 따뜻하게 즐길 수 있을 뿐 아니라 바닥 부분에 닿은 소바가 누룽지처럼 바삭하게 구워져 색다른 식감을 느낄 수 있다. 카와라소바 타카세의 또 다른 특징은 초록빛 면이다. 교토의 우지 말차와 홋카이도 메밀을 함께 반죽해 만들어내는데 일반적인 소바와 향기부터 다르다. 타카세만의 전통 양념을 발라 구운 장어를 듬뿍 올린 장어 덮밥 역시 추천 메뉴이다. 평일 오전 11시부터 오후 3시 사이에 방문한다면 소바와 장어 덮밥 세트를 2,640엔에 맛볼 수 있다.

위치 JR 모지코역에서 나와 오른쪽, 항구 쪽으로 이동한다. 모지코 레트로 해협 플라자 서관 2층. 도보 4분 소요.
주소 北九州市門司区港町5-1 門司港レトロ海峡プラザ
운영 목~화요일 11:00~19:30
　　 휴무 수요일
요금 기와소바 1,430엔, 장어 덮밥 2,530엔
전화 093-322-3001
홈피 www.kawarasoba.jp/mojiko.php

와즈카 片(わずか)

덜컹거리는 나무문을 열고 들어서면 고즈넉한 인테리어의 내부 공간이 펼쳐진다. 세월의 흔적을 고스란히 간직한 테이블과 의자에는 진한 커피 향이 배어 있다. 핸드 드립 커피를 기본으로 판매하며 오랜 시간 정성스럽게 추출한 콜드브루도 있다. 커피와 잘 어울리는 달콤한 푸딩은 와즈카의 시그니처 메뉴. 계절 과일을 올려 매 시즌 다양한 비주얼과 맛을 선보인다. 팬데믹 이후로 주말에만 비정기적으로 오픈한다. 영업시간과 정보는 공식 인스타그램에서 확인할 수 있다. 2인까지만 방문 가능하며 이용 시간은 주문 후 1시간이다. 워낙 조용한 분위기의 카페로 편안한 힐링의 시간이 필요한 여행자들에게 추천한다. 좁은 골목길에 자리 잡고 있으니 지도를 잘 보고 찾아가야 한다.

위치 JR 모지코역에서 나와 오른쪽으로 350m 직진 후 우회전, 왼쪽 첫 번째 골목으로 진입한다. 도보 7분 소요.
주소 北九州市門司区清滝4-2-35
운영 금~일요일 12:00~17:00
　　 휴무 월~목요일
요금 커피 650엔~, 푸딩 550엔~
홈피 www.instagram.com/wazuka.mojiko

Food
④
콘제 블랑 CONZE BLANC

프랑스어로 '순백의'라는 뜻을 가진 BLANC이라는 이름처럼 온통 화이트 콘셉트의 콘제 블랑은 제철 과일을 사용한 다양한 디저트들이 주력 메뉴이다. 시즌에 따라 판매하는 복숭아, 청포도, 키위 등이 아낌없이 올라간 타르트를 주문하면 눈과 입이 함께 즐거워진다. 진한 치즈케이크 역시 실패 없는 메뉴이다. 커피 메뉴는 따로 없고 일본 차와 밀크티, 호지티 라테 등의 차 메뉴와 주스만 주문 가능하다. 추천 음료는 부드러운 크림이 가득 올라간 호지티 라테. 간판이 따로 없는 카페이다. 온통 하얀색 벽면에 커다란 창문이 보인다면 그곳이 바로 콘제 블랑이다.

위치 JR 모지코역에서 나와 오른쪽,
　　 왼쪽 모지코 레트로 관광열차 선로를
　　 따라 이동 후 우회전한다. 오거리에서
　　 10시 방향. 도보 8분 소요.
주소 北九州市門司区東本町1-1-26
운영 11:30~17:00
요금 차 550엔~, 치즈케이크 700엔~
전화 080-3890-1613
홈피 www.instagram.com/conze_
　　 blanc

Food
⑤
후르츠 팩토리 몬 데 레트로 Fruit Factory Mooon de Retro

달콤한 제철 과일을 다양하게 올린 파르페 전문점이다. 가게 입구에 마련된 자판기를 통해 주문할 수 있으며 메뉴 가격은 과일 시세에 따라 조금씩 변동된다. 전체적으로 가격은 조금 비싼 편이지만 막상 메뉴를 받아 들면 아낌없이 들어 있는 과일 맛에 반할 수밖에 없다. 생과일을 즉석에서 갈아 만드는 주스도 인기 메뉴. 가게 내부는 주문을 기다리는 사람들로 늘 북적거린다. 비가 내리지 않는다면 야외 테라스 좌석을 추천한다. 테라스에서는 블루윙 모지와 아름다운 모지항을 한 번에 바라볼 수 있다.

위치 JR 모지코역에서 나와 왼쪽으로
　　 이동 후 길 끝에서 우회전,
　　 블루윙 모지를 건넌다.
　　 구 모지 세관 1층. 도보 7분 소요.
주소 北九州市門司区東港町1-24
　　 旧門司税関1F
운영 월~금요일 11:00~17:00,
　　 토·일요일 11:00~17:30
요금 과일 주스 600엔~, 파르페 880엔~
전화 093-321-1003
홈피 www.ff-mooon.com/mooon-
　　 de-retro

Food
⑥

스타벅스 모지코역점 スターバックスコーヒー門司港駅店

다이쇼시대의 모습으로 복원된 모지코역의 분위기와 맞게 레트로 콘셉트로 무장한 스타벅스 모지코역점은 모지코를 방문한다면 필수로 들러 봐야 할 코스 중 하나이다. 과거 역 대합실로 사용되었던 입구부터 오랜 시간 보존되어 온 벽난로까지 이색적인 볼거리를 제공한다. 천장이나 벽면 기둥은 실제 규슈철도 레일을 재사용해 만들어졌다. 1971년부터 사용되던 스타벅스 로고의 변천사도 이곳에서 확인할 수 있다. 레트로 인테리어와 달리 판매하는 메뉴는 일반적인 스타벅스 매장과 동일하다. 익숙한 커피를 마시며 잠시나마 과거로의 여행을 떠나 보는 것은 어떨까? 물론 커피 주문이 필수는 아니다.

위치 JR 모지코역 내.
주소 北九州市門司区西海岸1-5-31
운영 08:00~21:00
요금 커피 445엔~
전화 093-342-8607

Food
⑦

안단테+카페 아루토코로니 andante+cafe あるところに

길모퉁이에 자리 잡은 아담하고 소박한 카페이다. 작은 초록색 문을 열고 들어서면 가게 내부가 한눈에 들어온다. 놓여 있는 테이블은 단 두 개. 옆 테이블에 앉은 사람의 숨소리까지 들릴 정도로 작은 규모이다. 점심에만 판매하는 수프 런치 메뉴는 닭가슴살 샐러드와 수제 잼, 소다 브레드가 함께 제공된다. 이스트 대신 베이킹소다를 넣어 만드는 소다 브레드는 담백한 맛이 일품이며 함께 나오는 수제 잼과 환상 궁합을 자랑한다. 핸드 드립 방식으로 정성껏 내린 커피도 추천 메뉴이다. 달콤한 커피를 좋아한다면 수제 아이스크림을 올린 커피 플로트를 놓치지 말자. 사장님이 손수 만든 잼도 판매하고 있다.

위치 JR 모지코역에서 나와 오른쪽,
     왼쪽 모지코 레트로 관광열차 선로를
     따라 이동 후 우회전한다.
     오거리에서 10시 방향.
     도보 8분 소요.
주소 北九州市門司区東本町1-1-26
운영 목~화요일 12:00~16:30,
     17:00~23:00 휴무 수요일
요금 커피 500엔~, 수프 런치 880엔,
     소다 브레드 300엔
전화 090-9495-7105

More & More

Under the Sea! 규슈와 혼슈가 맞닿은 곳. 칸몬터널인도(関門トンネル人道)

수도 도쿄가 있는 일본에서 가장 큰 섬인 혼슈와 모지코가 자리하고 있는 규슈. 이 두 섬을 오가는 교통수단은 배, 열차, 버스 등 여러 가지가 있다. 그중에서도 여행자들에게 가장 추천하는 방법은 깊은 바닷속으로 연결된 칸몬터널인도를 직접 걸어 보는 것. 1958년 보행자 전용 해저터널로 개통된 칸몬터널인도는 총길이 780m로 약 15분이면 규슈의 모지코에서 혼슈의 시모노세키까지 도보 이동이 가능하다. 칸몬터널인도를 건너는 중간 규슈와 혼슈의 경계선이 그려져 있다. 한쪽 다리는 규슈에, 다른 한쪽 다리는 혼슈에 두고 서서 특별한 인증 사진을 찍어 보는 건 어떨까? 터널 입구에는 동그란 원이 반으로 나눠진 기념 스탬프가 각각 마련되어 있다. 두 개의 스탬프를 이어 찍은 종이를 모지코역으로 가지고 가면 횡단 기념엽서를 받을 수 있다.

엘리베이터 탑승 (55m)

칸몬 해협

엘리베이터 탑승 (60m)

400m

380m

칸몬터널인도 (시모노세키 입구)

혼슈와 규슈 경계

칸몬터널인도 (모지코 입구)

Tip
모지코역에서 칸몬터널인도 입구까지, 칸몬터널인도를 지나 가라토시장까지 모두 도보로 이동하려면 상당한 체력이 요구된다(총길이 4.7km, 소요시간 1시간). 모지코역에서 칸몬터널인도 입구까지의 구간과 칸몬터널인도에서 나와 가라토시장까지 이동하는 구간은 버스나 모지코 레트로 관광열차 이용을 추천한다. 모지코 레트로 관광열차 티켓과 칸몬연락선, 가라토시장까지의 산덴 버스 이용 티켓이 포함된 칸몬 해협 클로버 티켓 이용도 고려해 보자. 자세한 내용은 p.233 참고.

위치　**모지코 입구**
　　　1. JR 모지코역에서 나와 4번 버스를 타고 칸몬터널인도입구 하차.
　　　소요시간 13분, 요금 270엔.
　　　2. 규슈철도기념관역에서 모지코 레트로 관광열차를 타고
　　　칸몬해협메카리역 하차. 왼쪽의 해안도로를 따라 도보 7분.
　　　소요시간 20분, 요금 300엔.
　　　시모노세키 입구
　　　1. 가라토시장에서 10번, 11번, 17번 버스 탑승.
　　　소요시간 9분, 요금 190엔.
　　　2. 가라토시장에서 바다를 오른쪽에 두고 길을 따라 1.5km 직진.
　　　도보 20분 소요.
운영　06:00~22:00
요금　보행자 무료, 자전거 20엔

혼슈의 서쪽 끝으로 떠나는 여행
시모노세키(下関)

규슈의 모지코에서 칸몬터널인도를 따라 15분이면 도착하는 혼슈의 시모노세키는 모지코를 방문한 여행자들이
2~3시간 코스로 가볍게 다녀오기 좋은 여행지이다. 기존엔 칸몬터널인도를 직접 건너 보고 싶어하는 여행자들이
대부분이었지만 〈짠내투어〉를 통해 가라토시장이 방송되면서 가라토시장을 목적으로 시모노세키를 방문하는 한국
인 관광객들이 크게 늘었다. 유명 관광지나 편의시설이 많은 여행지는 아니지만 맛있는 초밥을 저렴하게 맛보고 싶
은 여행자들에게 추천한다. 단, 가라토시장의 초밥은 금요일을 포함한 주말과 공휴일에만 맛볼 수 있다는 사실을 명
심하자.

①

가라토시장 唐戸市場

매일 갓 잡은 생선과 해산물들이 거래되는 대규모 어시장이다. 특히 가격도 비싸고 손질 방법도 까다로운 복어가 일본에서 가장 많이 거래되는 곳으로 유명하다. 덕분에 일본에서 가장 합리적인 가격으로 신선한 복어 회를 맛볼 수 있다. 얇고 투명하게 썰어 낸 복어 회는 물론 바삭하게 튀긴 복어튀김도 추천한다. 금요일을 포함한 주말과 공휴일이 되면 관광객들과 현지인들로 문전성시를 이룬다. 수십 가지 종류의 신선한 초밥을 저렴하게 구입할 수 있기 때문이다. 가게에 따라 조금씩 다르지만 초밥 하나의 가격은 대부분 200~400엔 사이. 일회용 도시락을 받아 들고 여러 가게를 돌아다니며 원하는 초밥을 구입하는 재미도 있다. 도시락 하나 가득 채워도 2,000엔이면 배부른 식사가 가능하다. 구입한 초밥은 2층에 마련된 테이블에서 먹을 수도 있지만 칸몬 해협과 모지코까지 한눈에 들어오는 야외 자리를 추천한다.

가라토시장 맞은편에 자리 잡은 카메야마하치만구亀山八幡宮에 오르면 세계에서 가장 큰 복어 동상이 있다. 날씨만 좋다면 전망대 못지않은 멋진 풍경을 볼 수 있다.

위치 **1.** 모지코항에서
　　 칸몬연락선 탑승
　　 (소요시간 5분, 요금 400엔).
　　 2. JR 시모노세키역 1~4번
　　 버스정류장에서 버스 탑승 후
　　 가라토시장역 하차
　　 (소요시간 15분, 요금 220엔).
주소 山口県下関市唐戸町5-50
운영 월~토요일 05:00~15:00,
　　 일요일 08:00~15:00
초밥시장
　　 금·토요일 10:00~15:00,
　　 일요일·공휴일 08:00~15:00
요금 초밥 200엔~
전화 083-231-0001
홈피 www.karatoichiba.com

❷ 조선통신사상륙기념비 朝鮮通信使上陸淹留之地の碑

2001년 한일우호의 상징으로 조선통신사가 실제로 도착했던 부두 자리에 세워졌다. 임진왜란 이후 조선통신사는 총 열두 차례 일본에 파견되었다. 그중 열한 차례를 이곳 시모노세키를 통해 혼슈로 들어섰다고 전해진다. 포천의 화강석으로 제작되었으며 비문은 당시 한일의원연맹 회장이었던 김종필 전 총리의 친필이다. 입구에 한글 표지판이 있지만 그냥 지나치기 쉬우니 주의 깊게 살펴봐야 한다.

위치 가라토시장을 오른쪽에 두고 350m 직진. 도보 4분 소요.
주소 山口県下関市阿弥陀寺町6-22

❸ 아카마 신궁 赤間神宮

1185년 시모노세키 앞바다에서 벌어졌던 단노우라檀ノ浦 전투에서 패배한 뒤 여덟 살의 어린 나이로 물속에 몸을 던진 안토쿠왕安德王을 모신 신궁이다. 조선통신사가 처음으로 일본 혼슈에 방문했을 때 숙박했던 곳이기도 하다. 아카마 신궁 맞은편엔 조선통신사상륙기념비가 자리하고 있다. 가라토시장에서 칸몬터널인도로 가는 길목에 자리한다. 일부러 찾아가기보다는 여행 중간 지나치게 된다면 가볍게 들러 보자.

위치 가라토시장을 오른쪽에 두고 350m 직진. 도보 4분 소요.
주소 山口県下関市阿弥陀寺町4-1
운영 09:00~17:00
전화 083-231-4138

❹ 킷사와스레지노 喫茶わすれじの

가라토시장에서 초밥으로 든든하게 배를 채운 다음 달콤한 디저트나 커피 한잔이 필요할 때 방문하면 좋은 카페이다. 다양한 음료와 맥주, 와인은 물론이고 식사 메뉴도 갖추고 있다. 현금 결제만 가능.

위치 가라토시장을 오른쪽에 두고 220m 직진. 도보 3분 소요.
주소 山口県下関市阿弥陀寺町 1-1-6
운영 토~월요일 11:00~19:00, 목·금요일 11:00~21:00
　　 휴무 화·수요일
요금 커피 500엔~
전화 083-237-9254

벳푸 Beppu

벳푸역 주변

벳푸만

◀ 스기노이 호텔 방향
杉乃井ホテル
벳푸 로프웨이 방향
別府ロープウェイ
글로벌 타워 방향
グローバルタワー

S 유메타운
ゆめタウン
ABC마트
ABC-MART
다이소
ダイソー
유니클로
ユニクロ
쓰키지 긴다코
築地銀だこ
S MUJI(無印良品)

R 모스버거
モスバーガー

H 테라유보 세이카이소
てらゆ房清海荘

H 호텔 나기사
ホテルなぎさ
벳푸 타워
別府タワー

H 벳푸 고리쿠
ベつぷ鉱泉楽

H 호텔 아일
ホテルアイル

H 도요코인 본점
とよ常本店

고쿠라카이도로 小倉街道

H 호텔 뉴 쓰루타
ホテルニューツルタ

기타하마 공원

다케가와라온천
竹瓦温泉

나시티쓰 리조트 인 벳푸
西鉄リゾートイン別府

H 기타하마버스센터
キタハマバスセンター

R 로바타긴 고쿠라초
ろばたご こくらちょう
다케가와라 골목길
うばたに竹瓦横丁

R 긴쇼 벳푸 라멘
元祖別府らーめん

R 노가미 혼칸
野上本館

벳푸 리츠호텔 인 벳푸
別府リッツトイン別府

S 셀리아
セリア
무지
MUJI(無印良品)

R 모기 고게츠
もぎ巳浩月

R 쇼무리
そむり

S 세키 미쓰야
グリルみつば

가이몬지온천
海門寺温泉

R 가이센 이조초
海鮮いつちょう

R 도모나가빵야
トモナガパン屋

H 벳푸 아마네리조트
アマネリゾート別府

도요츠네
とよ常

H 호텔 이센 벳푸
別府スてーションホテル

솔파세오 긴자 쇼핑거리
ソルパセオ銀座商店街

S 슈퍼마켓
スーパーマーケット

아이치 전기
ヤマダ電機

▶ 동쪽 출구
別府駅

▶ 유후라야 쿠마하치 동상
油屋熊八の像

에키마에고토온천
駅前高等温泉

H 벳푸 기바노이 호텔
別府亀の井ホテル

H 벳푸 다이이티 호텔
別府第一ホテル

벳푸역
別府駅

H 호텔 시 웨이브 벳푸
ウェーブ別府

▶ 서쪽 출구
別府駅(西口)

벳푸에키카(서쪽) 스타
ビジネスホテルスター

병원

S 마루미야 슈퍼마켓
マルミヤストア

벳푸역 시장
べっぷ駅市場

N

칸나와

N

218

🚌 치노이케지고쿠마에
血の池地獄前

• 피의지옥
血の池地獄

• 회오리지옥
龍巻地獄

• 시바세키온천
柴石温泉

218

• 기타칸나와온천
北鉄輪温泉

Ⓗ 제키이노야도 사쿠라테이
絶景の宿さくら亭

Ⓗ 유케무리노사토 아즈마야
湯けむりの里東屋

218

• 사이후쿠지
西福寺

Ⓗ 유모토 미요시
湯元美吉

• 스지유온천
すじ湯温泉

• 온천신사
温泉神社

칸나와 유노카
かんなわゆの香

🚻

• 칸나와온천
鉄輪温泉

Ⓗ 칸나와 유신
鉄輪癒心

Ⓡ 50카페
50CAFE

악어지옥
鬼山地獄

가메노이 버스센터
(칸나와 鉄輪)

🚉 칸나와
鉄輪

• 가마솥지옥
かまど地獄

지옥온천 뮤지엄
地獄温泉ミュージアム

• 바다지옥
海地獄

미유키언덕 みゆき坂

지옥 찜 공방 칸나와
地獄蒸し工房鉄輪

Ⓡ 족욕

• 지고쿠바루온천
地獄原温泉

🚌 지고쿠바루
地獄原

• 스님머리지옥
鬼石坊主地獄

🚌 우미지고쿠마에
海地獄前

• 하얀연못지옥
白池地獄

Ⓗ 오니야마 호텔
おにやまホテル

• 효탄온천
ひょうたん温泉

218

Ⓗ 호텔 산스이칸
ホテル山水館

규슈횡단도로 九州横断道路

Ⓢ 슈퍼마켓

일본 최대 규모의 온천마을
벳푸(別府)

후쿠오카에서 동쪽으로 2시간 정도 이동하면 만나게 되는 일본 최대의 온천도시다. 일본에서 가장 많은 온천
수가 나오는 곳이면서 동시에 입욕 가능한 온천 중 세계 최대 규모를 자랑한다. 은은하게 풍겨 오는 유황냄새
와 뿌연 온천 증기로 가득한 도시 풍경은 NHK가 선정한 '21세기에 남기고 싶은 일본 풍경' 2위로 선정되기
도 했다. 온천욕을 즐기는 것을 넘어 개성 강한 온천들을 둘러보고 온천 증기로 익힌 찜 요리를 맛볼 수 있는
특별한 즐거움이 있는 곳. 일본 온천의 다양한 모습을 경험하고 싶은 여행자들에게 추천한다.

드나들기

버스를 이용하는 경우 편도 한 장의 티켓을 구입하는 것보다 왕복으로
혹은 일정이 같은 일행의 티켓을 한꺼번에 구입하는 것이 훨씬 경제적이
다. 4장(욘마이킷푸四枚切符) 단위로 구입할 수 있다. 패스를 이용할 때보
다 더 저렴한 경우도 있으니 일정에 따라 가격을 꼼꼼하게 체크해 티켓
구입 방법을 결정하자.

❶ 후쿠오카공항에서 벳푸로 이동

후쿠오카공항 국제선 터미널 1층 2번 정류장에서 벳푸행 버스 탑승.
요금 3,250엔, 소요시간 1시간 40분(북큐슈 산큐패스 이용 가능).
4장(욘마이킷푸四枚切符) 10,000엔(1인 기준 2,500엔)

❷ 하카타에서 벳푸로 이동

버스

하카타 버스터미널 3층 34번 정류장에서 벳푸행 버스 탑승.
요금 3,250엔, 소요시간 2시간 20분(북큐슈 산큐패스 이용 가능).
4장(욘마이킷푸四枚切符) 10,000엔(1인 기준 2,500엔)

JR

JR 하카타역에서 벳푸행 특급 소닉 탑승.
요금 5,940엔, 소요시간 2시간 20분(JR 북큐슈 레일패스 이용 가능).
※탑승일 기준 한 달 전부터 3일 전까지 JR 홈페이지(train.yoyaku.jr
kyushu.co.jp)를 통해 인터넷 한정 티켓을 구입할 수 있다. 일반적인 티
켓 가격보다 훨씬 저렴하고 한정수량이라 주말이나 인기 있는 시간대는
오픈 즉시 매진되는 경우가 많다. 인터넷 전용 요금 2,550엔~.

Tip 1
예약 꿀팁
워낙 인기 있는 노선이라 미리
예약하는 것을 추천한다. 한국에
서 홈페이지(www.highwaybus.
com)를 통해 예약하는 것이 가장
좋지만 하카타 버스터미널 3층
티켓 발권 창구에서도 예약 가능
하다. 하지만 출발 2~3일 전에
예약하면 원하는 시간을 예약하
지 못할 수도 있다는 사실. 북큐
슈 산큐패스를 이용할 경우에도
예약은 필수.

Tip 2
교통패스 이용하기
벳푸와 유후인, 나가사키 등의 북
큐슈 지역을 함께 여행할 계획이
라면 일정 기간 동안 버스 혹은
JR을 무제한으로 탑승 가능한 교
통패스를 이용하는 것도 좋은 방
법이다. 자세한 패스 정보는 p.61
를 참고하자.

❸ 유후인에서 벳푸로 이동
유후인역 앞 버스터미널에서 벳푸행 버스 탑승.
요금 1,100엔, 소요시간 1시간(북큐슈 산큐패스 이용 가능).

❹ 오이타공항에서 벳푸로 이동
오이타공항 2번 정류장에서 벳푸역행 특급버스 탑승.
요금 1,500엔, 소요시간 45분(북큐슈 산큐패스 이용 가능).

여행방법

당일로 벳푸를 찾은 여행객이라면 가장 먼저 지옥온천이 있는 칸나와 지역을 둘러보는 것으로 여행을 시작하자. 지옥온천은 워낙 관광객들이 많이 찾는 곳으로 이른 오전에 방문해야 비교적 한산하게 관광이 가능하다. 오후엔 벳푸 타워, 벳푸 로프웨이 등을 가볍게 둘러보자. 1박 이상 숙박하는 경우라면 일곱 개의 지옥온천을 모두 경험할 수 있는 패스권을 구입해 여유롭게 보는 것을 추천한다. 각각의 온천 입구에 마련된 스탬프를 모두 모아 보는 것도 특별한 재미. 꼭 고급 료칸에 숙박하지 않아도 당일 온천이 가능한 저렴한 시영온천들도 많은 편이다. 벳푸역 관광안내소에는 한국어가 가능한 안내원이 상주하고 있어 버스 노선이나 관광지에 관해 다양한 도움을 받을 수 있다.

시내교통

버스
벳푸역 주변은 도보로 충분히 이동 가능하지만 지옥온천이 있는 칸나와, 벳푸 로프웨이, 글로벌 타워 등의 관광지는 버스를 타고 이동해야 한다. 버스 요금은 170엔부터 시작하며 벳푸역을 기준으로 가장 많은 관광객들이 찾는 우미지옥까지의 요금은 390엔. 벳푸 주요 관광지를 구석구석 돌아보고 싶은 여행자라면 마이 벳푸 프리 티켓을 추천한다(북큐슈 산큐패스 이용 가능).

택시
벳푸역 동쪽 출구 앞 택시 승강장에서 탑승 가능하다. 요금이 저렴한 편은 아니지만 3~4명이 한꺼번에 가까운 거리로 이동할 경우 버스보다 저렴한 경우도 있다.

> **Writer's pick**
>
>
>
> **Tip 3**
> **마이 벳푸 프리**
> My べっぷ Free
>
> 주요 관광지는 물론이고 벳푸 시내를 돌아다니는 모든 버스를 무제한으로 탑승 가능한 패스다. 이용 날짜와 범위에 따라서 총 네 가지 종류 중 선택 가능하다. 벳푸역 내 관광안내소에서 구입할 수 있다.
>
> **1 미니(벳푸 시내, 칸나와 구간)**
> **1일 미니 프리 승차권**
> 성인 1,100엔, 학생 900엔,
> 어린이 500엔
> **2일 미니 프리 승차권**
> 성인 1,700엔, 어린이 850엔
> **2 와이드(벳푸 시내 전 노선, 유후인)**
> **1일 와이드 프리 승차권**
> 성인 1,800엔, 어린이 900엔
> **2일 와이드 프리 승차권**
> 성인 2,800엔, 어린이 1,400엔

벳푸에서 꼭 해야 할 다섯 가지

일본 최대의 온천도시답게 다양한 방법으로 온천을 경험할 수 있다.
단순하게 온천욕만 즐기는 것에 만족하지 말고 보고, 먹고, 체험하며 제대로 즐겨 보자!

하나! 7개의 지옥온천 모두 둘러보기

둘! 뜨거운 온천 증기로 익힌 지옥 찜 요리 맛보기

셋! 천연 모래를 사용한 모래찜질 온천 즐기기

넷! 300엔으로 시영온천에서 온천욕 즐기기

다섯! 벳푸역 앞 아부라야 쿠마하치 동상과 기념사진 찍고 바로 옆에서 손 온천 경험하기

1박 2일 알차게 즐기는 벳푸 여행

하루 정도면 대부분의 관광지는 다 둘러볼 수 있는 곳이지만 여유롭게 여행하고 싶다면 1박 2일의 일정을 추천한다. 당일 온천이 가능한 저렴한 온천들이 많아 비싼 료칸에 숙박하지 않아도 다양한 온천을 경험할 수 있는 것이 벳푸 여행의 큰 장점.

첫째 날

벳푸역
⋮ 버스 20분
지옥온천 순례
스님머리지옥, 바다지옥,
가마솥지옥, 악어지옥,
하얀연못지옥
⋮ 도보 2분
지옥 찜 공방 칸나와
⋮ 도보 4분
효탄온천
⋮ 버스 23분
로바타진
⋮ 도보
숙소

둘째 날

벳푸역
⋮ 버스 30분
지옥온천 순례
피의지옥, 회오리지옥
⋮ 버스 30분
도요츠네
⋮ 도보 9분
다케가와라온천
⋮ 도보 9분
벳푸역

> **Tip**
> **당일 여행자를 위한 꿀팁!**
> 벳푸역 주변에는 커다란 여행 가방을 보관할 수 있는 코인 로커가 자리 잡고 있다. 벳푸역에 도착하면 가장 먼저 짐을 보관해 두고 가벼운 몸과 마음으로 여행을 즐겨 보자. 여행 가방의 사이즈가 너무 커 고민이라면 유인보관소 이용을 추천한다. 가방의 크기와 상관없이 개수만으로 비용을 지불해 가방이 큰 여행자들에게 유리하다.

벳푸 온천의 아버지, 아부라야 쿠마하치(油屋熊八)

아부라야 쿠마하치 덕분에 지금의 벳푸가 있다고 해도 과
언이 아닐 정도로 벳푸 관광에 큰 공을 기여한 인물이다.
일본 최초로 여성 버스 가이드를 도입해 벳푸 지옥온천 순
례 프로그램을 시작했으며 세 개의 수증기를 그려 넣은 온
천마크를 벳푸의 심볼로 사용하며 대중화했다. 벳푸의 이
름을 널리 알리기 위해 벳푸와 유후인을 연결하는 관광버
스인 유후링ゆふりん을 만들었고 이 역시 큰 성공을 거뒀
다. 이후 벳푸 관광에 기여한 공을 인정받아 벳푸역 동쪽
출구 앞에 아부라야 쿠마하치 동상이 세워지게 됐다. 하늘
을 향해 두 손을 번쩍 들고 있는 유쾌한 표정의 아부라야
쿠마하치 동상 앞은 벳푸를 방문한 관광객들이 필수로 사
진을 남기는 포토 스폿.

Sightseeing ★★☆

글로벌 타워 グローバルタワー

일본 오이타현 출신의 세계적인 건축가인 이소자키 신磯崎新이 설계한 전망
타워로 벳푸 국제 컨벤션 센터인 비콘 플라자 옆에 세워져 있다. 활 모양의 아
치 기둥이 인상적인 글로벌 타워의 높이는 125m, 전망대의 높이는 100m로 벳
푸 온천마을과 시내가 한눈에 들어온다. 앞과 뒤, 좌우가 유리로 만들어져 있
어 흡사 다이빙대에 올라선 듯한 아찔함을 느낄 수도 있다. 화려한 조명이 거
의 없는 조용한 벳푸 지역의 특성상 해가 지기 전에 방문하는 것을 추천한다.

위치	벳푸역 서쪽 출구로 나와 1번 정류장에서 3번, 8번, 36번 버스 탑승, 비콘플라자마에 정류장 하차 (요금 190엔, 소요시간 5분).
주소	大分県別府市山の手町12-1
운영	3~11월 09:00~21:00, 12~2월 09:00~19:00
요금	성인 300엔, 초·중학생 200엔, 어린이 무료
전화	0977-26-7111
홈피	www.b-conplaza.jp

벳푸 로프웨이 別府ロープウェイ

1,375m 높이를 자랑하는 쓰루미산 정상 가까이까지 오르는 케이블카로 벳푸는 물론이고 유후산, 시코쿠까지 한눈에 내려다볼 수 있다. 봄에는 벚꽃과 진달래가 만발한 꽃놀이 명소로, 여름엔 시원한 피서지로, 가을엔 단풍 명소로 사랑받고 있으며 겨울엔 규슈에서는 보기 힘든 아름다운 눈꽃을 감상할 수 있어 사계절 언제 들러도 아름다운 풍경을 자랑한다. 전망대 주변으로는 일곱 가지 복을 준다는 칠복신七福神이 자리 잡고 있는데 각각의 신불을 모두 찾아보는 것도 특별한 즐거움. 벳푸역에서 유후인으로 가는 길목에 위치하고 있으니 유후인으로 이동할 때 잠깐 들러 관광을 즐기는 코스를 추천한다.

위치 벳푸역 서쪽 출구로 나와 36번 버스 탑승. 벳푸로프웨이 정류장 하차 (요금 500엔, 소요시간 22분).
주소 大分県別府市大字南立石字寒原 10-7
운영 3월 15일~11월 14일 09:00~17:00, 11월 15일~3월 14일 09:00~16:30
요금 **편도** 성인 1,200엔, 4~13세 600엔 **왕복** 성인 1,800엔, 4~13세 900엔
전화 0977-22-2278
홈피 www.beppu-ropeway.co.jp

벳푸 타워 別府タワー

1957년 완공된 90m 높이의 타워로 벳푸를 대표하는 랜드마크 중 하나다. 일본의 유명 타워들을 설계한 타워박사 '나이토 다추' 교수의 작품으로 나고야 TV타워(현 중부전력 미라이 타워). 오사카의 쓰텐카쿠 타워에 이어 3번째로 지어졌다. 최근에는 벳푸 타워 완공 65주년을 기념하여 대대적인 리모델링으로 새로운 시설이 설치되었다. 100m로 높이를 올리고 5층 옥상에는 테라스가 설치되었다. 시즌에 따라 색이 변하는 LED 조명이 추가되면서 아름답게 빛나는 벳푸 타워를 만나 볼 수 있게 되었다. 덕분에 늦은 밤 벳푸 타워의 야경을 감상하기 위한 관광객들의 방문이 크게 늘었다.

위치 벳푸역 동쪽 출구로 나와 정면의 큰 도로로 직진, 왼쪽에 토키와 벳푸가 나오면 좌회전 후 250m 직진. 소요시간 10분.
주소 大分県別府市北浜3-10-2
운영 09:30~21:30
요금 성인 800엔, 중·고등학생 600엔, 4세~초등학생 400엔
전화 0977-26-1555
홈피 bepputower.co.jp

개성 강한 7개의 지옥온천을 한꺼번에 경험하자!
벳푸 지옥온천 순례(別府地獄めぐり)

오늘날에는 관광객들의 발걸음이 끊이지 않는 벳푸를 대표하는 관광지이지만 과거 이 지역은 뜨거운 증기와 물이 수시로 분출해 사람들의 접근이 아예 불가능했던 곳이었다. 멀리서 뜨거운 증기가 쉴 새 없이 흘러나오는 모습에서 지옥이 연상된다고 해 지옥온천이라는 이름이 붙여지게 됐을 정도. 온천마다 다양한 물질이 함유돼 있어 바다처럼 보이기도 하고 피처럼 보이기도 하는 이색적인 풍경을 자랑한다. 개성 강한 일곱 개의 지옥온천을 모두 둘러보면 가장 좋겠지만 시간 여유가 없다면 바다지옥(우미지옥), 가마솥지옥(가마도지옥), 피의지옥(치노이케지옥) 이렇게 세 곳의 온천만이라도 둘러보는 것을 추천한다. 뜨거운 온천의 열로 익힌 온천 달걀은 지옥온천에서 꼭 맛봐야 할 필수 먹거리!

위치 **1.** 벳푸역 서쪽 출구로 나와 2번, 5번, 9번, 24번, 41번 버스 탑승. 우미지고쿠마에 혹은 칸나와 정류장 하차 (요금 390엔, 소요시간 20분).
2. 칸나와에서 피의지옥 (치노이케지옥)으로 가려면 16번 버스 탑승 후 치노이케 지고쿠마에 정류장 하차 (요금 220엔, 소요시간 9분).

운영 08:00~17:00

요금 **각 지옥 1회 입장권**
성인 450엔, 초등·중학생 200엔
7개 지옥 공통 관람권(2일간)
성인 2,200엔,
초등·중학생 1,000엔

전화 0977-66-1577

홈피 www.beppu-jigoku.com

지옥온천
안내도

① 스님머리지옥
鬼石坊主地獄
(오니이시보즈지옥)

② 바다지옥
海地獄
(우미지옥)

우미지고쿠마에
海地獄前

③ 가마솥지옥
かまど地獄
(가마도지옥)

하얀연못지옥 ⑤
白池地獄
(시라이케지옥)

④ 악어지옥
鬼山地獄
(오니야마지옥)

⑥ 피의지옥
血の池地獄
(치노이케지옥)

칸나와
鉄輪

⑦ 회오리지옥
龍巻地獄
(다쓰마키지옥)

치노이케
지고쿠마에
血の池地獄前

코스 (약 3시간 소요)

벳푸역 서쪽 출구

⋮ 2번, 5번, 9번, 24번, 41번 버스

① **스님머리지옥**(오니이시보즈지옥)

⋮ 도보 2분

② **바다지옥**(우미지옥)

⋮ 도보 2분

③ **가마솥지옥**(가마도지옥)

⋮ 도보 2분

④ **악어지옥**(오니야마지옥)

⋮ 도보 1분

⑤ **하얀연못지옥**(시라이케지옥)

⋮ 버스 16번

⑥ **피의지옥**(치노이케지옥)

⋮ 도보 1분

⑦ **회오리지옥**(다쓰마키지옥)

①

스님머리지옥 鬼石坊主地獄(오니이시보즈지옥)

회색빛의 진흙이 온천 열기에 끓어오르면서 동그란 구를 쉴 새 없이 만들어 내는데 이 모습이 스님의 머리와 닮았다고 해서 스님머리지옥이라 불린다. 안쪽으로는 당일 이용이 가능한 온천(유료)이 마련돼 있으며 무료 족욕을 즐길 수 있다.

위치 우미지고쿠마에 정류장에서 도보 2분.

❷
바다지옥 海地獄(우미지옥) `Writer's pick`

1,200년 전 화산폭발로 형성된 온천으로 진한 코발트 블루색을 띤 온천수는 지옥온천이라는 이름과 전혀 안 어울리는 아름다운 풍경을 보여 준다. 무려 98도의 뜨거운 온천수로 거대 사이즈의 연꽃을 기르고 있으며 5~11월 사이에 연잎이 피어난 모습을 만날 수 있다. 무료 족탕도 마련돼 있다.

위치 우미지고쿠마에 정류장에서 도보 2분.

❸
가마솥지옥 かまど地獄(가마도지옥) `Writer's pick`

90도의 온천수에서 뿜어내는 수증기로 밥을 지어 먹었다고 해서 가마솥지옥이라는 이름이 붙여졌다. 마시면 10년이 젊어진다는 온천수와 온천 미스트를 경험할 수 있으며 여러 가지 볼거리가 많아 지옥온천 중 가장 인기 있는 곳이다. 주요 지옥온천들의 특징이 한곳에 모여 있어 지옥온천의 축소판이라 불리기도 한다.

위치 우미지고쿠마에 정류장에서 도보 3분.

❹
악어지옥
鬼山地獄(오니야마지옥)

온천 열기를 이용해 악어 사육을 처음 시작한 온천으로 100여 마리의 악어들을 만날 수 있는 곳이다. 거대한 악어의 뼈와 함께 이곳에서 키우고 있는 악어의 종류에 대한 전시관이 따로 마련돼 있다. 하지만 다른 지옥온천들에 비해 큰 볼거리를 자랑하는 곳은 아니니 시간 여유가 없다면 가볍게 패스하자.

위치 칸나와 정류장에서 도보 1분.

❺ 하얀연못지옥 白池地獄(시라이케지옥)

처음 분출될 때는 투명했던 온천수가 급격한 온도와 압력의 변화로 인해 청백색으로 변해 신비스러운 분위기를 자아내는 곳이다. 무려 95도를 자랑하는 온천의 열기를 이용해 열대어를 키우고 있으며 4m의 길이를 자랑하는 거대한 대왕물고기 피라루크, 무시무시한 식인물고기로 알려진 피라니아를 만날 수 있다.

위치 칸나와 정류장에서 도보 1분.

❼ 회오리지옥 龍巻地獄(다쓰마키지옥)

뜨거운 물과 수증기가 일정한 시간 간격으로 분출되는 온천인 간헐천을 만날 수 있는 지옥이다. 30~40분의 간격을 두고 지하 깊은 곳에서부터 지상 30m의 높이로 분출되는데 105도의 온도와 압력 덕분에 분출되는 동안 주변은 온통 온천 수증기로 가득해진다. 벳푸시의 천연기념물로도 지정돼 있다.

위치 칸나와 정류장에서 16번 버스 탑승 후 치노이케지고쿠마에 정류장 하차(요금 220엔, 소요시간 9분).

❻ 피의지옥 血の池地獄(치노이케지옥)

일본에서 가장 오래된 천연지옥으로 일곱 개의 벳푸 지옥온천 중에서 지옥이라는 타이틀이 가장 잘 어울리는 곳이다. 피를 풀어 놓은 것 같은 붉은색의 온천수는 산화철과 마그네슘이 포함된 진흙의 영향. 이곳에서 분출되는 빨간 진흙으로 만든 치노이케연고는 피부병에 효과가 있다고 알려져 기념품으로 인기 있다.

위치 칸나와 정류장에서 16번 버스 탑승 후 치노이케지고쿠마에 정류장 하차(요금 220엔, 소요시간 9분).

벳푸 관광의 필수 코스!
당일 온천 즐기기

온천의 도시 벳푸에서는 꼭 료칸에 숙박하지 않아도 다양한 방법으로 온천을 즐길 수 있다. 벳푸 시내에만 무려 100개가 넘는 온천이 자리 잡고 있으며 1회 이용 금액도 300엔부터 시작한다. 여행의 피로를 가뿐하게 풀어 줄 특별한 온천! 즐기지 않을 이유가 없다.

More & More 일본에서 온천 즐기는 방법!

1 일본 온천 이용 순서

하나 온천에 들어가기 전 속옷 포함 모든 옷을 벗어 바구니에 넣는다.

둘 욕조에 들어가기 전 따뜻한 온천수를 조금씩 부어 몸을 깨끗하게 씻는다.

셋 온천 이용 후 몸에 남아 있는 물기를 깨끗하게 닦고 탈의실로 나간다.

넷 물을 충분히 마시고 휴식을 취한다.

2 온천을 즐길 때 꼭 지켜야 하는 기본 에티켓

하나 개인 타월을 욕조에 담그는 것은 금물.

둘 욕조 안에서 수영을 하거나 큰 소리로 떠들지 않는다.

셋 옆 사람에게 비누거품이나 물이 튀지 않도록 주의한다.

3 일본에서 온천 즐기기 Q&A

Q 샴푸, 칫솔, 치약, 수건 등 목욕용품은 따로 가져가야 하나요?

A 온천에 따라 다르지만 샴푸, 비누 등 공용으로 사용할 수 있는 목욕용품이 비치돼 있는 경우도 있습니다. 하지만 벳푸의 저렴한 시영온천들은 없는 경우가 대부분이니 개인 칫솔이나 수건과 함께 간단한 목욕용품을 준비해 방문하는 것을 추천합니다. 온천 입구에서 구입도 가능하고요.

Q 일본 온천에도 목욕관리사(세신사)가 있나요?

A 온천에는 목욕관리사가 따로 없습니다. 온천에서 때를 미는 것도 금지돼 있으니 주의해야 합니다.

미쉐린 가이드가 인정한
효탄온천 ひょうたん温泉

1922년 처음 시작돼 90년이 넘는 역사를 자랑하는 온천으로 미쉐린 가이드에서 별 3개를 받은 온천이기도 하다. 독자적 기술인 온천 냉각 장치를 이용해 순도 100%의 원천을 사용한다는 자부심도 대단하다. 노천탕부터 폭포탕까지 다양한 종류의 온천을 보유하고 있으며 시간 제한 없이 자유롭게 이용할 수 있다. 따끈하게 데워진 모래를 이용한 모래찜질온천(540엔)과 가족탕(1시간 2,400엔)도 마련돼 있어 아침부터 저녁까지 시간을 보내도 지루하지 않다.

위치 벳푸역 동쪽 출구로 나와
　　 20번 버스 탑승, 지고쿠바루
　　 정류장 하차(요금 380엔,
　　 소요시간 25분).
주소 大分県別府市鉄輪159-2
운영 09:00~01:00
요금 성인 1,020엔, 초등학생 400엔,
　　 유아 280엔(3세 이하 무료)
전화 0977-66-0527
홈피 www.hyotan-onsen.com

벳푸에서 가장 오래된
다케가와라온천 竹瓦温泉

1879년 처음 만들어진 벳푸를 대표하는 온천이다. 오랜 세월의 흔적이 그대로 엿보이는 외관은 1938년 완성된 것으로 유형문화재로 등록돼 있다. 벳푸시에서 운영하는 시영온천으로 저렴한 가격 덕분에 관광객들은 물론이고 현지인들도 많이 찾는다. 최신

위치 벳푸역 동쪽 출구로 나와
　　 큰길을 따라 450m 직진, 정면
　　 큰 도로 바로 직전 오른쪽
　　 골목으로 진입 후 골목을 따라
　　 240m 직진. 도보 9분.
주소 大分県別府市元町16-23
운영 06:30~22:30
　　 휴무 매월 셋째 주 수요일
　　 모래찜질온천 08:00~22:30
　　 휴무 매월 셋째 주 수요일
요금 성인 300엔, 어린이 100엔,
　　 모래찜질온천 1,500엔
전화 0977-23-1585

식의 화려한 시설은 아니지만 소박한 옛 그대로의 일본 온천을 경험하고 싶은 여행자들에게 추천한다. 샴푸, 비누, 타월 등 대부분의 목욕용품들은 따로 비치돼 있지 않으니 미리 준비해서 방문해야 한다(구입 가능).

Food
①
도요츠네 とよ常

새우 혹은 각종 야채를 튀겨 밥 위에 올려 먹는 덴동天井 전문점이다. 밥을 담은 그릇보다 더 큰 사이즈의 새우튀김이 올라가는 특상덴동特上天井이 도요츠네의 베스트 메뉴. 튀김을 좋아한다면 새우튀김을 추가해 더욱 든든하게 즐길 수도 있다. 맛도 가격도 훌륭해 늘 사람들로 북적거리니 브레이크 타임 직후나 식사 시간을 피해 방문하도록. 벳푸역 바로 앞에 있는 분점 외에도 토키와 벳푸 건너편에 본점이 있다.

위치 벳푸역 동쪽 출구로 나와 길 건너편.
주소 大分県別府市駅前本町5-30
운영 토~수요일 11:00~14:00, 17:00~21:00 휴무 목·금요일
요금 특상덴동 950엔, 새우튀김 추가 360엔
전화 0977-23-7487
홈피 www.toyotsune.com

Food
②
분고차야 豊後茶屋

벳푸역 안에 자리 잡은 식당들 중에서 가장 북적거리는 곳이다. 벳푸시가 속한 오이타현의 다양한 명물들을 판매하고 있다. 닭 가슴살을 사용했지만 전혀 퍽퍽하지 않고 부드러운 맛이 일품인 도리텐과 밀가루로 찰지게 반죽한 넓적한 면을 넣은 담백한 맛의 단고지루가 분고차야의 베스트 메뉴. 두 메뉴를 모두 맛볼 수 있는 분고 정식豊後定食이 가장 인기 있다. 한국어 메뉴판도 갖추고 있다.

위치 벳푸역 내 위치.
주소 大分県別府市駅前町12-13
운영 10:00~20:00
요금 분고 정식 1,450엔
전화 0977-25-1800

Food
③

교자 코게츠 ぎょうざ湖月

이 집의 교자를 맛본 사람들 대부분이 인생교자라 칭하는 교자 전문점으로 으슥하고 좁은 골목에 자리 잡고 있지만 손님들이 끊이지 않는 숨은 맛집이다. 내부는 고작 여섯 일곱 개의 의자가 전부이며 메뉴도 오로지 교자, 그리고 교자와 환상 궁합을 자랑하는 맥주뿐이다. 주문 즉시 구워 내는 교자는 종잇장처럼 얇은 피가 포인트! 한 접시가 눈 깜짝할 사이에 동이 난다. 좁은 내부 탓에 자리를 잡고 앉기란 하늘의 별 따기이지만 포장도 가능하니 진정한 인생교자를 맛보고 싶다면 꼭 방문해 보자.

위치 벳푸역 동쪽 출구로 나와 정면의 큰 도로를 따라 380m 직진, 오른쪽의 솔파세오 긴자 쇼핑거리 바로 옆 좁은 골목으로 진입.
주소 大分県別府市北浜1-9-4
운영 금~일요일 14:00~소진 시까지
휴무 월~목요일
요금 교자 600엔
전화 0977-21-0226

Food
④

가이센 이즈츠 海鮮いづつ

신선한 해산물을 이용해 다양한 메뉴를 선보이는 곳으로 10여 가지의 회를 듬뿍 올린 가이센동海鮮丼이 대표적인 메뉴이다. 밥 위에 회가 얹어져 나오는 모습만 보면 우리가 흔히 먹는 회덮밥과 비슷해 보이지만 먹는 방법은 전혀 다르다. 가이센동의 맛을 제대로 느끼기 위해서는 밥을 조금씩 덜어 회 한 점을 올리고 그 위에 와사비를 곁들여 하나씩 맛보는 것을 추천한다. 각기 다른 회의 맛을 고루 느낄 수 있다. 국과 반찬이 포함돼 있는 정식 메뉴보단 단품으로 주문하는 것을 추천한다.

위치 벳푸역 동쪽 출구로 나와 정면의 큰 도로를 따라 380m 직진 후 오른쪽의 솔파세오 긴자 쇼핑거리로 진입해 300m 직진, 오른쪽에 위치. 도보 8분.
주소 大分県別府市楠町5-5
운영 화~일요일 11:00~15:00, 18:00~21:30 **휴무** 월요일
요금 가이센동 1,250엔, 가이센동 정식 1,400엔
전화 0977-22-2449

Food
⑤

소무리 そむり

오이타현의 옛 이름인 '분고'에서 유래된 오이타현의 명물 소고기 분고규豊後
牛를 맛볼 수 있는 레스토랑으로 35년의 전통을 자랑한다. 수프와 샐러드, 밥
과 커피가 포함된 분고규 등심 스테이크 코스가 소무리의 대표 메뉴. 워낙 고
급 소고기인 덕분에 가격은 비싼 편이지만 웬만한 최고급 레스토랑에서 먹는
스테이크보다 훌륭한 맛을 선사한다. 분고규만큼은 아니지만 질 좋은 소고기
를 사용한 스테이크를 합리적인 가격에 맛보고 싶다면 점심시간을 공략하자.

위치 벳푸역 동쪽 출구로 나와 정면의
　　 큰 도로를 따라 200m 직진 후
　　 오른쪽 골목으로 진입해 두 블록
　　 이동 후 좌회전, 160m 직진하면
　　 왼쪽에 위치.
주소 大分県別府市北浜1-4-28
운영 화·목~일요일 11:30~14:00,
　　 17:30~21:30, 수요일 11:30~14:00
　　 휴무 월요일
요금 분고규 등심 스테이크 코스 7,500엔~,
　　 점심 스테이크 정식 3,000엔~
전화 0977-24-6830
홈피 somuri.net

Food
⑥

그릴 미쓰바 グリルみつば

1953년에 처음 오픈한 레스토랑으로 관광객들보다 현지인들에게 더 인기 있
는 곳이다. 오이타현 명물 도리텐과 분고규 스테이크를 전문적으로 판매하는
데 부위별, 중량별로 다양하게 선택해 주문할 수 있는 것이 특징이다. 스테이
크를 주문하면 철판 위에서 구워 주는 모습을 확인할 수 있어 보는 즐거움
이 더해진다. 점심시간에 방문하면 보다 합리적인 가격으로 스테이크를 맛
볼 수 있다.

위치 벳푸역 동쪽 출구로 나와 정면의
　　 큰 도로를 따라 200m 직진 후
　　 오른쪽 골목으로 진입해 두 블록
　　 이동 후 좌회전, 140m 직진하면
　　 왼쪽에 위치.
주소 大分県別府市北浜1-4-31
운영 월요일 11:30~14:00,
　　 수~일요일 11:30~14:00,
　　 18:00~21:00 **휴무** 화요일
요금 분고규 스테이크 5,200엔~,
　　 도리텐 1,300엔
전화 0977-23-2887

로바타진 ろばた仁

1975년에 개업해 오랜 전통을 자랑하는 주점으로 음식 맛이 좋기로 입소문이 나 있다. 꼭 술을 먹지 않아도 이곳의 안주를 먹기 위해 들르는 사람들도 많다. 신선한 생선회, 오이타현의 일품 분고규 스테이크, 도리텐과 생선구이까지 양이 넉넉한 편은 아니지만 가격이 합리적이라 다양한 메뉴를 고루 맛보고 싶은 여행자들에게 추천한다. 오픈 직후부터 사람들이 몰리는 곳이니 서둘러 방문하자. 바로 옆 블록에 있는 분점을 이용하는 것도 추천.

위치	벳푸역 동쪽 출구로 나와 정면의 큰 도로를 따라 500m 직진, 오른쪽에 위치.
주소	大分県別府市北浜1-15-7
운영	17:00~23:00
요금	생선회 모둠 1,000엔~, 도리텐 550엔~, 생맥주 550엔~
전화	0977-21-1768
홈피	robata-jin.com

간소 벳푸 라멘 元祖別府ら~めん

벳푸만에서 잡은 생선과 닭, 돼지 뼈를 사용한 국물로 시원하면서도 깔끔한 맛의 라멘이다. 내부 공간이 그리 넓지 않아 오픈 시간에 맞춰 방문하지 않으면 기다리는 것은 기본이다. 재료가 소진되는 즉시 마감되는 시스템으로 가능하다면 오픈 시간 혹은 브레이크 타임 직후에 방문하는 것을 추천한다. 벳푸 라멘과 함께 오이타 명물 회, 공깃밥이 함께 제공되는 3번 세트 메뉴가 가장 인기 있다. 신선한 회에 참깨 소스가 곁들여 나오는데 회 전문점에서 먹는 것만큼이나 만족스러운 맛이다.

위치	벳푸역 동쪽 출구로 나와 정면의 큰 도로를 따라 400m 직진.
주소	大分県別府市北浜1-10
운영	목~화요일 12:00~15:00 **휴무** 수요일
요금	라멘 750엔, 세트 1,100엔
전화	080-3228-1700

토모나가팡야 友永パン屋

100년의 역사를 자랑하는 빵집으로 벳푸시뿐만 아니라 오이타현에서 가장 오래된 곳으로 알려져 있다. 화려한 모양과 달콤함으로 유혹하는 다른 빵집들과 다르게 오픈 당시 만들던 그 맛 그대로의 기본 빵들을 판매하고 있다. 팥소가 듬뿍 들어간 단팥빵과 부드러운 버터 프랑스는 이곳의 대표 메뉴. 오후에 방문하면 맛볼 수 없을 정도로 인기 있다. 주택가 한적한 골목으로 들어가야 하니 지도를 잘 보고 찾아가자.

위치 벳푸역 동쪽 출구로 나와 정면의
　　 큰 도로를 따라 270m 직진 후
　　 오른쪽 골목으로 진입해 550m
　　 직진하면 왼쪽에 위치. 도보 10분.
주소 大分県別府市千代町2-29
운영 월~토요일 08:30~18:00
　　 휴무 일요일
요금 단팥빵 130엔, 버터 프랑스 130엔
전화 0977-23-0969

50카페 50CAFE

뜨거운 수증기를 내뿜으며 솟아오르는 온천을 바라보며 커피를 즐길 수 있는 카페로 벳푸 지옥온천 순례 중간 들러 카페인을 충전하기 좋다. 커피 메뉴는 물론이고 달콤한 디저트, 핫도그 등도 갖추고 있다. 새롭게 오픈한 지옥온천 뮤지엄 내에 있지만 꼭 뮤지엄 관람을 하지 않고 카페 이용만 하는 것도 가능하다. 시간 여유가 된다면 지옥온천 뮤지엄을 관람해 보는 것도 좋다. 뮤지엄에서는 벳푸 지옥온천의 역사와 빗물이 온천수로 생성되기까지의 과정을 엿볼 수 있다.

위치 하얀연못지옥 맞은편
　　 지옥온천 뮤지엄 내.
주소 大分県別府市鉄輪321-1
운영 09:00~18:00
요금 커피 550엔~
홈피 jigoku-museum.com

• Special Food •

온천의 열을 이용해 만드는 특별한 요리
지옥 찜 공방 칸나와(地獄蒸し工房鉄輪)

벳푸 여행의 필수 코스인 지옥온천이 있는 칸나와에 자리 잡은 이색적인 식당
이다. 100도 가까이 되는 온천의 증기를 이용해 고기와 해산물, 각종 야채를
익혀 먹을 수 있으며 재료 선택부터 조리 과정이 모두 셀프로 이뤄진다. 온천
의 열을 가득 머금은 재료들은 각 재료의 고유한 맛을 그대로 느낄 수 있는 것
이 특징. 게다가 벳푸가 아니면 경험해 볼 수 없는 온천의 열을 이용해 요리하
는 재미가 있다. 맛있게 식사를 즐기고 난 뒤엔 족욕을 즐기거나 약수터에서
물을 마시듯 온천수를 직접 먹어 볼 수 있다.

위치 벳푸역 서쪽 출구로 나와 2번, 5번, 7번, 41번 버스 탑승. 칸나와 정류장에서
　　　하차해 내리막길을 내려간다(요금 390엔, 소요시간 20분).
주소 大分県別府市風呂本5組
운영 10:00~19:00(마지막 주문 18:00)
　　　휴무 매월 셋째 주 수요일(공휴일인 경우 그 다음 날)
요금 기본 찜 사용료(15분) 400엔~, 해산물 세트 1,800엔, 지옥찜 모둠 2,200엔,
　　　온천 달걀(2개) 200엔
전화 0977-66-3775
홈피 jigokumushi.com

지옥 찜 공방 칸나와 이용 방법

1 자판기에서 찜솥 이용 티켓과 함께 원하는 재료의 티켓을 뽑는다.
2 티켓을 카운터에 제출하고 음식을 받아 지정된 가마로 이동한다.
3 재료에 따라 정해진 시간에 맞춰 재료를 익힌다
　　(직원의 도움을 받을 수 있다).
4 빈자리에 자유롭게 앉아 찜 요리를 즐긴다. 각종 양념은 자유롭게
　　이용할 수 있다.
5 이용한 식기는 반납구에 반납한다.

Tip
외부 음식들도 함께
이곳에서 판매하는 재료 외에
도 외부에서 구입해 온 재료를
이용해 찜 요리를 즐길 수도 있
다. 외부 음식을 반입할 경우 기
본 찜 사용료에 600~800엔이
추가된다.

269

①

드러그스토어 모리 ドラッグストアアモリ

생활용품부터 식품. 의약품까지 일본에서 필수로 구입해야 하는 아이템을 모두 갖추고 있다. 벳푸역에서 10여 분 정도 걸어가야 하지만 벳푸에 있는 드러그스토어 중에서 가장 저렴한 곳으로 알려져 있어 쇼핑을 좋아하는 여행자들은 필수로 방문하는 곳이다. 물론 이곳의 모든 아이템이 다 저렴한 것은 아니니 가격 비교는 필수. 5,000엔 이상 구입할 경우 면세 혜택을 받을 수 있다.

위치 벳푸역 동쪽 출구로 나와 바로
　　 오른쪽의 좁은 골목으로 직진 후
　　 벳푸역 시장을 통과해 오른쪽 길로
　　 400m 직진. 도보 10분.
주소 大分県別府市上田の湯町2-2121-1
운영 09:00~24:00
전화 0977-26-5667

②

마루미야 슈퍼마켓 マルミヤストア

벳푸역에 자리 잡은 대형 슈퍼마켓이다. 일본의 다양한 맥주와 인기 있는 라멘, 스낵을 구입할 수 있으며 주변의 편의점보다 조금 더 저렴한 가격으로 판매되고 있다. 매장 한쪽엔 즉석 도시락을 판매하는 코너도 있는데 밤 9시 이후에 방문하면 20~30% 할인된 가격으로 구입할 수 있다.

위치 벳푸역과 연결.
주소 大分県別府市駅前町11-7
운영 09:30~22:00
전화 0977-76-5450

유메타운 ゆめタウン

벳푸 시내에서 가장 큰 쇼핑몰로 1층부터 3층까지 다양한 상점들이 가득 들어차 있다. 합리적인 가격의 로컬 브랜드와 편집숍이 많아서 부담 없이 쇼핑을 즐기기 좋다. 한국 사람들이 많이 찾는 매장은 다양한 신발 브랜드가 모여 있는 ABC마트와 유니클로. ABC마트에서는 한국에는 없는 특별한 디자인의 운동화를 구입할 수 있으며 가격도 한국보다 저렴한 편이다. 유니클로 매장은 세일을 자주 하는 편이니 한 번쯤 들러 보는 것을 추천한다. 1층엔 대형 마트도 자리 잡고 있다.

위치 벳푸역 동쪽 출구로 나와 정면의
　　 큰 도로를 따라 550m 직진 후 큰
　　 도로에서 오른쪽으로 350m 직진,
　　 길 건너편. 도보 11분.
주소 大分県別府市楠町382-7
운영 09:30~21:00
전화 0977-26-3333
홈피 www.izumi.jp/beppu

> **Tip 추천 매장**
> 2층 ABC마트 ABC-MART
> 　　 지유 GU
> 3층 유니클로 ユニクロ

토키와 벳푸 トキハ別府

벳푸 시내 유일한 백화점. 하지만 벳푸에 여행 온 관광객들이 고급 브랜드의 옷이나 화장품 등을 쇼핑하는 경우는 거의 없어 현지인들이 주로 방문하는 곳이다. 토키와에서 추천하는 매장은 무지와 세리아. 다이소와 같은 100엔숍이지만 취급하는 품목이 조금 달라 구경하는 재미가 있는 세리아는 한번 들어가면 기본 1시간 정도는 머물게 될 정도로 매력적인 곳이다. 각 매장에서 세금 포함 5,500엔 이상 구입 시 면세 혜택을 받을 수 있다. 일부 제외되는 매장도 있으니 미리 확인하는 것은 필수. 1층엔 코인 로커가 마련되어 있으며 24시간 운영된다.

위치 벳푸역 동쪽 출구로 나와 정면의
　　 큰 도로를 따라 500m 직진,
　　 왼쪽에 위치.
주소 大分県別府市北浜2-9-1
운영 10:00~19:00
전화 0977-23-1111
홈피 www.tokiwa-dept.co.jp/public/
　　 beppu/

> **Tip 추천 매장**
> 1층 무지 MUJI(無印良品)
> 4층 세리아 セリア

Stay
①

스기노이 호텔 杉乃井ホテル

벳푸 시내에서 차로 10여 분 정도 떨어진 곳에 자리 잡은 벳푸에서 가장 인기 있는 온천 호텔이다. 단순히 숙박을 하며 온천을 즐기는 것을 넘어 대규모 야외 온천 수영장과 볼링장까지 갖추고 있다. 덕분에 하루 종일 호텔 안에만 있어도 전혀 지루하지 않을 정도. 벳푸만이 한눈에 들어오는 고지대에 자리 잡고 있어 멋진 전망과 함께 온천을 즐길 수 있다. 워낙 규모가 크고 시설이 다양하니 체크인 시 제공되는 지도를 잘 보고 이용하는 것을 추천한다.

위치 벳푸역 서쪽 출구로 나와
　　 오른쪽으로 이동, 주차장에서
　　 무료셔틀버스 탑승.
주소 大分県別府市観海寺1
요금 1인 1박 25,000엔~(조식 포함)
전화 0977-24-1141
홈피 suginoi.orixhotelsandresorts.
　　 com

Stay
②

벳푸 아마넥 유라리 アマネク別府ゆらり

벳푸역 인근에 새롭게 오픈한 호텔로 대욕장은 물론이고 루프톱 야외 수영장까지 갖추고 있어 낮에는 벳푸 온천을 관광하고 저녁 시간에는 여유롭게 휴양을 즐길 수 있다. 로비 한쪽엔 투숙객들을 위해 무료로 유카타를 대여해 주고 있으며 피트니스 클럽도 자유롭게 이용 가능하다. 일본 전통 다다미와 침대가 같이 놓인 객실도 있으며 최대 4인이 함께 숙박할 수 있어 가족 여행자들에게도 추천한다. 조식은 양식과 일식 중에서 선택 가능하며 세미 뷔페가 제공된다.

위치 벳푸역 동쪽 출구로 나와 직진 후
　　 좌회전, 도보 3분.
주소 大分県別府市駅前本町6-35
요금 1인 1박 15,000엔~
전화 0977-76-5566
홈피 amanekhotels.jp/beppu

Stay
3

벳푸 가메노이 호텔 別府亀の井ホテル

벳푸 온천의 아버지라 불리는 아부라야 쿠마하치가 1911년 처음 창업한 가메
노이 여관에서 시작한 호텔이다. 높이 17층의 현대식 호텔 건물이지만 온천도
시인 벳푸에 위치한 만큼 투숙객 전용 온천이 마련돼 있어 자유롭게 이용이
가능하다. 남탕과 여탕으로 나눠진 대욕장은 각각 100명까지 수용 가능할 정
도의 큰 규모를 자랑하며 유카타도 무료로 대여할 수 있다. 3층엔 어린이들을
위한 놀이터와 오락실, 만화 대여방이 마련돼 있다.

위치 벳푸역 동쪽 출구로 나와 바로
　　 오른쪽의 좁은 골목으로 직진,
　　 벳푸역 시장을 통과해 좌회전.
　　 도보 6분.
주소 大分県別府市中央町5-17
요금 1인 1박 9,000엔~
전화 0977-22-3301
홈피 kamenoi-hotels.com/beppu

Stay
4

니시테쓰 리조트 인 벳푸 西鉄リゾートイン別府

벳푸기타하마 정류장 바로 옆에 자리 잡고 있어 후쿠오카공항에서 벳푸로 이
동한 여행자라면 버스에서 내리자마자 호텔 체크인이 가능하다. 게다가 지옥
온천으로 향하는 버스는 물론이고 후쿠오카 하카타 버스터미널까지 한 번에
가는 버스도 있어 무거운 캐리어를 가지고 이리저리 돌아다니지 않아도 되는
것이 니시테쓰 리조트 인 벳푸의 가장 큰 장점. 그리 크진 않지만 온천도 마련
돼 있고 가격도 합리적인 편이다.

위치 벳푸역 동쪽 출구로 나와 정면의
　　 큰 도로를 따라 550m 직진,
　　 지하도를 이용해 길을 건너면
　　 왼쪽에 위치. 도보 11분.
주소 大分県別府市北浜2-10-4
요금 1인 1박 7,000엔~
전화 0977-26-5151
홈피 nnr-h.com/n-inn/beppu

Yufuin 유후인

유후인

N

유후인테이 H
ゆふいん亭

이나카안 R
田舎庵

드러그스토어 코스모스 S
ドラッグストアコスモス

고토노카신 H
古都の花心

슈퍼마켓 S

주유소

에이코프 슈퍼마켓 S
Aコープゆふいん店

동구리노모리 S
どんぐりの森

미르히 R
ミルヒ

유후인
중앙아동공원

비스피크 R
B-speak

료칸 시라타키 H
旅館しらたき

코미코 아트 뮤지엄
COMICO ART MUSEUM YUFUIN

시티 호텔 빅 베어 H
シティホテルビックベアー

유후이가리 由布見通り

주차장

유후인 버거 R
ゆふいんバーガー

유후인 버거하우스 R
ゆふいんバーガーハウス

유후시청

니코 도넛 R
nico ドーナツ

호렌지
法蓮寺

유후 마부시 신 R
由布まぶし心

유후인 버스터미널

유후인역 앞
버스센터
由布院駅前
バスセンター

인력거 투어
えびす屋人力車

신구거리 湯の坪通り

미르히 도넛 & 카페 R
ミルヒドーナッツ&カフェ

유후인역
由布院駅

료칸 유리 H
旅館百合

맥스밸류 S
マックスバリュ

유후인 야마다야 H
ゆふいんやまだ屋

무소엔 방향
山のホテル夢想園

Ⓗ 호테이야
ほてい屋

Ⓡ 카페 듀오
Cafe Duo

● 유후인 쇼와 뮤지엄
湯布院昭和館

● 간자키 신사
神崎神社

유후인 유리의 숲·오르골의 숲
由布院ガラスの森·オルゴールの森

유후인 고양이 집 Ⓢ
由布院の猫屋敷

Ⓢ 비 허니
Bee Honey

Ⓡ 하나요리
花より

크라프트칸 하치노스
クラフト館蜂の果

Ⓡ 금상 고로케
金賞コロッケ

● 누루카와온천
御宿ぬるかわ温泉

유후인 마메시바 카페
由布院豆柴カフェ

유후인 플로럴 빌리지
湯布院フローラルビレッジ

Ⓡ 유후인 소나타
由布院ソナタ

Ⓡ 이마 이즈미도
今泉堂

Ⓡ 소바 이즈미
そば泉

● 유후 마부시 신
긴린코 본점
由布まぶし心
金鱗湖本店

● 시탄유
下ん湯

Ⓢ 유젠 유후인점
遊膳湯布院店

규슈 자동차 역사관
九州自動車歴史館

유후인 산토칸
湯布院山灯館

펜션 긴린코 도요노무니
ペンション金鱗湖豊の園

● 유노쓰보 거리
湯の坪街道

스누피차야
スヌーピー茶屋

유후인 소안 코스모스
由布院草庵秋桜

● 긴린코
金鱗湖

Ⓡ 금상 고로케
金賞コロッケ

Ⓡ 유후료치쿠
由府両築

구쓰로기노야도 나나카와
寛ぎの宿なな川

로테이 타노쿠라
旅亭田乃倉

Ⓗ 에노키야 료칸
榎屋旅館

● 다케모토 공원

Ⓓ 다마노유
玉の湯

호타루노야도 센도우
ほたるの宿仙洞 Ⓗ

Ⓗ 가메노이 벳소
亀の井別荘

트릭3D아트 유후인
トリック3Dアート湯布院

Ⓗ 아와라기노사토 야도야
やわらぎの郷やどや

Ⓗ 베테이 이쓰키
由布院別邸 樹

Ⓗ 하나노마이
はなの舞

Ⓗ 펜션 유후고후키
ペンション木綿恋記

Ⓗ 로지다비노쿠라
ロッジ旅の蔵

▼ 유후인 바이엔 가든 리조트 방향
由布院梅園 GARDEN RESORT
료칸 메바에소 방향
旅館めばえ荘

청정자연 속에 숨겨진 아름다운 동화마을
유후인(由布院)

동화 속으로 빨려 들어온 듯한 아기자기한 유노쓰보 거리 덕분에 여자들에게 특히 인기 있는 관광지다. 후쿠오카공항에서 버스로 1시간 50분 정도면 도착해 후쿠오카에서 당일 여행으로 가장 많이 찾는 여행지이기도 하다. 벳푸, 구사쓰에 이어 일본에서 세 번째로 많은 용출량을 자랑하는 온천마을로, 마을 곳곳에 자리 잡은 수십 개의 료칸에서 다양한 테마의 온천을 즐길 수 있는 것도 유후인 여행의 또 다른 즐거움이다.

드나들기

❶ 후쿠오카공항에서 유후인으로 이동
후쿠오카공항 국제선 터미널 1층 3번 정류장에서 유후인행 버스 탑승.
요금 3,250엔, 소요시간 1시간 50분(북큐슈 산큐패스 이용 가능).
4장(욘마이킷푸四枚切符**)** 10,000엔(1인 기준 2,500엔)

❷ 하카타역에서 유후인으로 이동

버스
하카타 버스터미널 3층 34번 승강장에서 유후인행 버스 탑승.
요금 3,250엔, 소요시간 2시간 10분(북큐슈 산큐패스 이용 가능).
4장(욘마이킷푸四枚切符**)** 10,000엔(1인 기준 2,500엔)

> **Tip 1**
> **사전 예약 필수**
> 미리 예약하지 않으면 탑승할 수 없는 구간이다. 워낙 인기 있는 노선이니 서둘러 예약하는 것을 추천한다. 홈페이지(www.highwaybus.com) 혹은 하카타 버스터미널 3층 티켓 발권 창구에서 예약할 수 있다.

JR

JR 하카타역에서 유후인행 특급 유후 탑승. 하카타역 내에 있는 티켓 판매소(미도리노 마도구치みどりの窓口)에서 예약 및 발권이 가능하다.
요금 4,660엔, 소요시간 2시간 20분(JR 북큐슈 레일패스 이용 가능).
※탑승일 기준 한 달 전부터 3일 전까지 JR 홈페이지(train.yoyaku.jr kyushu.co.jp)를 통해 인터넷 한정 티켓을 구입할 수 있다.
인터넷 전용 요금 4,080엔~.

❸ 벳푸에서 유후인으로 이동

벳푸역 서쪽 출구로 나와 3번 승강장에서 36번 버스 탑승.
요금 1,100엔, 소요시간 1시간(북큐슈 산큐패스 이용 가능).

❹ 오이타공항에서 유후인으로 이동

오이타공항 3번 정류장에서 유후인행 특급버스 탑승.
요금 1,550엔, 소요시간 55분(북큐슈 산큐패스 이용 가능).

여행방법

후쿠오카공항이나 하카타역에서 오전부터 버스와 JR이 운행하고 있다. 꽉 찬 유후인 여행을 계획한다면 이른 아침부터 서두르는 것이 좋다. 유후인역에 도착하면 긴린코까지 이어진 유노쓰보 거리를 천천히 걷는 것으로 여행을 시작하자. 유노쓰보 거리 양쪽으론 여심을 저격하는 아기자기한 숍들과 먹거리들이 가득해 즐거움이 끊이지 않는다. 유후인 여행의 하이라이트는 유후다케由布岳의 아름다운 풍경을 바라보며 즐기는 노천온천으로, 시간이 허락한다면 일본 전통 료칸에서 여유롭게 하루를 마무리하는 것도 추천한다.

Tip 2
유후인 여행의 색다른 즐거움!
테마열차 유후인노모리
ゆふいんの森

하카타와 유후인을 왕복 운행하는 특급열차로 일반 열차와 다르게 '유후인의 숲(ゆふいんの森)'이라는 이름에 맞는 테마로 꾸며져 있다. 기차 외관은 진한 초록색으로 나무의 잎을, 내부는 나무를 이용해 디자인되어 있다. 열차 내부엔 기념품과 도시락을 판매하는 라운지 공간이 마련되어 있다. 클래식한 유니폼과 모자를 쓰고 기념사진을 남길 수도 있다. 예약을 하지 않으면 탑승이 불가능하다. 여행 일정이 정해졌다면 서둘러 예약하는 것을 추천한다(JR 북큐슈 레일패스 이용 가능).

Tip 3
교통패스 이용하기
벳푸와 유후인, 나가사키 등의 북큐슈 지역을 함께 여행할 계획이라면 일정 기간 동안 버스 혹은 JR을 무제한으로 탑승 가능한 교통패스를 이용하는 것도 좋은 방법이다. 자세한 패스 정보는 p.61를 참고하자.

유후인에서 꼭 해야 할 다섯 가지

가는 곳마다 발걸음을 절로 이끄는 매력적인 상점들 덕분에 고작 열 발자국조차 연달아 움직일 수 없는 곳.
그저 좁고 기다란 길을 걷는 것이 유후인 여행의 전부라고 생각했다면 조금 더 자세히 유후인을 들여다보자.
일본의 다른 온천마을과 차별화되는 유후인의 매력을 발견할 수 있을 것이다.

하나! 유노쓰보 거리를 천천히 산책하며 둘러보기

둘! 유후다케를 바라보며 노천온천 즐기기

셋! 부드러운 크림이 가득한 롤케이크 맛보기

넷! 내 이름이 새겨진 멋스러운 젓가락 구입하기

다섯! 이른 새벽 물안개가 피어오르는 긴린코 감상하기

아침부터 저녁까지! 유후인 당일 여행 코스

빠르면 반나절 정도면 대부분의 관광지를 다 둘러볼 수 있지만 꼼꼼하게 둘러보면 하루가 모자랄 정도로 숨은 매력이 가득한 곳이다. 대부분의 상점들은 오후 5시면 문을 닫기 시작하니 오전부터 부지런히 유노쓰보 거리를 돌아보는 것이 좋다. 유명 온천들을 둘러보며 온천 여행을 즐기고 싶다면 유후인에서 하루 정도 숙박하며 여유를 누려 보는 것도 좋다.

원데이 핵심 코스

유후인역 ···▶ 도보 3분 ···▶ **비스피크** ···▶ 도보 1분 ···▶ **유노쓰보 거리** 코미코 아트 뮤지엄, 금상 고로케, 동구리노모리 등 ···▶ 도보 20분 ···▶ **긴린코** ···▶ 도보 20분 ···▶ **유후 마부시 신** ···▶ 도보 1분 ···▶ **유후인역 족욕**

Sightseeing ★★★

①

유후인역 由布院駅

기차를 이용해 유후인을 찾는 여행자들이 가장 먼저 마주하게 되는 곳으로 고 즈넉한 유후인의 풍경과 잘 어우러져 유후인을 상징하는 건물로 사랑받고 있다. 유후인역을 나서면 유려한 능선을 자랑하는 유후다케가 관광객들을 맞이하며 앞쪽 화단에는 계절별로 다양한 꽃이 피어난다. 역내에는 한국어 안내가 가능한 관광안내소와 코인 로커, 아트홀 등이 자리 잡고 있다. 플랫폼 옆에는 저렴한 가격으로 족욕을 즐길 수 있는 시설이 있으니 여행의 마지막 코스로 선택해 피로를 말끔하게 풀어 보자(09:00~17:00, 수건 포함 200엔).

주소 大分県由布市湯布院町川北8-2
전화 0977-84-2021

Sightseeing ★★★

②

긴린코 金鱗湖

해 질 무렵, 호수 안에서 헤엄치는 물고기의 비늘이 석양빛과 만나 황금색으로 빛나는 모습을 보고 '황금비늘호수'라는 뜻의 긴린코로 불리게 됐다고 전해진다. 호수 바닥에서는 끊임없이 뜨거운 온천수가 솟아나고 있어 1년 365일 따뜻한 온도를 유지하고 있다. 덕분에 추운 겨울, 이른 아침에 방문하면 따뜻한 호수의 물과 차가운 공기가 만나 환상적인 물안개가 피어오르는 풍경을 마주할 수 있다. 잔잔한 호수에 비치는 아름다운 건물의 반영과 함께 멋진 기념사진을 남겨 보자.

위치 유후인역에서 유노쓰보 거리를 따라 도보 18분.
전화 0977-84-3111

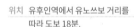

유노쓰보 거리 湯の坪街道

유후인 여행의 필수 코스라고 할 수 있는 거리로 고즈넉한 옛 정취를 그대로 느낄 수 있다. 유후다케를 바라보며 걸을 수 있는 약 800m의 좁은 골목 양쪽에는 개성 강한 테마를 가진 다양한 숍들이 가득하다. 여러 가지 길거리 음식을 즐길 수도 있다. 덕분에 꼼꼼하게 둘러보면 2~3시간이 훌쩍 지나가 버릴 정도로 볼거리가 넘치는 곳이다. 항상 관광객들로 북적거리는 곳이니 여유롭게 관광을 즐기고 싶다면 이른 오전을 공략하자. 대부분의 상점들은 오후 5~6시 정도면 문을 닫기 시작한다.

위치 유후인역에서 나와 500m 직진, 정면에 비스피크 오른쪽 골목.
운영 09:00~17:30(상점별 상이)

More & More 유노쓰보 거리를 즐기는 또 다른 방법! 인력거 투어

사람이 직접 끄는 수레를 타고 유후인 구석구석을 돌아볼 수 있는 투어로 유노쓰보 거리로 향하는 길 중간에 위치하고 있다. 12분 정도의 짧은 탑승 시간에 비해 부담스러운 가격이지만 만족도가 높은 편이라 색다른 여행을 즐기고 싶은 여행자에게 추천한다. 편하게 앉아서 긴린코까지 빠르게 이동할 수 있는 것은 물론이고 간단한 영어와 한국어로 현지인들만 아는 고급 여행정보를 제공해 주기도 한다. 긴린코로 이동할 때는 인력거를 이용하고 유후인역으로 돌아올 때는 천천히 유노쓰보 거리를 걸어서 관광하는 코스를 추천한다. 전문 사진가만큼이나 훌륭한 실력으로 찍어 주는 기념사진은 덤!

위치 유후인역에서 나와 150m 직진.
주소 大分県由布市湯布院町川上3731-1
운영 09:30~일몰
요금 1코스(12분) 1인 4,000엔, 2인 5,000엔, 3인(성인2, 어린이1) 9,000엔
전화 0977-28-4466

Sightseeing ★★☆

❹

유후인 플로럴 빌리지 湯布院フローラルビレッジ

〈해리 포터〉의 촬영지 중 한 곳인 영국의 '코츠월드'를 재현해 놓은 이색적인
테마거리다. 〈해리 포터〉뿐만 아니라 『알프스 소녀 하이디』, 『피터 래빗』 등 여
러 가지 동화에 등장한 배경을 테마로 한 숍들이 빼곡하게 들어차 있다. 염
소나 다람쥐, 토끼, 고양이 등의 동물을 곳곳에서 발견할 수 있는 것도 유후
인 플로럴 빌리지의 특별한 즐거움. 실제 부엉이들이 모여 있는 부엉이의 숲
에서는 〈해리 포터〉의 주인공들처럼 요술 지팡이와 망토를 두르고 기념사진
을 찍을 수도 있다.

위치	유노쓰보 거리로 진입해 650m 직진, 오른쪽에 위치.
주소	大分県由布市湯布院町川上1503-3
운영	월~금요일 09:30~17:00, 토·일요일 09:30~17:30
요금	부엉이의 숲 입장료 700엔
전화	0977-85-5132
홈피	floral-village.com

Sightseeing ★★☆

❺

코미코 아트 뮤지엄 COMICO ART MUSEUM YUFUIN

NHN 재팬이 만든 미술관으로 일본을 대표하는 현대 미술 작가들의 작품들을
다양하게 전시하고 있다. 특히 나무와 흙, 물 등의 자연적인 소재를 효과적으
로 활용해 유후다케와 부드럽게 어우러지도록 설계한 건물은 일본의 유명한
건축가 구마 겐고의 작품이다. 물방울무늬 호박 작품으로 유명한 나가노현 출
생의 쿠사마 야요이, 활짝 웃는 슈퍼 플랫 플라워를 탄생시킨 무라카미 다카
시, 일본의 네오 팝을 대표하는 요시모토 나라 등 한국에서도 유명한 일본 작
가들의 작품을 가까이에서 만나 볼 수 있다. 홈페이지를 통한 사전 예약은 필
수이며 사전 예약 시 할인 혜택을 받을 수 있다.

위치	유노쓰보 거리로 진입해 160m 직진 후 오른쪽 골목으로 진입.
주소	大分県由布市湯布院町川上2995-1
운영	09:30~17:00 휴무 격주 수요일 (홈페이지 공지 확인)
요금	성인 1,700엔, 대학생 1,200엔, 중·고등학생 1,000엔, 초등학생 700엔
홈피	camy.oita.jp

규슈 자동차 역사관 九州自動車歷史館

입구에서부터 클래식한 빈티지카들이 전시돼 있는 자동차 박물관이다. 건물 안으로 들어서면 연대별로 잘 관리된 클래식카들을 여럿 만날 수 있다. 규모가 그리 큰 편은 아니지만 평소 자동차에 관심이 많은 여행자라면 한 번쯤 들어가 보는 것을 추천한다. 그게 아니라면 입구에서만 살짝 둘러보시길. 만만치 않은 입장료가 가장 큰 단점.

위치	유노쓰보 거리로 진입해 500m 직진, 다리를 건넌 후 오른쪽으로 한 블록 이동해 길을 따라 150m 이동. 도보 8분.
주소	大分県由布市湯布院町川上1539-1
운영	월·수·금요일 09:30~16:30, 토·일요일 09:30~17:00 **휴무** 목요일
요금	성인 1,000엔, 중·고등학생 900엔, 어린이 400엔
전화	0977-84-3909
홈피	ret.car.coocan.jp

유후인 마메시바 카페 由布院豆柴カフェ

일본 시바견의 한 종류인 마메시바견과 함께 시간을 보낼 수 있는 강아지 카페이다. 마메시바는 일반적으로 알려진 시바견과 생김새나 성격 등은 유사하지만 크기가 작은 품종이다. 이용 시간은 30분으로 12세 이하 어린이의 경우 보호자 동반 시 입장이 가능하다. 6세 미만의 어린이는 보호자 동반 여부와 상관없이 입장할 수 없다. 내부에 있는 마메시바는 얼마든지 터치가 가능하지만 억지로 안거나 잡아당기는 행위는 금지. 입장료에는 무료 음료가 포함되어 있다.

위치	유노쓰보 거리로 진입해 600m 직진, 오른쪽에 위치.
주소	大分県由布市湯布院町川上1507-2
운영	월~금요일 09:30~16:30, 토·일요일 09:30~17:00
요금	13세 이상 1,000엔, 6~12세 700엔

• Special Sightseeing •

당일 온천 즐기기

여유가 된다면 유후인의 고급 료칸에서 머물며 한가롭게 온천을 즐기고 충분한 휴식을 취하면 좋겠지만, 꼭 료칸에 숙박하지 않아도 유명 료칸의 온천을 즐길 수 있는 방법이 있다. 일본에서 세 번째로 많은 용출량을 자랑하는 유후인의 수많은 료칸들은 대부분 관광객들을 위한 당일 온천을 운영하고 있다. 합리적인 가격으로 즐길 수 있는 유후인의 당일 온천. 유후인 여행의 필수 코스로 절대 잊지 말자!

유후다케를 바라보며 즐길 수 있는
무소엔 山のホテル夢想園

유후인의 수많은 료칸 중에서 유후다케를 바라보는 전망이 가장 좋기로 유명한 온천이다. 투숙객들이 체크아웃·체크인하는 시간에만 당일 온천을 오픈해 여유롭게 온천을 즐길 수 있다. 게다가 대욕장 이용 요금만 지불하면 선착순으로 가족탕을 이용할 수 있다는 것도 무소엔의 큰 장점. 가족탕 이용 시간은 1시간으로 입구에 '입욕 중' 팻말이 없다면 자유롭게 이용할 수 있다. 유후다케를 바라보며 한가롭게 온천을 즐기고 싶은 여행자들에게 강력 추천한다. 가족탕 사용이 목적이라면 당일 온천이 오픈하는 10시에 맞춰 방문하도록 하자.

위치	유후인역에서 택시 이용 (요금 800엔, 소요시간 7분).
주소	大分県由布市湯布院町川南 1243
운영	10:00~14:00
요금	성인 1,000엔, 초등학생 700엔, 수건 1,500엔
전화	0977-84-2171
홈피	www.musouen.co.jp

위치도 가격도 만족스러운
누루카와온천 御宿ぬるかわ温泉

긴린코와 가까운 곳에 자리 잡은 료칸으로 저렴한 가격으로 당일 온천을 즐길 수 있어 료칸 투숙객은 물론이고 관광객들이 줄을 잇는다. 100% 천연 온천수를 자랑하는 대욕장도 인기 있지만 가족 여행객이라면 맑은 공기와 함께 자연에서 온천을 즐길 수 있는 가족노천탕을 추천한다. 원하는 시간에 온천을 즐기기 위해선 투숙객이 체크아웃 · 체크인하는 시간인 오전 11시~오후 3시를 공략하는 것이 좋다. 수건은 유료.

위치 유노쓰보 거리로 진입해 500m 직진, 다리를 건넌 후 오른쪽으로 한 블록 이동해 길을 따라 350m 이동. 도보 10분.
주소 大分県由布市湯布院町川上 1490-1
운영 08:00~20:00
요금 성인 600엔, 초등학생 이하 300엔, 가족탕(4인) 60분 2,000엔, 가족노천탕(4인) 60분 2,600엔
전화 0977-84-2869
홈피 hpdsp.jp/nurukawa

남녀 혼탕
시탄유 下ん湯

긴린코 옆에 자리 잡은 소박한 모습의 온천으로 누구나 자유롭게 이용할 수 있는 공용 온천이다. 직원이 따로 없는 무인 온천이기 때문에 입구에 마련된 통에 300엔을 넣고 입장하면 된다. 시탄유의 가장 큰 특징은 남녀가 함께 이용할 수 있는 혼탕이라는 사실. 남녀 혼탕이라는 사실만으로도 감히 이용해 볼 엄두가 나진 않겠지만 유후인의 이색 온천을 경험하고 싶은 여행자라면 한 번쯤 방문해 보는 것도 특별한 추억이 될 것이다. 수건이나 목욕용품은 따로 준비돼 있지 않으며 입구 왼쪽으로 족욕을 즐길 수 있는 공간이 마련돼 있다.

위치 긴린코 바로 앞(소바 이즈미 옆).
주소 大分県由布市湯布院川上 1585
운영 10:00~20:00
요금 300엔
전화 0977-84-3111

Food
①

유후 마부시 신 由布まぶし心

커다란 뚝배기를 이용해 갓 지은 밥 위에 잘 양념된 장어와 소고기, 닭고기 등을 얹어 판매하는 덮밥 전문점이다. 메인 재료도 물론 훌륭하지만 가장 기본이 되는 밥에 특히 공을 들이는 것으로 알려져 있다. 관광객들이 가장 많이 찾는 메뉴는 특제 소스를 발라 숯불로 구워 낸 장어를 올린 장어 덮밥 우나기마부시鰻まぶし, 그리고 오이타현의 명물 분고규를 가득 올린 소고기 덮밥 분고규마부시豊後牛まぶし. 식사 시간이 아니더라도 늘 기다란 줄이 늘어서 있는 맛집이니 예약은 필수다. 전화 예약은 물론 방문 예약도 가능하다. 유후인 관광 전에 잠시 들러 예약해 두고 시간에 맞춰 방문하는 것을 추천한다.

위치 유후인역에서 60m 직진,
　　　왼쪽 2층에 위치.
주소 大分県由布市湯布院町川北5-3 2F
운영 10:30~20:30
요금 소고기 덮밥 정식 2,850엔,
　　　장어 덮밥 정식 2,850엔
전화 0977-84-5825
홈피 yufumabushi-shin.com

Tip 유후 마부시 신만의
덮밥 먹는 방법!
하나 메뉴가 나오면 밥 위에 덮밥 재
　　　료를 얹어 고유의 맛을 음미하
　　　며 먹는다.
둘　 테이블에 놓인 양념을 첨가해
　　　반찬을 곁들여 먹는다.
셋　 뜨거운 찻물을 부어 누룽지와
　　　함께 먹는다.

Food
②

이나카안 田舎庵

1969년에 처음 문을 연 50년 이상의 역사를 가지고 있는 우동 전문점이다. 후쿠오카산 밀가루를 이용해 손으로 직접 면을 만드는 것으로 유명하며 다양한 튀김도 함께 맛볼 수 있다. 가장 인기 있는 메뉴는 오이타현에서 재배한 우엉을 튀겨 올린 고보텐우동ごぼう天うどん. 닭고기, 밥과 함께 즐길 수 있는 세트 메뉴도 준비돼 있다. 단, 점심 식사만 가능하니 시간을 잘 체크해 방문하자. 한국어 메뉴가 있어서 주문하기도 어렵지 않다. 현금만 가능하니 유의할 것.

위치 유후인역에서 유노쓰보 거리 왼쪽
　　　도로로 850m 직진, 왼쪽에 위치.
주소 大分県由布市湯布院町川上1071-3
운영 금~수요일 11:00~14:30
　　　휴무 목요일
요금 고보텐우동 780엔,
　　　튀김특선 1,180엔
전화 0977-84-3266
홈피 inakaan-yufuin.com

Food
3

소바 이즈미 そば泉

긴린코를 배경으로 찍힌 사진에서 열에 다섯 정도는 소바 이즈미가 찍혀 있을
정도로 긴린코와 잘 어울리는 모습을 하고 있다. 과거 소바를 만들던 방식 그
대로 손으로 면을 뽑는 것으로 알려져 있다. 가격은 비싼 편이지만 유후인에
서 가장 멋진 전망을 자랑하는 곳에 위치하고 있어서인지 늘 관광객들로 북적
거린다. 소바를 주문하면 소바를 삶은 물인 소바유를 함께 내어 주는데 물처
럼 마시거나 소바 소스인 쓰유에 부어서 마시는 것도 좋다. 소바유에는 메밀
이 가진 영양소 중 루틴 성분이 가득 들어 있어 모세혈관을 튼튼하게 해 주는
효과가 있다고 전해지니 꼭 함께 맛보는 것을 추천한다.

위치 긴린코 바로 앞.
주소 大分県由布市湯布院町川上1599-1
운영 금~수요일 11:00~15:00
　　 휴무 목요일
요금 세이로 소바 1,320엔
전화 0977-85-2283

Food
4

스누피차야 スヌーピー茶屋

미국의 애니메이션 〈피너츠〉의 주인
공인 스누피를 테마로 한 캐릭터 카
페로 식사 메뉴는 물론이고 달콤한
디저트 메뉴까지 두루 갖추고 있다.
카페를 중심으로 초콜릿 상점과 스
누피 굿즈숍이 모여 있어 스누피 관
련 제품들을 한곳에서 구입할 수 있
는 것도 장점. 카페 내부에는 캐릭터
들이 곳곳에 그려져 있어 다양한 기
념사진을 찍어볼 수 있다. 단, 다른
캐릭터 카페와 마찬가지로 가격이
다소 부담스러운 것이 단점. 디저트
메뉴보다는 식사 메뉴를 추천한다.

위치 유노쓰보 거리로 진입해 500m 직진,
　　 다리를 건넌 후 오른쪽으로
　　 한 블록 이동해 오른쪽 길을 따라
　　 180m 이동. 도보 9분.
주소 大分県由布市湯布院町川上1540-2
운영 10:00~16:30
요금 햄버거 오므라이스 1,848엔,
　　 말차 파르페 1,298엔,
　　 마시멜로 음료 990엔
전화 0977-75-8780

Food
⑤

비스피크 B-speak

1999년 일본에서 처음 오픈한 롤케이크 전문점이다. 밀가루와 설탕, 달걀 등 간단한 재료로 클래식하게 구운 빵에 부드러운 생크림을 듬뿍 넣어 폭신한 식감을 자랑한다. 매일 한정 수량으로 판매하기 때문에 영업시간 중이라도 늦게 방문하면 구입하지 못하는 경우가 많은 편. 덕분에 이른 오전부터 가게 입구에 길게 줄이 늘어서는 진풍경을 만날 수 있다. 유후인에서 필수로 먹어 봐야 하는 스위츠 중 넘버 원!

위치 유후인역에서 550m 직진,
　　 유노쓰보 거리 입구에 위치.
주소 大分県由布市湯布院町川上3040-2
운영 10:00~17:00
요금 롤케이크 1,620엔, 보냉백 396엔
전화 0977-28-2166
홈피 www.b-speak.net

Food
⑥

카페 듀오 Cafe Duo

유후인의 메인이라고 할 수 있는 유노쓰보 거리와는 한 블록 떨어져 있지만 귀여운 3D 라테 아트 덕분에 관광객들이 끊이지 않는 카페. 일반적으로 많이 알려진 라테 아트와 달리 단단하게 만든 우유거품을 사용해 깜찍한 모습의 동물들을 만들어 낸다. 메뉴판엔 일반 메뉴와 별개로 라테 아트용 메뉴가 구분돼 있으며 커피뿐만 아니라 밀크티, 코코아, 우유 등의 메뉴에도 3D 라테 아트를 추가해 주문할 수 있다. 라테 아트의 모양은 따로 지정할 수 없는 랜덤이며 20분 정도 소요된다.

위치 유노쓰보 거리로 진입해 700m 직진,
　　 왼쪽 강아지 상점 골목으로 진입.
주소 大分県由布市湯布院町川上1159-1
운영 10:00~16:30
요금 코코아 680엔, 카페 라테 650엔,
　　 아이스 카푸치노 650엔
전화 0977-85-3955

❼
니코 도넛 nico ドーナツ

유후인에서 처음 시작된 콩으로 만든 건강한 도넛 전문점이다. 달지 않고 촉촉한 식감으로 많이 먹어도 질리지 않는 것이 특징이며 다른 도넛에 비해 느끼한 맛도 거의 없다. 콩 페이스트를 넣은 도넛을 기본으로 코코아, 커피, 초콜릿, 꿀 등이 올라간 다양한 종류의 도넛을 맛볼 수 있다. 도넛과 함께 먹기 좋은 커피와 차 종류도 준비돼 있다.

위치	유후인역에서 240m 직진, 왼쪽에 위치.
주소	大分県由布市湯布院町川上 3056-13
운영	금~수요일 10:00~17:00 **휴무 목요일**
요금	도넛 183엔~
전화	0977-84-2419
홈피	www.nico-shop.jp

❽
미르히 ミルヒ

2014년에 오픈한 치즈케이크, 푸딩 전문점이다. 부드러운 맛과 진한 치즈 향 덕분에 오픈하자마자 큰 사랑을 받았으며 오이타 곳곳에 분점을 오픈했다. 가장 인기 있는 메뉴는 미니사이즈의 치즈케이크Kase Kuchen로 일반적인 치즈케이크보다 훨씬 촉촉하고 부드러운 맛을 자랑한다. 취향에 따라 차갑게 혹은 따뜻하게 주문이 가능하다. 유후인 우유를 사용한 미르히 푸딩도 인기.

위치	유노쓰보 거리로 진입해 260m 직진, 왼쪽에 위치.
주소	大分県由布市湯布院町川上3015-1
운영	10:30~17:30
요금	치즈케이크 280엔, 푸딩 360엔
전화	0977-28-2800
홈피	milch-japan.co.jp

❾
금상 고로케 金賞コロッケ

처음 오픈할 당시엔 '아키라짱 고로케'라는 이름이었지만 1987년 일본에서 열린 전국 수제 고로케 콘테스트에서 금상을 받으면서 큰 인기를 얻게 되었고 금상 고로케라는 타이틀을 내걸었다. 소고기와 감자, 양파를 듬뿍 넣은 금상 고로케가 대표 메뉴. 게, 문어, 치즈, 카레 등의 재료를 첨가한 다양한 종류의 고로케도 판매하고 있다. 일본 전국에서 가장 맛있다고 소문난 고로케가 궁금한 여행자에게 추천한다. 단 고로케는 고로케일 뿐 너무 큰 기대는 하지 않는 것이 좋다.

위치	유노쓰보 거리로 진입해 700m 직진, 유후인 고양이의 집 골목으로 우회전.
주소	大分県由布市湯布院町川上1481-7
운영	09:00~17:30
요금	고로케 200엔
전화	0977-85-3053

비 허니 Bee Honey

달콤한 꿀을 판매하는 곳이지만 벌꿀을 넣은 아이스크림이 큰 인기를 끌면서 꿀을 구입하는 사람들보다 벌꿀 아이스크림을 맛보러 찾는 관광객들이 훨씬 더 많아졌다. 가게 안쪽에서 다양한 종류의 꿀을 직접 맛보고 구입할 수 있으며 꿀을 이용해 만든 과자와 비누 등 기념품도 가득하다. 가격은 다소 비싼 편이지만 질 좋은 꿀을 구입하고 싶은 여행자라면 꼼꼼하게 둘러보자.

위치 유노쓰보 거리로 진입해 750m 직진, 오른쪽에 위치.
주소 大分県由布市湯布院町川上1481-1
운영 10:30~16:00
요금 꿀 1,000엔~, 벌꿀 아이스크림 430엔~
전화 0977-85-2733

이마 이즈미도 今泉堂

흑설탕을 입혀 튀긴 만주 전문점으로 관광객들보다는 현지인들이 많이 찾는 곳이다. 흑설탕에 팥소까지 엄청 달달할 것 같은 느낌이지만 실제로 먹어 보면 적당한 단맛이 감돌며 느끼함도 거의 없다. 선물용으로 구입하는 사람들이 대부분이지만 개별 판매도 하고 있으니 그 맛이 궁금하다면 하나만이라도 꼭 맛보도록. 시음용 차를 내어 주는데 함께 먹으면 그 맛이 배가 된다. 유후인의 흔한 먹거리 말고 특별한 맛을 느껴 보고 싶은 여행자들에게 추천한다.

위치 유노쓰보 거리로 진입해 500m 직진, 다리를 건넌 후 오른쪽으로 한 블록 이동해 길을 따라 400m 이동. 도보 11분.
주소 大分県由布市湯布院町川上1608-1
운영 09:30~17:00
요금 3개 556엔, 10개 1,733엔
전화 0977-84-4719

하나요리 花より

빵 사이에 팥을 넣어 만든 도라야키どらやき, 팥소 위에 얇은 밀가루를 입혀 만든 일본 전통과자인 긴츠바きんつば 등 팥을 이용한 다양한 디저트를 판매하는 곳이다. 일본 전통 방식으로 만드는 다채로운 화과자의 맛이 궁금한 여행자들에게 추천한다. 쫀득하게 만든 떡 위에 팥, 녹차, 콩가루 등의 고명을 올린 당고生菓子가 특히 인기. 선물하기 좋은 세트 메뉴도 다양하게 준비돼 있다.

위치 유노쓰보 거리로 진입해 830m 직진, 긴린코 방향으로 우회전. 도보 11분.
주소 大分県由布市湯布院町川上1488-1
운영 09:30~17:00
요금 당고 200엔
전화 0977-85-2410

 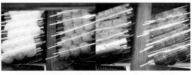

동구리노모리 どんぐりの森

한국인들에게는 토토로숍으로 널리 알려진 곳이지만 〈이웃집 토토로〉에 등장하는 토토로, 사츠키, 메이뿐만 아니라 〈센과 치히로의 행방불명〉, 〈벼랑 위의 포뇨〉, 〈마녀 배달부 키키〉 등 미야자키 하야오의 대표작에 등장하는 여러 캐릭터를 한 번에 만날 수 있는 곳이다. 덕분에 늘 사람들로 북적거린다. 아이들을 위한 장난감부터 주방용품, 인테리어 소품, 문구까지 다양한 아이템이 가득하다.

위치	유노쓰보 거리로 진입해 220m 직진, 왼쪽에 위치.
주소	大分県由布市湯布院町川上3019-1
운영	월~금요일 10:00~17:00, 토·일요일 09:30~17:30
전화	0977-85-4785

유젠 유후인점 遊膳湯布院店

일본 전국에서 유명하다는 젓가락들을 한곳에 모아둔 수제 젓가락 공방이다. 금으로 꾸며진 고급스러운 젓가락부터 귀여운 캐릭터 젓가락까지 다양하게 준비돼 있어 취향대로, 가격대로 골라 구입할 수 있다. 유젠의 가장 큰 장점은 젓가락을 구입하면 무료로 이름을 새겨 주는 서비스. 한국어는 지원되지 않지만 영어 혹은 일본어로 원하는 문구나 이름을 새겨 넣어 나만의 젓가락을 완성할 수 있다. 선물용으로도 안성맞춤.

위치	유노쓰보 거리로 진입해 300m 직진, 왼쪽에 위치.
주소	大分県由布市湯布院町川上 1079-12
운영	09:30~17:30
요금	젓가락 950엔~
전화	0977-85-2130

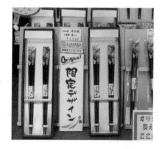

크라프트칸 하치노스 クラフト館蜂の巣

나무를 이용한 다양한 소품과 생활용품을 전시·판매하는 상점으로 구경하는 재미가 있어 늘 관광객들로 북적거리는 곳이다. 유명 작가들의 수공예품은 물론이고 합리적인 가격의 기념품들도 가득해 자연스럽게 지갑이 열리게 되는 곳이기도 하다. 2층엔 카페가 자리 잡고 있어 커피와 함께 달콤한 디저트를 즐기며 잠시 쉬어 갈 수도 있다.

위치 유노쓰보 거리로 진입해 600m 직진, 왼쪽에 위치.
주소 大分県由布市湯布院町川上1507
운영 09:30~18:00

유후인 유리의 숲 · 오르골의 숲 由布院ガラスの森·オルゴールの森

숲속의 작은 오두막 같은 건물로 1층엔 유리공예품을, 2층엔 오르골을 전시·판매하고 있다. 1층으로 들어서면 정교하게 꾸며진 아름다운 유리공예품들과 함께 다양한 그릇과 컵, 인테리어 소품들이 자리 잡고 있어 구경하는 즐거움이 가득하다. 2층으로 올라서면 익숙한 멜로디가 끊임없이 흘러나오는 오르골들이 전시돼 있으며 원하는 음악과 디자인을 골라 나만의 맞춤 오르골을 만들어 볼 수도 있다.

위치 유노쓰보 거리로 진입해 700m 직진, 왼쪽에 위치.
주소 大分県由布市湯布院町川上1477-1
운영 월~금요일 10:00~17:00, 토·일요일 09:30~17:30
전화 0977-85-5015

⑤

드러그스토어 코스모스 ドラッグストアコスモス

유후인에서 가장 큰 창고형 드러그스토어로 일본 여행 필수 쇼핑 리스트는 대부분 갖추고 있다. 유후인 메인 거리에서는 한 블록 떨어져 있지만 도보로 이동 가능하니 쇼핑을 좋아하는 여행자라면 꼭 들러 보길. 시즌별로 다양한 할인 행사를 진행하고 있어 가격도 저렴한 편이다. 그러나 모든 품목이 저렴한 것은 아니니 미리 가격을 비교해 보고 구입하는 것이 좋다. 늦은 시간까지 오픈하는 덕분에 여유롭게 쇼핑을 즐길 수 있으며 5,000엔(세금 별도) 이상 구입할 경우 세금 환급도 가능하다.

위치	유후인역에서 유노쓰보 거리 왼쪽 도로로 800m 직진, 왼쪽에 위치.
주소	大分県由布市湯布院町川上1074-1
운영	10:00~21:00
전화	0977-28-4300

⑥

에이코프 슈퍼마켓 Aコープゆふいん店

A-Coop는 농업 협동 조합Agricultural Cooperative의 약자로 신선한 야채와 육류를 구입할 수 있는 대형 슈퍼마켓이다. 유노쓰보 거리 중심에 자리 잡고 있지만 관광객들보다는 현지인들이 주로 이용하는 슈퍼마켓으로 신선한 과일이나 도시락 등을 저렴하게 구입할 수 있다. 하지만 신선식품을 제외한 과자, 음료, 가공식품 등은 드러그스토어 코스모스가 조금 더 저렴하니 많은 양을 구입할 예정이라면 에이코프보다는 코스모스를 추천한다.

위치	유노쓰보 거리로 진입해 150m 직진, 왼쪽에 위치.
주소	大分県由布市湯布院町川上3028
운영	10:00~19:00
전화	0977-85-2241

료테이 타노쿠라 旅亭田乃倉

긴린코에서 도보로 2분 거리에 위치하고 있어 유노쓰보 거리는 물론 유후인 구석구석을 관광하기 좋다. 타노쿠라 바로 옆에는 나나카와なな川, 산토칸山灯館까지 총 세 곳의 료칸이 모여 있어 타노쿠라의 대욕장뿐만 아니라 산토칸의 대욕장까지 함께 이용할 수 있는 것도 큰 장점이다. 각기 다른 테마로 총 네 개의 노천온천이 마련돼 있는데 아침저녁으로 남녀가 번갈아 가면서 이용할 수 있어 시간만 잘 맞추면 네 곳을 모두 이용할 수 있다. 유후인역까지 무료 송영서비스를 제공한다.

위치 긴린코에서 도보 2분.
　　픽업 서비스 이용 가능.
주소 大分県由布市湯布院町川上1556-2
요금 1인 1박 33,000엔~(조·석식 포함)
전화 0977-84-2251
홈피 www.yufuin-tanokura.com

구쓰로기노야도 나나카와 寛ぎの宿なな川

총 객실 수가 다섯 개뿐인 소규모 료칸으로 모든 객실은 거실과 침실이 분리된 복층 구조다. 게다가 객실과 바로 연결된 개별 노천온천이 있는 것도 나나카와의 큰 장점. 개별 노천온천 외에도 자매 료칸인 산토칸, 타노쿠라의 대욕장도 무료로 이용 가능하다. 제철 음식을 활용한 아침과 저녁 식사도 훌륭하니 유후인에서의 호사스러운 하룻밤을 꿈꾸는 여행자들에게 추천한다. 유후인역까지 무료 송영서비스를 제공한다.

위치 긴린코에서 도보 2분.
　　픽업 서비스 이용 가능.
주소 大分県由布市湯布院町川上1551-8
요금 1인 1박 33,000엔~(조·석식 포함)
전화 0977-85-3508
홈피 nanakawa.com

Stay
❸

유후인 바이엔 가든 리조트 由布院梅園 GARDEN RESORT

유후인역과는 다소 떨어진 곳에 위치하고 있지만 유후인의 수많은 료칸 중에서도 유후다케를 보며 노천온천을 즐길 수 있는 몇 안 되는 곳 중 하나다. 만평이 넘는 대지 위에 자리 잡고 있어 넓은 정원을 산책하기 좋으며 봄에는 벚꽃, 여름에는 수국, 가을에는 화려하게 물든 단풍을 감상할 수 있다. 일본식 다다미 객실은 물론이고 침대가 놓인 객실도 있어 바닥 생활이 익숙하지 않더라도 일본 료칸의 분위기를 만끽하며 편하게 숙박할 수 있다는 것도 장점이다. 남녀 각각 노천온천이 딸린 대욕장이 있으며 가족이 함께 이용할 수 있는 두 곳의 가족탕을 운영하고 있다.

위치   유후인역에서 택시 이용
        (요금 850엔, 소요시간 5분).
주소   大分県由布市湯布院町川上2106-2
요금   1인 1박 18,000엔~(조식 포함)
전화   0977-28-8288
홈피   www.yufuin-baien.com

Stay
❹

료칸 메바에소 旅館めばえ荘

객실 한쪽 커다란 창을 통해 유후다케를 한눈에 바라볼 수 있다. 고즈넉한 분위기의 노천탕이 포함된 대욕장이 있으며 프라이빗 가족탕 이용도 가능하다. 아침과 저녁 식사는 료칸에서 직접 재배하는 쌀과 유후인에서 자란 식재료들을 이용해 제공되며 그 맛도 훌륭하다. 작지만 아이들을 위한 놀이 공간도 갖추고 있어 가족여행객들에게 추천한다. 유후인 메인 거리와 조금 떨어져 있지만 자전거를 무료로 대여해 이동할 수 있다. 유후인 역으로의 송영서비스가 제공된다.

위치   유후인역에서 도보 20분.
        픽업 서비스 이용 가능.
주소   大分県由布市湯布院町大字川南
        249-1
요금   1인 1박 22,000엔~(조·석식 포함)
전화   0977-85-3878
홈피   www.mebaeso.com

© Ryokan Mebaeso

© Ryokan Mebaeso

Step to Fukuoka

쉽고 빠르게 끝내는 여행 준비

후쿠오카 여행 준비

1. 여권 발급

거주하고 있는 지역의 구청, 시청 등의 민원 여권과에서 미리 신청해 준비하자. 신청 시에는 여권용 사진 1장과 신분증, 여권 발급 신청서와 수수료가 필요하며 기간은 일주일 정도 소요된다. 미성년자의 경우 법정 대리인의 동의서가 필요하다. 여권을 이미 소지하고 있다면 후쿠오카로 출국 후 한국에 재입국하는 날을 기준으로 만료일이 6개월 이상 남아 있는지 확인하자. 만료일이 6개월 미만으로 남은 경우 다시 발급받아야 한다.

여권 발급 수수료

복수여권 10년 47,000원~,
5년 39,000원~,
8세 미만 30,000원
단수여권 15,000원

2. 항공권 혹은 승선권 예약

후쿠오카는 워낙 한국과 가깝고 취항하는 항공사와 선사가 많은 편이라 항공권과 승선권 선택의 폭이 넓다. 미리 예약할수록 가격이 저렴하니 여행 일정이 확정됐다면 일단 항공권·승선권 예약을 서두르자. 각 항공사별 프로모션 정보를 수시로 체크해 공략하는 방법도 추천한다. 거주 지역이 부산과 가까운 경우 비행기보다 배를 이용한다면 여행 비용을 더 절약할 수 있다. 하지만 항공권 가격이 배편보다 더 저렴한 경우도 종종 있으니 꼼꼼한 가격 비교는 필수!

➕ 취항 항공사

인천 ⋯ 후쿠오카	대한항공 www.koreanair.com
	아시아나항공 flyasiana.com
	제주항공 www.jejuair.net
	진에어 www.jinair.com
	이스타항공 www.eastarjet.com
	티웨이항공 www.twayair.com
대구 ⋯ 후쿠오카	티웨이항공 www.twayair.com
	아시아나항공 flyasiana.com
부산 ⋯ 후쿠오카	에어부산 www.airbusan.com
	진에어 www.jinair.com
	대한항공 www.koreanair.com
	제주항공 www.jejuair.net

항공권 가격 비교 사이트
스카이 스캐너 www.skyscanner.co.kr
인터파크 투어 sky.interpark.com
네이버 항공권 flight.naver.com
하나투어 항공권 www.hanatour.com
땡처리 닷컴 www.ttang.com

➕ 취항 선사

| 부산 ⋯ 하카타항 | 뉴카멜리아호 www.koreaferry.kr |
| | 퀸비틀호 www.jrbeetle.com/ko |

3. 여행 정보 찾기

『후쿠오카 셀프트래블』로 후쿠오카 여행에 필요한 대부분의 여행 정보를 얻을 수 있지만 시간 여유가 된다면 후쿠오카시에서 직접 운영하는 홈페이지나 후쿠오카 여행을 다녀온 여행자들의 생생한 여행 후기를 체크해 보는 것도 추천한다.

- **후쿠오카시에서 직접 운영하는 시티 가이드**
  gofukuoka.jp/ko
- **후쿠오카현 공식 관광 사이트**
  www.crossroadfukuoka.jp/kr
- **일본여행 카페 네일동**
  cafe.naver.com/jpnstory

4. 숙소 예약

여행 계획이 어느 정도 마무리됐다면 이동하는 동선에 따라 숙소를 예약하는 것을 추천한다. 당일로 다자이후, 벳푸, 유후인 등의 근교를 다녀올 생각이라면 이동이 편리한 하카타역 주변에 숙소를 예약하는 것이 좋다. 후쿠오카 근교를 여유롭게 둘러볼 생각이라면 후쿠오카에만 숙박하는 것보단 근교와 나눠 숙소를 예약하도록 하자. 호텔은 물론 게스트하우스, 로칸, 에어비앤비까지 다양한 숙소 중에서 본인의 여행 스타일에 잘 맞는 숙소를 찾는 것이 포인트!

5. 현지 교통편 예약

후쿠오카시 내에서만 있을 경우라면 크게 신경 쓰지 않아도 되지만 벳푸, 유후인, 하우스텐보스 등의 근교를 여행할 생각이라면 본인에게 맞는 교통패스와 교통편을 미리 예약하는 것이 필수! 여행 경비를 크게 절약할 수 있는 교통패스 정보와 예약 정보는 p.61를 참고하자.

6. 포켓 와이파이 예약

후쿠오카 주요 관광지에서는 무료로 와이파이를 이용할 수 있는 경우도 있지만 번거로운 인증 절차가 필요하며 끊기는 경우도 종종 발생한다. 포켓 와이파이(하루 3,900원〜)를 이용하면 어디서든 무제한으로 인터넷을 이용할 수 있어 보다 편하게 여행을 즐길 수 있다. 2명 이상이 같이 여행할 경우 하나의 단말기로 함께 이용 가능하다. 단, 혼자 여행하는 경우 비용적인 측면을 고려해 볼 때 포켓 와이파이보다는 현지 유심 구입을 추천한다.

7. 환전하기

한국과 다르게 일본은 신용카드보다 현금 사용이 훨씬 많은 곳이다. 벳푸, 유후인 등의 작은 마을은 물론이고 후쿠오카 도심의 상점들도 신용카드를 아예 받지 않는 곳들이 많다. 교통비도 비싼 편이니 예상하는 여행 경비보다 조금 더 환전해 두는 것을 추천한다. 혹시 모르는 상황을 대비해 해외에서 사용 가능한 신용카드를 챙기는 것도 잊지 말자.

- **충전식 선불카드 이용**
  트래블월렛, 트래블로그 같은 앱과 연동된 카드로 미리 환전해 두고 일본 현지 ATM 기계를 이용해 엔화를 인출하는 방법도 있다.

8. 면세점 쇼핑

면세점 가격은 미국 달러로 계산되어 달러 환율이 높은 때에는 할인율이 높지 않다. 엔화가 저렴한 시기에는 일본 현지에서 구입 후 면세 혜택을 받는 것이 더 저렴할 수도 있다. 국내에서 꼭 구입해야 한다면 공항이나 시내 면세점을 이용하는 것보다 인터넷 면세점을 이용하는 것을 추천한다. 구입한 면세품은 출국 수속 후 면세품 인도장에서 받을 수 있다.

> **환전과 면세점 이용 팁**
>
> 1 교통비를 제외하면 후쿠오카의 물가는 한국과 비슷하다. 한 끼 식사 비용은 대부분 1,000엔 이상.
> 2 내국인의 경우 한국으로 반입 가능한 면세품 가격은 USD800이다. 금액을 초과하면 세금을 납부해야 하니 주의하자.

9. 여행자 보험 가입

여행지에서 발생할 수 있는 대부분의 사건·사고에 대해 보상받을 수 있다. 여행 전에 필수로 가입하는 것을 추천한다. 본인 명의의 스마트폰과 신용카드가 있다면 인터넷으로 간단하게 가입할 수 있다. 가입한 보험회사의 한국어 상담이 가능한 연락처를 메모해 두거나 보험증서를 출력해 두는 것이 좋다. 출국 직전 공항에서도 가입이 가능하다.

10. 짐 챙기기

여권, 항공권, 호텔 바우처, 신용카드, 엔화 등은 필수. 아래의 체크리스트를 참고해 짐을 꾸리자. 여행지에서 구입할 물건을 고려해 여행가방은 2/3 정도만 채우는 것을 추천한다.

준비물	확인	체크
여권	만료일이 6개월 이상 남아 있는지 다시 한 번 체크한다.	
Visit Japan Web	사전에 작성 후 QR코드를 캡처해 저장해 두자.	
항공권	E-ticket을 출력해 준비하자.	
여권 사본	복사본을 준비하거나 스마트폰에 사진을 저장해 두자.	
엔화	예상 경비보다 넉넉하게 준비하는 것을 추천한다.	
신용카드	해외에서 사용 가능한 신용카드인지 체크하자.	
호텔 바우처	출력하거나 스마트폰에 사진을 저장해 두자.	
크로스백	스마트폰이나 현금, 카메라 등을 넣을 수 있는 넉넉한 사이즈가 좋다.	
옷, 속옷	미리 날씨를 확인 후 준비하는 것을 추천한다.	
신발	편한 운동화나 샌들을 준비하자.	
세면도구	여행용 작은 사이즈를 추천한다.	
카메라	메모리 카드와 충전기도 함께 챙기자.	
멀티플러그	돼지코라 불리는 11자형을 준비해야 한다.	
상비약	두통약, 진통제, 종합감기약 등	

11. 최종 점검

항공권과 여권을 확인하고 예약해 둔 숙소에 연락해 예약이 잘 돼 있는지 다시 한 번 확인하자. 집에서 출국하는 공항 혹은 항구까지의 소요시간과 이동 방법도 미리 체크해 두자.

후쿠오카 들어가기

인천공항에서 비행기로 약 1시간 정도면 도착할 정도로 가까운 후쿠오카. 덕분에 주말을 이용해 가볍게 여행을 다녀오는 관광객들이 점차 늘어나고 있다. 진에어, 제주항공 등 저가항공의 취항이 계속해서 늘어나면서 항공요금에 대한 부담도 적어지고 있고 긴 휴가도 필요 없으니 몸도 마음도 가볍게 후쿠오카로 떠나 보자.

1. 비행기로 후쿠오카 가기

인천공항에서는 물론이고 김해공항에서도 후쿠오카공항까지 운항하는 항공편이 꽤 많은 편이다. 이른 아침부터 저녁 시간까지 다양한 시간대로 운항하고 있어 원하는 스케줄의 항공을 자유롭게 선택할 수 있다. 항공사별로 특가 프로모션을 자주 하기도 해 프로모션 기간에 항공권을 예약하면 여행 비용을 크게 절약할 수도 있다.

- **인천공항 ↔ 후쿠오카공항**
  대한항공, 아시아나항공, 제주항공, 진에어, 티웨이항공, 이스타항공, 에어서울, 일본항공 등
- **김해공항 ↔ 후쿠오카공항**
  아시아나항공, 제주항공, 진에어, 에어부산 등

✚ 후쿠오카공항 입국하기

1) 입국신고서 작성
입국신고서와 휴대품 · 별송품 신고서는 Visit Japan Web 홈페이지에서 미리 작성해 두는 것이 편리하다. 물론 기내에서 작성하는 것도 가능하다. 수기로 작성 시 검정색 펜을 이용해 영어로 기재해야 하며 특히 머무는 숙소의 주소와 전화번호는 필수로 적어야 한다. 유명 호텔의 경우는 호텔 이름만 기재해도 OK!

2) 입국 심사대 통과
입국 심사 시 손가락 지문 스캔과 사진 촬영이 진행된다. 미리 발급받은 QR코드를 제시하거나 기내에서 작성한 서류를 여권과 함께 제출한다.

3) 수하물 수취
전광판을 통해 탑승한 항공기 편명을 확인하고 해당 수하물 번호로 이동해 수하물을 찾는다. 비슷한 캐리어가 많으니 수하물 태그 확인하는 것을 잊지 말자.

4) 세관 검사
QR코드를 받았다면 기계를 이용한 셀프 신고가 가능하다. 수기로 작성했다면 직원에게 작성한 서류를 제출하면 된다. 대부분 간단하게 서류만 확인하지만 가끔 캐리어를 검사하는 경우도 있다.

✚ 후쿠오카공항에서 시내 이동

후쿠오카공항은 후쿠오카 여행의 중심이라고 할 수 있는 하카타역
에서 버스로 20여 분이면 도착할 정도로 시내에 인접해 있다. 버스를
이용하면 저렴한 비용으로 편하게 이동이 가능하다.

버스
후쿠오카공항 국제선 터미널 1층 2번 정류장에서 하카타역으로 향
하는 버스를 탈 수 있다. 운행시간은 평일과 주말에 따라 차이가 있
는데 오전 10시부터 오후 5시까지는 20분 간격으로 자주 운행하
는 편이다. 요금 310엔, 소요시간 20분(북큐슈 산큐패스 및 그린패
스 이용 가능).

지하철
후쿠오카공항 국제선 터미널 1층 1번 정류장에서 후쿠오카공항 국
내선으로 향하는 무료셔틀버스를 이용한다. 버스로 15분 정도 이동
하면 국내선에 도착하는데 국내선 터미널 앞쪽에 위치한 후쿠오카
공항역에서 지하철 탑승이 가능하다. 국내선으로 이동해야 하는 번
거로움이 있지만 목적지가 하카타역이나 텐진이 아닌 여행자들이라
면 지하철을 이용해 어디든 편하게 이동할 수 있다. 텐진역 기준 요
금 260엔, 소요시간 12분.

지하철 1일 승차권

후쿠오카에 도착한 당일부터 후쿠오카
명소들을 돌아볼 계획이 있다면 지하철
1일 승차권을 구입하는 것도 추천. 성인
640엔, 6~12세 320엔.

택시
후쿠오카공항 국제선 터미널 1층에 마련된 택시 승강장에서 탑승할
수 있으며 가장 쉽고 빠르게 후쿠오카 시내로 이동할 수 있다. 하카
타역 기준 요금 2,000엔, 소요시간 15분.

2. 배로 후쿠오카 가기

부산항에서 하카타항까지 일반여객선인 뉴카멜리아호, 고속여객선인 퀸비틀호가 운항하며 일반여객선은 9시간, 고속여객선은 3시간~3시간 30분 정도 소요된다. 과거엔 부산에서 후쿠오카로 향하는 항공편도 적었고 항공요금에 비해 저렴한 편이라 이용하는 승객이 많았지만 최근엔 부산→후쿠오카 간 비행 편수도 늘고 항공요금이 많이 저렴해지면서 배를 이용하는 여행자들은 서서히 줄어들고 있다. 자세한 스케줄은 부산국제여객터미널 홈페이지를 참고하자(www.busanpa.com/bpt/Contents.do?mCode=MN0005).

✚ 하카타항 국제터미널 입국하기

1) 입국신고서 작성
입국신고서와 휴대품·별송품 신고서는 선내에서 미리 작성해 두는 것이 좋다. 검정색 펜을 이용해 영어로 기재해야 하며 특히 머무는 숙소의 주소와 전화번호는 필수로 적어야 한다. 유명 호텔의 경우는 호텔 이름만 기재해도 OK!

2) 입국 심사대 통과
입국 심사 전 별도로 마련된 기계를 통해 손가락 지문 스캔과 사진 촬영이 진행된다. 이후 입국 심사대에서 입국신고서와 여권을 제시한다.

3) 세관 검사
작성해 둔 휴대품·별송품 신고서와 여권을 제출하고 직원의 안내에 따른다. 대부분 간단하게 서류만 확인하지만 가끔 캐리어를 검사하는 경우도 있다.

✚ 하카타항 국제터미널에서 시내 이동

하카타항은 지하철이 운행하지 않아 버스 혹은 택시를 이용해야 한다.

버스
하카타항 바로 앞 버스정류장에서 하카타역, 텐진행 버스를 탈 수 있다. 도착 당일부터 관광을 시작한다면 후쿠오카 시내버스 및 지하철을 하루 동안 무제한으로 탑승할 수 있는 후쿠오카 투어리스트 시티 패스를 이용하는 것도 추천한다. 요금 성인 2,500엔, 6~12세 1,250엔(p.61 참고).

- **텐진(BRT)** 요금 210엔, 소요시간 15분
- **하카타역(11번, 19번, BRT)** 요금 260엔, 소요시간 18분

택시
국제선 터미널 1층 택시 승강장에서 탑승할 수 있으며 가장 쉽고 빠르게 시내로 이동할 수 있다. 하카타역 기준 요금 1,700엔, 소요시간 16분.

알아 두면 유용한 여행 일본어

✚ 기본인사

안녕하세요(아침 인사).	おはようございます。	오하요- 고자이마스
안녕하세요(점심 인사).	こんにちは。	곤니치와
안녕하세요(저녁 인사).	こんばんは。	곤방와
안녕히 가세요./안녕히 계세요.	さようなら。	사요-나라
실례합니다./죄송합니다.	すみません。	스미마셍
예.	はい。	하이
아니요.	いいえ。	이-에
감사합니다.	ありがとうございます。	아리가토- 고자이마스

✚ 숫자

1	いち	이치		6	ろく	로쿠
2	に	니		7	しち, なな	시치, 나나
3	さん	산		8	はち	하치
4	よん, し	욘, 시		9	きゅう, く	큐-, 쿠
5	ご	고		10	じゅう	쥬-

✚ 공항에서

통로 쪽/창가 쪽 좌석으로 주세요.	通路側の/窓側の座席、お願いします。	쓰-로가와노/마도가와노 자세키 오네가이시마스
마일리지를 적립해 주세요.	マイレージのとうろくをしてください。	마이레-지노 도-로쿠오시테 구다사이
제 짐이 없어졌습니다.	私の手荷物がなくなりました。	와타시노 데니모쓰가 나쿠나리마시타
분실물 센터는 어디예요?	遺失物センターはどこですか?	이시쓰부쓰 센타-와 도코데스카?

✚ 환전소에서

환전소가 어디에 있나요?	どこで両替ができますか?	도코데 료-가에가 데키마스카?
한화를 일본 엔화로 교환해 주세요.	韓国のウォンを円に両替したいんですが。	간코쿠노 원오 엔니 료-가에 시타인데스가

✚ 호텔에서

제 이름으로 예약했습니다.	私の名前で予約しました。	와타시노 나마에데 요야쿠시마시타
금연 룸으로 주세요.	禁煙ルームにしてください。	긴엔루-무니시테 구다사이
아침 식사는 언제 할 수 있어요?	朝食は、いつできますか？	초-쇼쿠와 이쓰 데키마스카?
체크인은/체크아웃은 몇 시까지입니까?	チェックインは/チェックアウトは 何時までですか？	쳇쿠인와/쳇쿠아우토와 난지마데데스카?
하루 더 숙박이 가능한가요?	もう1晩、泊まれますか？	모-히토반 도마레마스카?
제 짐을 저녁까지 맡아 주시겠습니까?	夕方まで、荷物を 預かってもらえますか？	유-가타마데 니모쓰오 아즈캇테모라에마스카?
택시를 불러 주세요.	タクシーを呼んでください。	다쿠시-오 욘데 구다사이
룸을 청소해 주세요.	部屋の掃除をしてください。	헤야노 소-지오 시테 구다사이
수건을 더 주세요.	タオルをもう少しください。	다오루오 모-스코시 구다사이
열쇠를 잃어버렸습니다.	キーをなくしてしまいました。	기-오 나쿠시테 시마이마시타
방에 열쇠를 두고 문을 잠갔습니다.	部屋の中にキーを置いたまま、ドアを閉めてしまいました。	헤야노 나카니 기-오 오이타마마 도아오 시메테 시마이마시타
방이 너무 추워요.	部屋がとても寒いです。	헤야가 도테모 사무이데스
뜨거운 물이 안 나와요.	お湯が出ません。	오유가 데마셍

✚ 약국/병원에서

근처에 약국이/병원이 어디 있나요?	近くに薬局は/病院はどこですか？	지카쿠니 얏쿄쿠와/뵤-잉와 도코데스카?
감기약 주세요.	風邪薬、ください。	가제구스리 구다사이
멀미약 주세요.	乗り物酔いの薬、ください。	노리모노요이노쿠스리 구다사이
배탈이 났어요.	おなかが痛いです。	오나카가 이타이데스
감기에 걸렸어요.	風邪を引きました。	가제오 히키마시타
설사해요.	下痢をしました。	게리오 시마시타
목이 부었어요.	喉がはれました。	노도가 하레마시타
계속 콧물이 나요.	ずっと鼻水が出るんです。	즛토 하나미즈가 데룬데스

✚ 식당에서

일본은 꼭 고급 식당이 아니더라도 인기 있는 식당들은 예약하지 않으면 식사를 할 수 없는 경우가 많다.
원하는 날짜와 시간을 정해 두고 미리 예약하는 것을 추천한다.

예약하지 않았어요. 두 명 자리 있어요?	予約はしていません。 2人座れるところ、ありますか?	요야쿠와 시테 이마셍. 후타리 스와레루 도코로 아리마스카?
얼마나 기다려야 해요?	どれぐらい待つんですか?	도레구라이 마쓴데스카?
금연석으로/흡연석으로 주세요.	禁煙席/喫煙席お願いします。	긴엔세키/기쓰엔세키 오네가이시마스
한국어 메뉴판이 있어요?	韓国語のメニュー、ありますか?	간코쿠고노 메뉴- 아리마스카?
가장 인기 있는 메뉴는 뭐예요?	いちばん人気のあるメニューは何ですか?	이치방 닌키노 아루 메뉴-와 난데스카?
조금 뒤에 주문할게요.	少ししてから注文します。	스코시 시테카라 추-몬시마스
음식은 언제 나오나요?	料理はいつ出るんですか?	료-리와 이쓰 데룬데스카?
맛있습니다.	美味しいです。	오이시-데스
이 메뉴는 주문하지 않았어요.	このメニューは注文していません。	고노 메뉴-와 추-몬시테이마셍
포장해 주세요.	テイクアウトお願いします。	데이쿠아우토 오네가이시마스
계산서 주세요.	お勘定お願いします。	오칸조- 오네가이시마스
계산이 잘못된 것 같습니다.	計算がまちがってるみたいですが。	게-산가 마치갓테루 미타이데스가
카드로 계산이 가능한가요?	クレジットカードでもいいですか?	구레짓토카-도데모 이-데스카?
영수증 주세요.	領収書ください。	료-슈-쇼 구다사이
9월 23일 저녁 일곱 시에 2명 예약하고 싶어요.	9月23日、午後7時に、2人予約したいんですが。	구가쓰니주산니치 고고시치지니 후타리 요야쿠시타인데스가

✚ 관광할 때

택시 타는 곳이 어디인가요?	タクシー乗り場はどこですか?	다쿠시- 노리바와 도코데스카?
걸어서 얼마나 걸려요?	歩いてどのぐらいかかりますか?	아루이테 도노구라이 가카리마스카?
여기가 이 지도에서 어디예요?	ここは、この地図で、どの辺ですか?	고코와 고노치즈데 도노헨데스카?
몇 시에 문 닫아요?	何時に終わりますか?	난지니 오와리마스카?
화장실은 어디에 있어요?	トイレはどこですか?	도이레와 도코데스카?
사진을 좀 찍어 주세요.	写真を撮ってください。	샤싱오 돗테 구다사이
사진을 찍어도 되나요?	写真を撮ってもいいですか?	샤싱오 돗테모 이-데스카?

➕ 쇼핑할 때

둘러봐도 되겠습니까?	ちょっと見てもいいですか?	춋토 미테모 이-데스카?
좀 더 작은 것/큰 것으로 주세요.	もう少し小さい/大きいサイズください。	모- 스코시 치-사이/오-키- 사이즈 구다사이
입어 봐도 되나요?	着てみてもいいですか?	기테 미테모 이-데스카?
얼마예요?	いくらですか?	이쿠라데스카?
너무 비싸요.	とても高いです。	도테모 다카이데스
깎아 주세요.	安くしてください。	야스쿠시테 구다사이
카드로 계산이 가능한가요?	クレジットカードでもいいですか?	구레짓토카-도데모 이-데스카?
교환이나 환불 가능 기간은 언제까지예요?	交換と返品ができる期間はいつまでですか?	고-칸토 헨핀가 데키루 기칸와 이쓰마데데스카?
포장해 주세요.	包装してください。	호-소-시테 구다사이

➕ 긴급상황

비행기를 놓쳤어요. 다음 항공편에 좌석이 있어요?	飛行機に乗り遅れました。次のフライトに空席ありますか?	히코-키니 노리오쿠레마시타. 쓰기노 후라이토니 구-세키 아리마스카?
여권을/지갑을 분실했어요.	パスポートを/財布をなくしてしまいました。	파스포-토오/사이후오 나쿠시테 시마이마시타
버스에/지하철에 가방을 놓고 내렸어요.	バスの/地下鉄の中に、カバンを置き忘れました。	바스노/지카테쓰노 나카니 가방오 오키와스레마시타
가방을 소매치기 당했어요.	カバンをすりに盗まれました。	가방오 스리니 누스마레마시타
경찰서가 어디 있어요?	警察署はどこですか?	게-사쓰쇼와 도코데스카?
도난 신고서를 발행해 주세요.	盗難届けを発行してください。	도-난토도케오 핫코-시테 구다사이
한국어 할 수 있는 분 있으세요?	韓国語できる方、いますか?	간코쿠고데키루카타 이마스카?
구급차를 불러 주세요.	救急車を呼んでください。	규-큐-샤오 욘데 구다사이

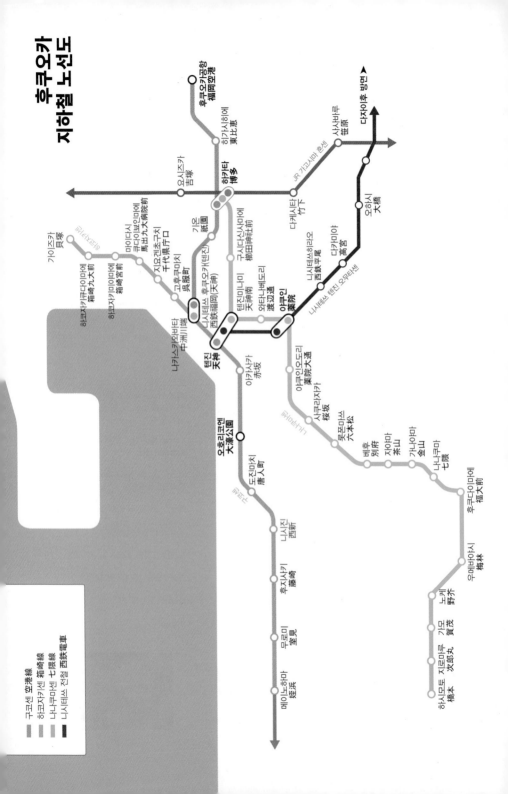

Index

후쿠오카 근교

전문가와 함께하는

프리미엄
여행

나만의 특별한 여행을 만들고
여행을 즐기는 가장 완벽한 방법, 상상투어!

📷 알차요　　🔍 친절해요　　🍽 맛있어요

🧳 상상투어
예약문의 070-7727-6853 | www.sangsangtour.net
서울특별시 동대문구 정릉천동로 58, 롯데캐슬 상가 110호

전문가와 함께하는
전국일주 백과사전

N www.gajakorea.co.kr

우리나라 최초 전국일주 코스 가이드 플랫폼!
'전국일주 백과사전'과 떠나는 상상만으로도 멋진 여행

#전국일주   #코스 가이드   #친절해요